"十四五"职业教育国家规划教材

锐捷网络学院系列教程
锐捷网络 1+X 职业技能等级证书配套系列教材

Ruijie
Networks

U0720193

NETWORK
INTERCONNECTION TECHNOLOGY

网络互联技术
理论篇｜第2版

汪双顶 武春岭 王津／主编
田丽 杨英 王春苗／副主编
余明辉 安淑梅／主审

人民邮电出版社
北京

图书在版编目（CIP）数据

网络互联技术. 理论篇 / 汪双顶，武春岭，王津主
编. -- 2 版. -- 北京 : 人民邮电出版社，2025.
（锐捷网络学院系列教程）. -- ISBN 978-7-115-67557-6

Ⅰ. TP393.4

中国国家版本馆 CIP 数据核字第 2025QX5589 号

内 容 提 要

本书全面系统地介绍了构建网络工程项目过程中涉及的相关知识与技术，全书共 17 个项目，内容
包含网络与通信入门、网络体系结构、局域网组网技术、交换机基础与配置、VLAN 隔离技术、生成
树技术、聚合端口技术、IP 子网规划、三层交换技术、DHCP 自动分配地址、路由器技术、静态路由
技术、RIP 路由技术、OSPF 路由技术、网络安全技术、NAT 技术和广域网接入技术。每个项目最后
均提供【项目小结】和【认证测试】，帮助读者巩固所学内容。

本书既可以作为高校计算机网络技术专业相关课程的教材，又可以作为锐捷全球认证解决方案工
程师（RGSA）认证教材和锐捷网络 1+X 职业技能等级证书配套教材，还可以作为网络工程师、系统
集成工程师等相关技术人员的自学参考书。

◆ 主　　编　汪双顶　武春岭　王　津
　　副主编　田　丽　杨　英　王春苗
　　责任编辑　王淑月
　　责任印制　王　郁　焦志炜
◆ 人民邮电出版社出版发行　　北京市丰台区成寿寺路 11 号
　　邮编　100164　电子邮件　315@ptpress.com.cn
　　网址　https://www.ptpress.com.cn
　　大厂回族自治县聚鑫印刷有限责任公司印刷
◆ 开本：787×1092　1/16
　　印张：17　　　　　　　　　　　2025 年 8 月第 2 版
　　字数：496 千字　　　　　　　　2025 年 8 月河北第 1 次印刷

定价：59.80 元

读者服务热线：(010)81055256　印装质量热线：(010)81055316
反盗版热线：(010)81055315

前　言

党的二十大报告中提出："坚持把发展经济的着力点放在实体经济上，推进新型工业化，加快建设制造强国、质量强国、航天强国、交通强国、网络强国、数字中国。"这些关于加强科技创新、推动经济健康发展的重要论述为我国网络技术的发展指明了方向。在科技迅猛发展、数字化转型加速的新时代，网络技术作为信息化社会的核心驱动力，对于促进经济社会各领域的数字化转型具有不可替代的作用。

本书渐进式地介绍了中小型企业网构建过程中所涉及的交换、路由、安全和广域网等网络互联相关技术。全书共 17 个项目，每个项目均包含【项目情景】【项目目标】【知识准备】【项目实训】【项目小结】等项目实施环节，帮助读者构建理论学习与实操训练有机结合的学习模式；此外，每个项目还特别设计了【素质提升】和【认证测试】等项目回顾环节，助力读者提升个人素质与巩固网络应用能力。在介绍具体技术时，本书注重结合技术应用介绍我国在相关领域的发展水平，增强读者对中国制造、科技强国的认同感，培养学生的爱国情怀和民族自豪感。

本书建议安排学时为 62～96 学时，不同学校可根据学生的基础情况适当增减学时。具体教学实施建议见下表。

学时分配及教学重难点表

项目	建议学时	教学重难点
项目 1 网络与通信入门	2～4 学时	一般了解
项目 2 网络体系结构	4～6 学时	一般了解
项目 3 局域网组网技术	2～4 学时	一般了解
项目 4 交换机基础与配置	4～6 学时	教学重点
项目 5 VLAN 隔离技术	2～4 学时	教学重点
项目 6 生成树技术	4～6 学时	教学难点
项目 7 聚合端口技术	4～6 学时	教学重点
项目 8 IP 子网规划	4～6 学时	教学重点
项目 9 三层交换技术	4～6 学时	一般了解
项目 10 DHCP 自动分配地址	2～4 学时	一般了解
项目 11 路由器技术	4～6 学时	教学重点
项目 12 静态路由技术	2～4 学时	一般了解
项目 13 RIP 路由技术	2～4 学时	一般了解
项目 14 OSPF 路由技术	6～8 学时	教学重点
项目 15 网络安全技术	4～6 学时	教学难点
项目 16 NAT 技术	6～8 学时	教学难点
项目 17 广域网接入技术	6～8 学时	一般了解

为更好地实施本书中提供的项目实训，再现这些网络工程项目，读者需要使用交换机、路由器等设备。本书推荐使用锐捷 EVE 模拟器或思科 Packet Tracer 模拟器等工具开展仿真实训，完成实训操作。

本书编者均为院校一线教师或数通企业工程师。本书由锐捷网络股份有限公司的汪双顶、重庆电子科技职业大学的武春岭、成都航空职业技术学院的王津任主编，由内蒙古交通技业技术学院的田丽、湖南民族职业学院的杨英、安徽工商职业学院的王春苗任副主编，广州职业技术大学的余明辉和锐捷网络股份有限公司的安淑梅负责全书的审核与修订工作。

由于编者水平有限，书中难免存在疏漏之处，恳请广大读者批评指正，编者电子邮箱为410395381@qq.com。

编者

2025 年 3 月

使用说明

在本书关键技术解释和工程方案实施中，涉及一些网络专业术语。为方便读者今后在工作中应用这些术语，本书采用了业界标准术语。本书中相关的符号、网络拓扑、命令语法规范约定如下。

"|"表示分隔符，用于分隔可选项。

"[]"表示可选项。

"{ }"表示必选项。

"!"表示对该行命令的解释和说明。

以下为本书所使用的主要图标示例。

交换机1　　交换机2　　　路由器　　　通用AP　　无线控制器

互联网　　　服务器　　　PC1　　　　PC2　　　　PC3

目　录

项目 1

项目 2

项目 3

项目 4

交换机基础与配置 ······················· 50

项目 5

VLAN 隔离技术 ······························· 69

项目 6

生成树技术 ······························· 87

项目 7

聚合端口技术 ·· 108

项目 8

IP 子网规划 ··· 119

项目 9

三层交换技术 ··· 130

项目 10

DHCP 自动分配地址 ………………………………………… 140

项目 11

路由器技术 …………………………………………………… 154

项目 12

静态路由技术 ………………………………………………… 167

项目 13

RIP 路由技术 ·· 178

项目 14

OSPF 路由技术 ·· 190

项目 15

网络安全技术 ··· 211

项目 16

NAT 技术 ·· 233

项目 17

广域网接入技术 ·· 247

项目1
网络与通信入门

01

【项目情景】

小王是某学院的一名网络工程师，网络中心主任林老师得知小王没有网络工程师岗位证书，于是建议小王参加全国计算机技术与软件专业技术资格（水平）考试（简称"软考"），并告诉小王，通过软考便可获得该岗位证书。为了获得该岗位证书，小王利用空闲时间系统学习网络和通信知识，并且在机房中组建双机互联对等网络，初期规划如图 1-1 所示，以便进一步了解组网知识，积累组网经验。

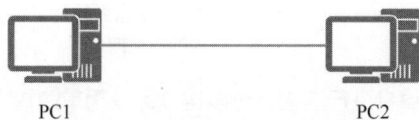

PC1   PC2
图 1-1　双机互联对等网络初期规划

【项目目标】

本项目针对网络工程师工作岗位的岗位要求介绍网络与通信入门知识，实现以下项目目标。

1. 知识目标

（1）了解网络发展历程。

（2）了解网络分类。

（3）了解网络通信系统组成和网络通信过程。

2. 技能目标

能够组建双机互联对等网络。

3. 素质目标

（1）增强学生对中国制造、科技强国的认同感，以及学生的爱国情怀和民族自豪感。

（2）通过对网络与通信入门知识的讲解，培养学生在网络和通信方面的安全意识，使学生具备良好的信息素养，为数字中国建设夯实基础。

（3）培养学生按照学习内容进行资料收集、整理的能力，以便及时做好总结和反馈。

【知识准备】

在信息社会中，网络（包括由智能手机构成的移动网络等网络类型）对信息的收集、传输、存储和处理具有非常重要的作用，并对信息时代产生了重要的影响。

1.1 网络功能

通信指人与人、人与物、物与物之间，通过某种介质和行为进行信息传递与交流。网络通信则指相同网络协议的计算机进行的信息沟通与交流。为了实现网络通信，需要使用双绞线、同轴电缆或光纤等通信介质，通过网络互联设备，对在地理上分散的多台计算机进行连接，并通过网络通信协议进行通信，组建资源共享的网络。图 1-2 所示为组建的办公网。

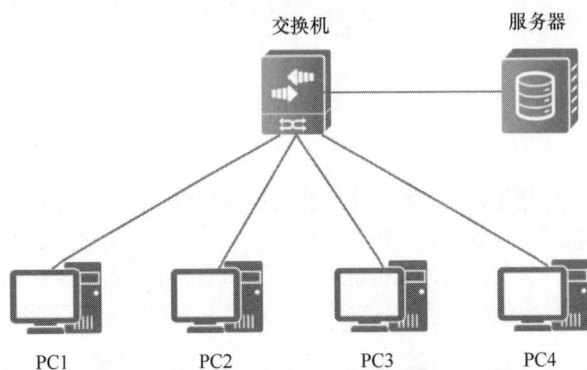

图 1-2　组建的办公网

如图 1-3 所示，对两台计算机进行连接，可以构成比较简单的双机互联对等网络。通过光纤对全球网络中的计算机进行连接，可以构成全球互联网。无论构成何种类型的网络，通过计算机网络实现的功能都包括硬件共享、资源共享、负载均衡、数据通信和保障系统可靠 5 个方面。

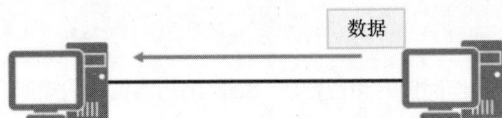

图 1-3　双机互联对等网络

1. 硬件共享

硬件共享是指通过网络允许用户共享网络上的各种硬件：服务器、存储器、打印机等。共享硬件的好处是可以提高硬件的使用效率、节约开支。依托硬件共享可以实现网络协同，能够保持共享数据的完整性和一致性。图 1-4 所示为多区域网络共享数据中心服务器资源。

图 1-4　多区域网络共享数据中心服务器资源

2. 资源共享

互联网是一个巨大的信息共享资源库，每一个接入互联网的用户都可以与其他接入互联网的用户共享网上资源。依托互联网"信息海洋"，人类社会步入了"信息时代"。例如，字节跳动公司推出的为用户提供短视频服务的抖音和抖音国际版（TikTok），均拥有数以亿计的日活跃用户。图 1-5 所示的是为用户提供海量资源共享服务的百度网盘。

图 1-5　为用户提供海量资源共享服务的百度网盘

3. 负载均衡

负载均衡用于将同一项目需要承担的任务，均衡地分配给分布在网络中的不同区域中的互联的计算机（也可以称为主机），实现分布式处理。图 1-6 所示为互联网中的大型数据中心，依托其能够开展分布式计算和信息处理。当网络中某台计算机负载过重时，通过网络中的控制系统实现负载均衡，不仅可以将任务均衡地分配给网络中的计算机进行处理，还可以发挥分布式网络系统中各台计算机的作用。

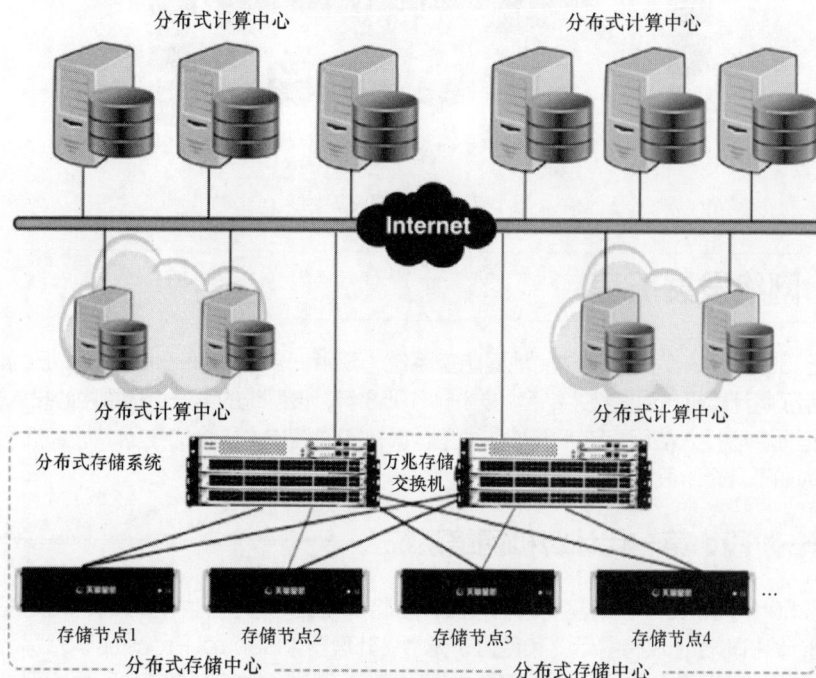

图 1-6　互联网中的大型数据中心

4. 数据通信

数据通信是网络实现的重要功能之一，组建网络的一个主要目的就是让分布在不同空间中的用户实现远程通信，如发送电子邮件、打互联网协议（Internet Protocol，IP）电话、开线上会议等。其中，由腾讯公司开发的微信是国内第一款日活跃用户超过 10 亿的移动终端应用程序（Application，App）。

5. 保障系统可靠

安装和部署在网络中的冗余部件可以大大提高网络系统的稳定性和可靠性。当网络中的一台计算机出现故障时，可以由网络中的另一台计算机替代出现故障的计算机；当网络中的一条通信线路出现故障时，可以通过网络选取另一条通信线路。如图 1-7 所示，依托互联网建设完成的大型数据灾备中心（Disaster Recovery Center），可以实现数据存储、数据同步、数据备份、数据恢复、安全加固、容灾设计等一系列功能，保障系统可靠。

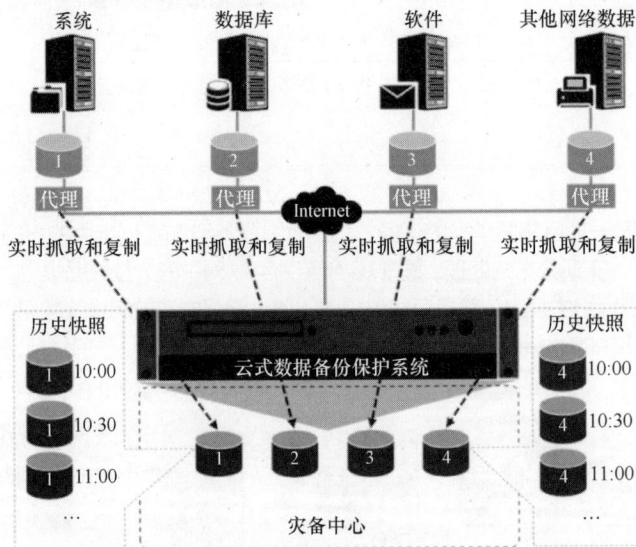

图 1-7　大型数据灾备中心

1.2　网络发展历程

20 世纪 50 年代，美国半自动化地面防空系统（Semi-Automatic Ground Environment，SAGE）启用了将计算机与通信技术结合的尝试。1958 年，该系统的第一个指挥中心投入使用；1961 年，其全部指挥中心投入使用。该系统被认为是计算机和通信技术结合的先驱。计算机网络发展历程大致可划分为如下几个阶段。

1. 第一阶段：第一代计算机网络系统

20 世纪 50 年代，由于科研需要，科技工作者将多台在地理空间中分散的、无处理能力的终端机[其为早期计算机形态，仅有显示器和键盘，无中央处理器（Central Processing Unit，CPU）]，使用通信线路连接到远程大型计算机（简称"大型机"），通过分时控制系统，等候大型机轮流处理，实现多终端机分时使用大型机资源。图 1-8 所示为第一代计算机网络系统。

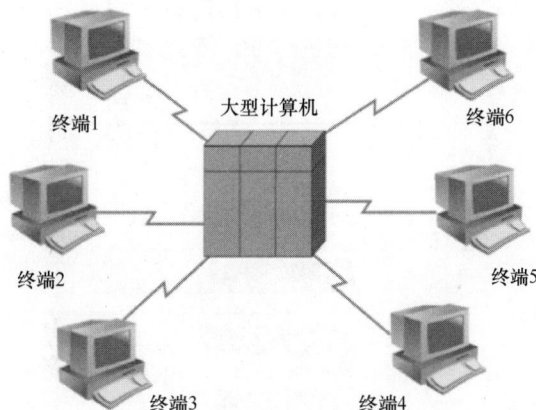

图 1-8　第一代计算机网络系统

　　计算机网络发展第一阶段的标志性成果：一是数据通信技术日趋成熟，为计算机网络的形成奠定了技术基础；二是提出分组交换概念，为计算机网络的研究奠定了理论基础。

2. 第二阶段：第二代计算机网络系统

　　20 世纪 60 年代，由于企业生产需要，产生了共享远程大型计算机资源的商业需求，于是出现了远程大规模互联网络，如图 1-9 所示。其中，终端机（发送计算机）和远程大型计算机（接收计算机）之间通过接口消息处理器（Interface Message Processor，IMP，路由器的前身）转接，构成通信子网，组建完成第二代计算机网络系统。

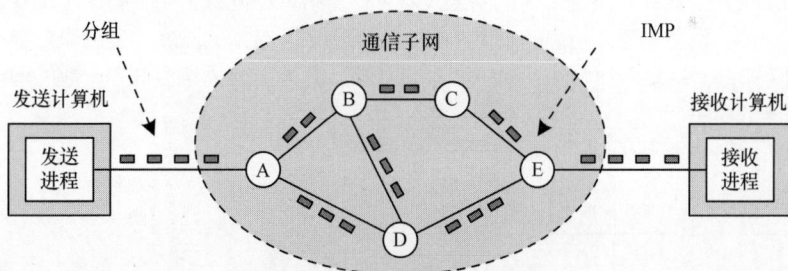

图 1-9　远程大规模互联网络

　　1969 年，美国国防部高级研究计划局（Defense Advanced Research Projects Agency，DARPA）成功组建的高级研究计划局网络（Advanced Research Projects Agency Network，ARPANET）是该阶段的典型代表。该网络最初只连接了 4 个节点，以电话线路为主干通信网络。ARPANET 项目是计算机网络发展历程中一个重要的里程碑，对计算机网络理论与技术的发展具有重大奠基作用。

　　计算机网络发展第二阶段的标志性成果：一是 ARPANET 的成功组建，证明了分组交换理论的正确性；二是传输控制协议/互联网协议（Transmission Control Protocol/Internet Protocol，TCP/IP）的广泛应用，为实现更大规模的网络互联奠定了基础。

3. 第三阶段：开放、互联的计算机网络系统

　　1984 年，国际标准化组织（International Standards Organization，ISO）制定了开放系统互

连参考模型（Open System Interconnection-Reference Model，OSI-RM），如图 1-10 所示。OSI-RM 通过把网络通信过程分为 7 层，实现网络通信标准化。OSI-RM 的出现，标志着世界统一的网络体系结构的形成，即开放、互联的计算机网络系统的形成。

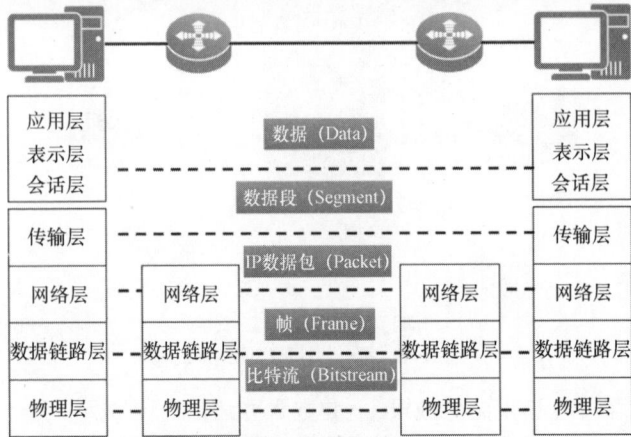

图 1-10　OSI-RM

计算机网络发展第三阶段的标志性成果：一是 ISO 制定的 OSI-RM，推进了网络协议的标准化建设历程；二是 TCP/IP 通过了检验，推动了互联网的发展。

4. 第四阶段：互联网

20 世纪 80 年代，个人计算机（Personal Computer，PC）技术、局域网（Local Area Network，LAN）技术日渐成熟，出现了高速传输的网络技术，计算机网络向综合化、高速化发展，网络也进入以吉比特、多媒体、智能化等为特点的发展阶段。随着局域网技术的发展，全球建立了不计其数的局域网和广域网（Wide Area Network，WAN），人们提出了将全球网络互联在一起的迫切需求，该需求推动了互联网的诞生。

图 1-11 所示为从 ARPANET 到互联网的发展历程。

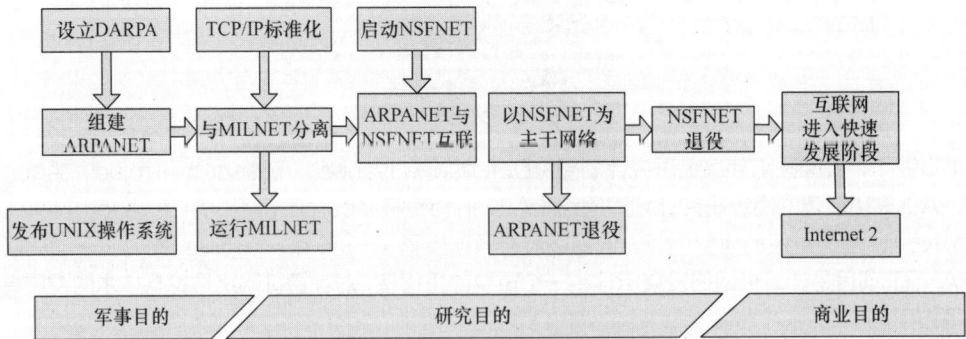

图 1-11　从 ARPANET 到互联网的发展历程

今天，互联网已成为社会生活中的基本组成部分，被应用于社会生活的各个方面，包括电子银行、电子商务、现代化的企业管理、信息服务等。

计算机网络发展第四阶段的标志性成果：一是互联网作为全球性的网际网，在社会生活的各个方面发挥着越来越重要的作用；二是局域网技术日渐成熟，得到普及；三是计算机网络和电信网络的融合，促进了宽带城域网（Metropolitan Area Network，MAN）技术的演变。

5. 第五阶段：下一代网络

进入 21 世纪以来，下一代网络（Next Generation Network，NGN）技术日臻成熟，实现了互联网、移动通信网络、电话通信网络和光网络等的多网融合，提供了包括语音、数据和多媒体等各种业务在内的综合、开放的网络架构，建设了统一的 IP 网络。其中，三网融合技术、第五代移动通信技术(5th Generation Mobile Communication Technology，5G 技术)、移动通信网络、云计算(Cloud Computing) 技术、物联网（Internet of Things，IoT）技术、大数据技术等，可作为构建新一代宽带综合业务数字网的基础。

（1）三网融合技术

三网融合又称"三网合一"，指计算机网络、电信网络和有线电视网络之间业务上相互渗透和交叉，技术上相互吸收并逐步趋向一致，网络层中的各类网络设备实现互联互通，应用层中采用统一的通信协议的各类应用相互融合。通过三网融合技术，可以得到统一的信息通信网络，其中互联网是核心。图 1-12 所示为某酒店利用三网融合实现了对计算机、电视和电话的有效管理，大大提高了管理效率。

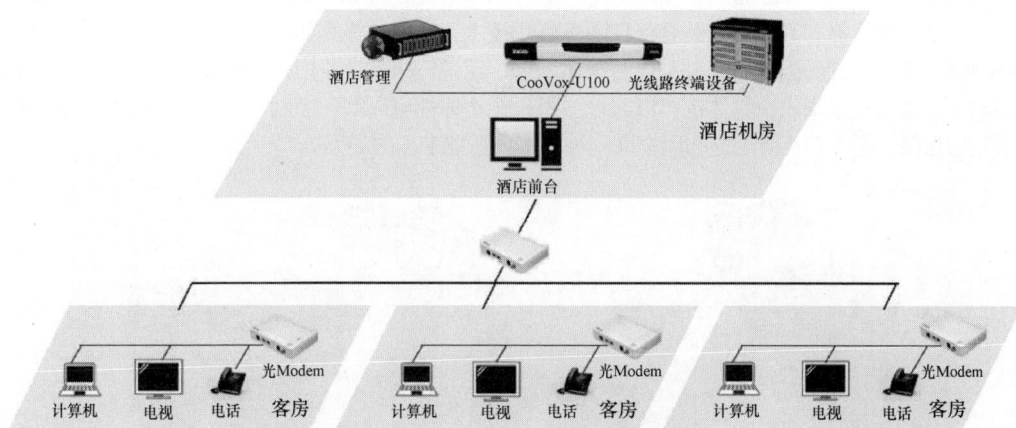

图 1-12　某酒店利用三网融合实现有效管理

（2）5G 技术

5G 技术是新一代蜂窝移动通信技术，其优势在于数据传输速率最高可达 20Gbit/s，是 4G 技术的数据传输速率的 100 倍。5G 技术传输速率快，不仅可以为智能手机提供高速服务，还可以与有线网络竞争，实现万物互联，推动"物联网时代"的到来。

（3）移动通信网络

移动通信网络基于电信网络系统，在两个及以上规定基站之间提供网络连接，实现网络通信。移动通信网络把生活中的智能移动终端（如手机、计算机等便携式电子设备）连接到公共网络，实现互联网接入。自 20 世纪 90 年代以来，移动通信网络经过了多个阶段的发展，即 1G 技术、2G 技术、3G 技术、4G 技术和 5G 技术。其中，3G 技术的成熟提升了无线网络通信速率，并推动人类社会进入"移动互联网时代"。

（4）云计算技术

云计算先将庞大的计算处理项目自动拆分成多个较小的子项目，再把这些子项目分配给由多台网络服务器组成的系统进行处理，并将处理结果返回给用户。云计算是继计算机、互联网之后的一种新的信息技术革新，是"信息时代"的一个巨大飞跃。图 1-13 所示为使用云计算整合计算资源的模拟场景。

图 1-13　使用云计算整合计算资源的模拟场景

（5）物联网技术

物联网是通过信息传感器、射频识别（Radio Frequency Identification，RFID）技术、全球定位系统、红外感应器、激光扫描器等各种通信感知技术，实时采集需要监控、连接、互动的物体，实现物与物、物与人的网络连接，并提供智能化识别、定位、跟踪、监控和管理功能的一种信息网络。物联网的主要特征是每一个物体都可以寻址，每一个物体都可以得到控制，每一个物体都可以通信，实现万物互联。图 1-14 所示为利用物联网技术实现智能家居的场景。

图 1-14　利用物联网技术实现智能家居的场景

（6）大数据技术

随着"云时代"的来临，大数据与云计算就像一枚硬币的正反面一样密不可分。对于大数据，相关人员可以采用分布式计算机网络架构进行处理，依托云计算的分布式处理、分布式数据库、云存储和虚拟化技术，把需要的计算资源分配给网络中的数十、数百甚至数千台计算机，实现对海量数据的分布式处理。

1.3　网络分类

了解网络分类对于网络构建、优化、管理具有重要意义。针对不同类型的网络，网络工程师通过明确网络需求，优化网络设计，可以提高网络性能、降低网络建设成本、简化网络管理。

1. 按照网络覆盖的地理范围

网络有多种分类方法，其中较常用的是按照网络覆盖的地理范围进行分类，可以分为局域网、城域网和广域网。

（1）局域网

局域网覆盖的地理范围一般在数百米到数千米。使用局域网组网技术，可以组建小地理范围内计算机、服务器以及各种网络设备互联的网络系统，实现资源共享目标。典型的局域网有办公网、校园网等。图 1-15 所示为某中学校园网连接拓扑。

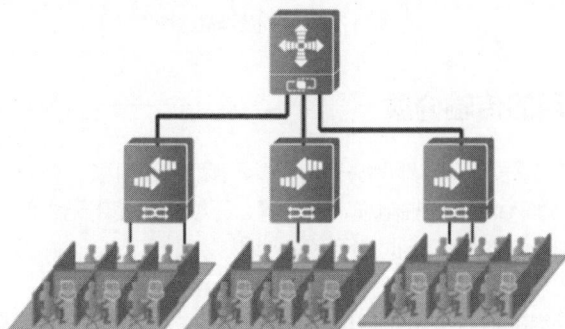

图 1-15　某中学校园网连接拓扑

（2）城域网

城域网覆盖的地理范围在数十千米到数百千米，可覆盖一个城市或一个地区，在覆盖的地理范围内建立的通信网络属于中等范围联网。典型的城域网有教育城域网、省级电子政务专网等。图 1-16 所示为某地宽带城域网连接拓扑。

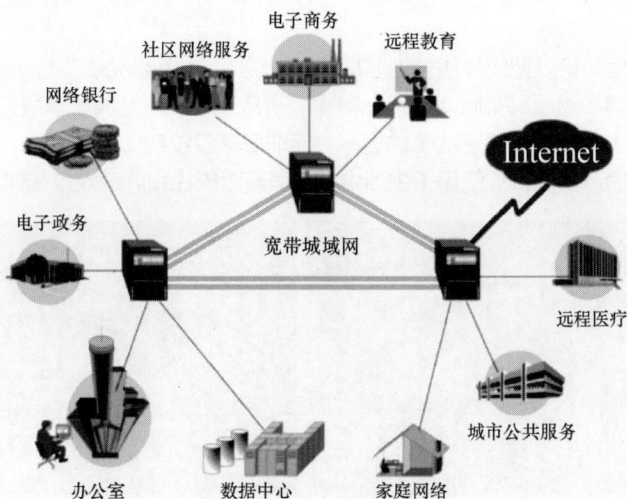

图 1-16　某地宽带城域网连接拓扑

（3）广域网

广域网是通过电信运营商建设完成的网络，可以实现从数十千米到数千千米的网络连接，提供远距离网络通信，形成国际性的大型网络。典型的广域网就是互联网。广域网是通过电信运营商提供的通信子网组建而成的。广域网的组成结构如图 1-17 所示。

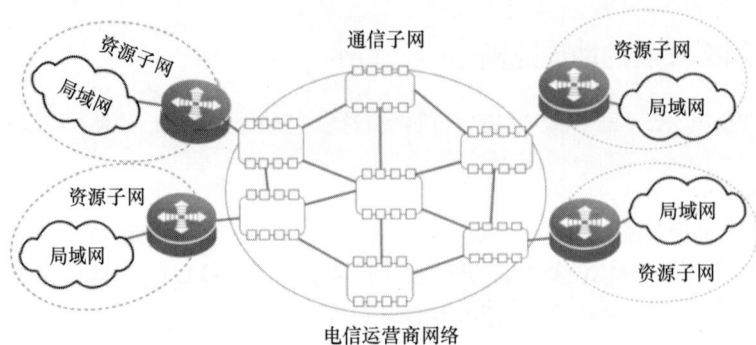

图 1-17　广域网的组成结构

2. 按照网络使用的传输介质

按照网络使用的传输介质，可以把网络分为有线网络和无线网络。其中，有线网络使用有线传输介质，如双绞线（Twisted Pair）、同轴电缆、光纤等；无线网络使用无线传输介质，如无线电波、微波、红外线等。下面分别对这些传输介质进行简单介绍。

（1）双绞线

双绞线由两条相互绝缘的导线按照一定规格互相缠绕而成。双绞线采用绞合结构是为了减少对相邻导线的电磁干扰，每根导线在传输中辐射的电磁波会被相邻导线辐射的电磁波抵消。由美国电子工业协会（Electronic Industries Association，EIA）和电信工业协会（Telecommunications Industry Association，TIA）组织定义的双绞线标准如下。

标准 568B：白橙——1，橙——2，白绿——3，蓝——4，白蓝——5，绿——6，白棕——7，棕——8。

标准 568A：白绿——1，绿——2，白橙——3，蓝——4，白蓝——5，橙——6，白棕——7，棕——8。

按照是否有屏蔽层，可以把双绞线分为非屏蔽双绞线（Unshielded Twisted Pair，UTP）和屏蔽双绞线（Shielded Twisted Pair，STP）。其中，屏蔽双绞线有金属屏蔽层，用于阻止外部电磁干扰，防止信息被窃听，可以获得更高的传输速率；而非屏蔽双绞线即普通网线，由于其没有屏蔽层，因此价格低廉，但传输速率低，广泛用于生活中。非屏蔽双绞线和屏蔽双绞线如图 1-18 所示。

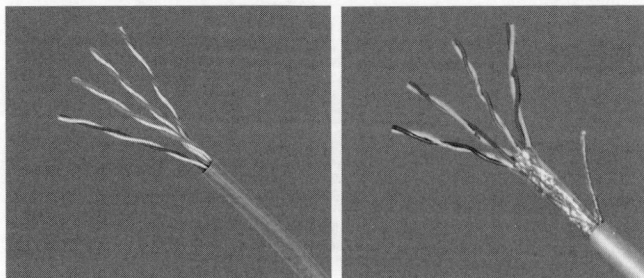

（a）非屏蔽双绞线　　　　　　　（b）屏蔽双绞线

图 1-18　非屏蔽双绞线和屏蔽双绞线

（2）同轴电缆

同轴电缆由内导体（铜质芯线）、绝缘层、网状编织的外导体屏蔽层和塑料材质的外部保护层组成，如图 1-19 所示，是早期以太网中重要的传输介质。

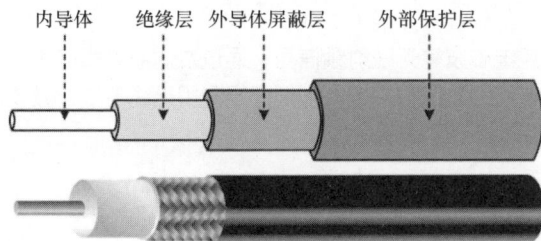

图 1-19 同轴电缆的组成结构

（3）光纤

光纤是"千兆到桌面"网络中重要的传输介质。光纤利用光学通信原理，在发送方采用发光二极管或半导体激光器，在电脉冲作用下产生光脉冲（这些光脉冲构成了携带信息的光信号，并通过光纤内的全反射机制进行高效传输）；在接收方，光电二极管作为检测器，将接收到的光信号转换为电信号，从而恢复原始数据。图 1-20 所示为光纤的内部结构和内部全反射，光纤通过内部全反射传输一束经过编码的光信号。

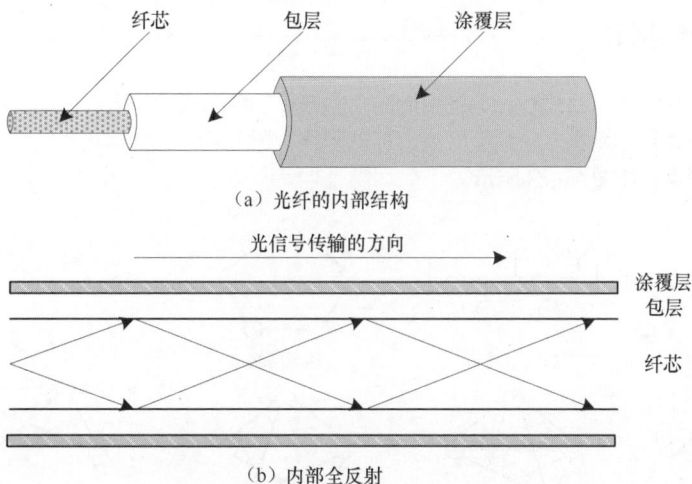

（a）光纤的内部结构

（b）内部全反射

图 1-20 光纤的内部结构和内部全反射

图 1-21 所示为使用光纤部署的光网络设备。光纤传输距离长，传输速率高，抗干扰性强，是远程骨干网络理想的传输介质之一。根据模数不同，光纤可以分为单模光纤和多模光纤。

图 1-21 使用光纤部署的光网络设备

（4）无线电波、微波、红外线等无线传输介质

无线传输介质就是利用电磁波等无线射频信号，通过发送信号和接收信号，实现无线网络通信的传输介质。无线传输介质使用的波段很广泛，人们已经利用无线电波、微波、红外线等不同波段的无线传输介质实现了通信，如图 1-22 所示。

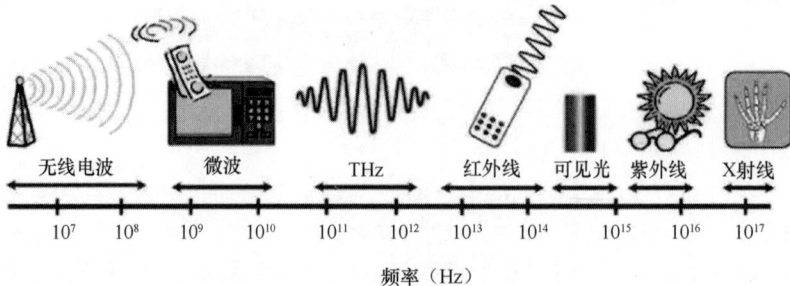

图 1-22　无线传输介质

3. 按照网络拓扑

网络拓扑（Network Topology）是用传输介质连接各种网络设备形成的物理布局。按照网络拓扑，可以把网络分为星形网络、总线型网络、环形网络、树形网络、全网状网络和部分网状网络及多种形态的组合型网络，如图 1-23 所示。

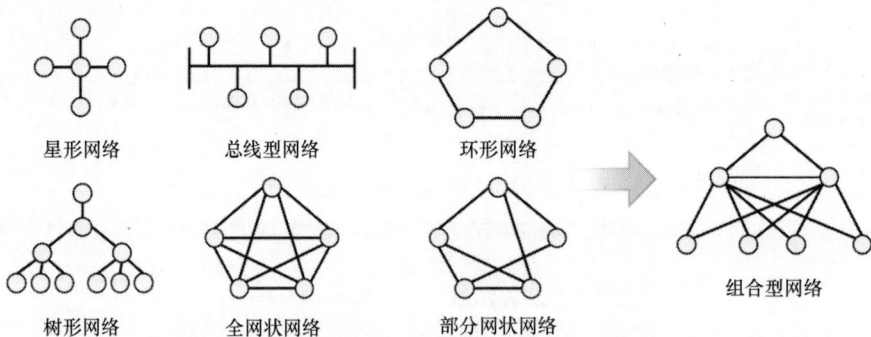

图 1-23　按照网络拓扑分类的多种不同类型的网络

4. 按照网络中信号的交换方式

按照网络中信号的交换方式，可以把网络分为电路交换网络、报文交换网络、分组交换网络。

（1）电路交换网络

在电路交换网络中，双方通信前，通过用户呼叫（拨号）建立一条从主叫端到被叫端的物理链路，双方即进行通信；当通信结束后，自动释放这条物理链路。这种信号交换方式就称为电路交换（也称为线路交换）。电路交换的优点是传输速率高、可靠性有保证，缺点是对带宽浪费较大。典型的电路交换网络是电话通信网络，如图 1-24 所示。

（2）报文交换网络

在报文交换网络中，使用报文方式进行通信。其中，报文由数据和报头组成，报头包含源地址和目的地址。安装在网络中的三层交换设备，会根据报头包含的目的地址匹配交换设备上的路由表（Routing Table），为报文选择最佳传输路径。图 1-25 所示为报文形态。

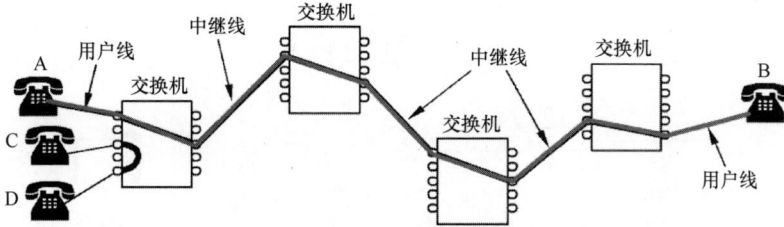

图 1-24　电话通信网络

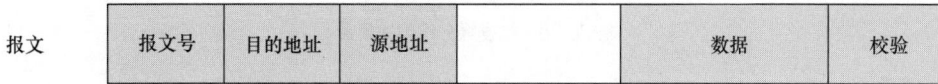

图 1-25　报文形态

在报文交换网络中，节点（计算机等设备）接收一个报文后，将其暂存在存储器中，直到线路空闲时，再根据报头包含的目的地址将报文转发到下一个节点。如此往复，直到报文到达目的地址对应的终端。报文交换网络如图 1-26 所示。报文交换也称存储转发，由于报文交换不需要预先建立一条专用通信链路，各个节点不被报文独占，因此其通信费用很低，但通信延迟很大。

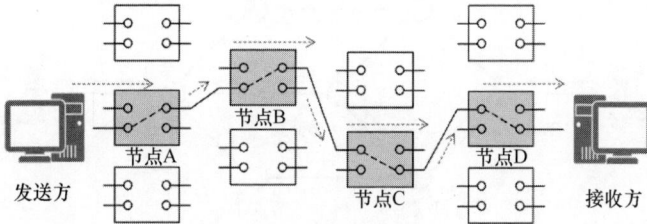

图 1-26　报文交换网络

（3）分组交换网络

分组交换属于存储/转发交换方式，分组交换网络是报文交换网络的升级版本，通过把报文分为更短、更标准的分组（Packet，即数据包）对其进行传输。图 1-27 所示为报文被分组的过程。

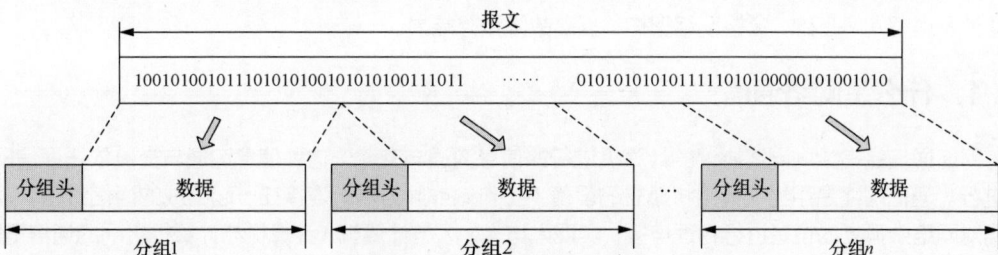

图 1-27　报文被分组的过程

在分组交换网络中，以分组为传输单位，有利于提高节点设备纠错能力，提高重传效率，充分利用节点的存储空间；此外，不必先建立连接，为不同分组动态选择传输路径，有利于降低传输延迟。分组交换可以分为如下两种方式：数据报（Datagram）分组和虚电路（Virtual Circuit）。

① 数据报分组

在数据报分组中，报文被分割成一个个更小的分组（如 P_1、P_2、P_3……），每一个分组都含有源地址和目的地址，将这些分组按顺序发送给中间节点；中间节点每接收一个分组，都先将其存储起来，再为每一个分组独立寻找路径。数据报分组传输场景如图 1-28 所示。

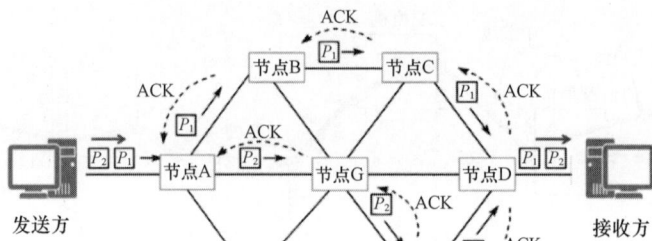

图 1-28　数据报分组传输场景

② 虚电路

虚电路采用了电路交换的分组交换方式。两台设备在发送数据前，需要通过逻辑连接建立虚电路，所有分组都沿着这条通过逻辑连接建立的虚电路进行传输。虚电路传输的优点是通信传输效率高，分组传输时产生的时延短，数据分组不容易丢失；缺点是对物理网络的依赖性强。图 1-29 所示为虚电路传输场景。

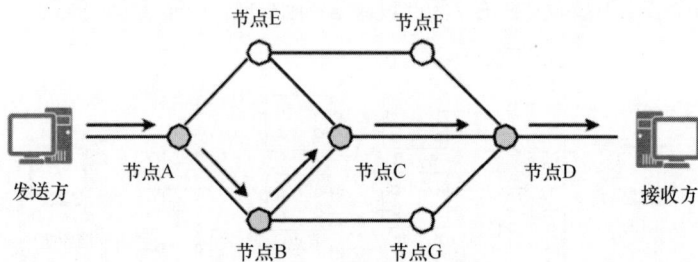

图 1-29　虚电路传输场景

1.4　网络通信知识

网络是一个复杂的系统，其中涉及多个组件和层次。学习如何使这些组件和层次协同工作，可以帮助读者理解网络基础，掌握网络架构，提高故障排除能力。

1. 什么是网络通信

网络通信是指相同网络协议的计算机进行的信息沟通与交流，这种信息沟通与交流依托通信网络来进行。通信网络是用物理链路将孤立的设备（工作站或服务器）连接在一起组成的通信链路。通信网络对网络中孤立的设备进行物理连接，实现人与人、人与计算机、计算机与计算机之间的通信链路，达到资源共享和通信目的。

2. 网络通信系统组成

图 1-30 所示为完整的网络通信系统，该系统由 IP 数据包、发送方、接收方、传输介质和通信设备 5 部分组成。下面分别对这 5 部分进行简单说明。

（1）IP 数据包：通信中的数据块，也称数据包。文本、数字、图片、音频、视频等信息被编码后，以 IP 数据包形式传送。

（2）发送方：发送 IP 数据包的设备，可以是计算机、服务器、手机等。

（3）接收方：接收 IP 数据包的设备，可以是计算机、服务器、手机、电视等。

（4）传输介质：信号传送的载体。局域网中常见的传输介质有光纤、双绞线。

（5）通信设备：通信的中转设备，由硬件设备、软件以及协议（Protocol）构成。其中，协议表示通信设备之间的一组约定。在没有协议的情况下，即使两台设备在物理上联通，也不能进行通信。

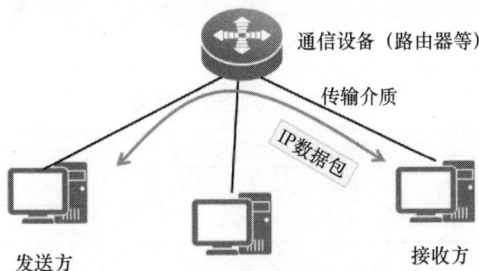

图 1-30　完整的网络通信系统

3. 网络通信过程

网络通信过程包含封装、传输和解封装 3 个步骤，如图 1-31 所示。

图 1-31　网络通信过程

① 终端设备上的应用程序生成传输的信息或数据，并将这些传输的信息或数据打包成"数据载荷"，为其添加"头"（包含源地址、目的地址等）和"尾"信息，使其形成一个数据单元。该步骤称为封装（IP 数据包）。

② 封装完成的 IP 数据包被传输给"网关"（路由器）设备，网关设备收到 IP 数据包后对其进行解封装，读取目的地址，匹配路由表，重新将其封装并送往不同的中间节点设备进行转发。IP 数据包离开本地网络，进入互联网。

③ IP 数据包经过互联网传输到目的地址所在网络，由本地网关设备对 IP 数据包进行解封装，根据目的地址将报文发往相应网络，根据物理地址寻找到目标计算机。报文到达目标计算机后，目标计算机校验 IP 数据包，确认无误后接收 IP 数据包，将其中的数据载荷交由应用程序进行处理。

至此，一次完整的网络通信过程结束。

【项目实训】组建双机互联对等网络

【项目规划】

根据项目初期规划与实际施工需要，在锐捷 EVE 模拟器中连接两台计算机，按照双机互联拓扑组建双机互联对等网络，如图 1-32 所示。

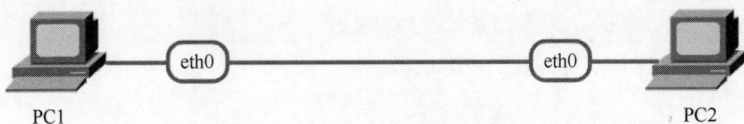

图 1-32　组建双机互联对等网络

【实训过程】

1. 选择实训设备

推荐使用真机，下面使用锐捷 EVE 模拟器完成实训。

2. 规划网络地址

如表 1-1 所示，规划双机互联对等网络地址。

表 1-1　网络地址规划

设备名称	IP 地址/子网掩码	网关（可选）
PC1	192.168.1.1/24	192.168.1.254
PC2	192.168.1.2/24	192.168.1.254

3. 双机互联拓扑

打开锐捷 EVE 模拟器，设置两台 PC，绘制图 1-32 所示的双机互联拓扑。

4. 配置 PC 地址信息

① 选中全部 PC 设备，右击，在弹出的快捷菜单中选择"启动选择"命令。

② 双击 PC1，打开设备配置界面，使用如下命令，查看 PC1 的 IP 地址和子网掩码（Subnet Mask）。

```
VPCS> show ip            ! 查看 PC1 的 IP 地址信息。限于篇幅，以下过程都省略显示
......
```

③ 配置 PC1 的 IP 地址和子网掩码（192.168.1.1/24）。

```
VPCS> ip 192.168.1.1 24  ! 配置 PC1 的 IP 地址和子网掩码
```

按照同样的方式，配置 PC2 的 IP 地址和子网掩码（192.168.1.2/24）。

5. 测试网络连通状况

使用如下命令，在 PC2 上测试其和 PC1 的网络连通状况。

```
VPCS> ping 192.168.1.1   ! 在 PC2 上测试其和 PC1 的网络连通状况
```

测试结果显示：双机互联对等网络组建成功，网络连通状况正常。

6. 查看网络信息

① 使用如下命令，在 PC2 上查看地址解析协议（Address Resolution Protocol，ARP）映射信息。

```
VPCS> show arp           ! 查看 ARP 映射信息
......
```

② 使用如下命令，在 PC2 上查看所有 IP 地址信息。

```
VPCS> show ip all        ! 查看所有 IP 地址信息
......
```

③ 使用如下命令，在 PC2 上查看配置历史记录信息。

```
VPCS> history            ! 查看配置历史记录信息。限于篇幅，以下省略这些信息
......
```

④ 使用如下命令，在 PC2 上清除 ARP 映射信息。

```
VPCS> clear arp          ! 清除 ARP 映射信息
```

⑤ 使用如下命令，在 PC2 上清除 IP 地址信息。

```
VPCS> clear ip           ! 清除 IP 地址信息
......
```

```
VPCS> show ip          ! 查看清除记录。限于篇幅，以下省略这些信息
......
```

⑥ 使用如下命令，在 PC2 上退出配置状态。

```
VPCS> quit             ! 退出配置状态，呈现未启动状态
```

【项目小结】

本项目结合网络工程师工作岗位要求，系统讲解网络与通信入门知识。首先，本项目介绍了网络功能；其次，本项目介绍了网络发展历程，以及网络从不同角度的分类；再次，本项目介绍了网络分类；最后，本项目介绍了网络通信知识，以及网络通信系统组成和过程。学习完本项目后，读者应该掌握锐捷 EVE 模拟器的使用方法，并且会使用 EVE 模拟器组建双机互联对等网络。

【素质提升】6S 管理规范

6S 管理规范是一种有效的实训管理方法，包括整理（Seiri）、整顿（Seiton）、清扫（Seiso）、清洁（Seiketsu）、素养（Shitsuke）和安全（Safety）6 个方面。实训过程中，严格实施 6S 管理规范可以提高工作效率、减少浪费、保障安全、提升自身职业素养。

1. 整理

整理的核心是将实训室内的物品分类，区分需要和不需要的物品，并将不需要的物品移出实训室，保留需要的物品。这样可以缩短查找物品的时间，提高工作效率，并且让实训室更加整洁。

2. 整顿

整顿是在整理的基础上，对实训室内需要的物品进行有序地存放，并标识清楚相关信息。所有物品都要有明确的标签和存放位置，以便查找和使用这些物品，提高工作效率。

3. 清扫

清扫是为了保持实训室清洁。学生应该经常清扫实训室，包括清扫设备、地面、桌面等。清扫不仅可以保持实训室的清洁，还可以及时发现设备故障等问题，避免发生事故。

4. 清洁

清洁是在整理、整顿和清扫的基础上，对整个实训室进行全面的维护和保养。清洁工作包括检查设备是否正常运行和对损坏的设备进行维修或更换。清洁可以确保实训室的正常运行，延长设备的使用寿命。

5. 素养

素养是学生应具备的基本素质，包括讲文明、懂礼貌、遵守规章制度等。在实训过程中，学生应该具备良好的职业素养，尊重设备、尊重他人。

6. 安全

安全是 6S 管理规范中一个非常重要的方面。学生应该严格遵守安全规章制度，注意自身和他人的安全。实训室应该配备必要的安全设施，如灭火器等。同时，学生应该了解并掌握常见安全事故的预防和处理方法。

【认证测试】

单选题：下列每道试题都有多个选项，请选择一个最优的选项。

1. 计算机网络互联的含义是（   ）。

A. 多台计算机通过物理线路直接相连

B. 一台计算机连接多个终端

C. 多个子网通过传输介质相互连接，实现通信和资源共享

D. 多台计算机对称连接

2. 局域网的典型特性是（　　　）。

  A. 高数据速率，大覆盖范围，高误码率　　　B. 高数据速率，小覆盖范围，低误码率

  C. 低数据速率，小覆盖范围，低误码率　　　D. 低数据速率，小覆盖范围，高误码率

3. 双绞线中的"绞线"指的是（　　　）。

  A. 将多根导线绞合在一起　　　　　　　　B. 导线上的螺旋状纹理

  C. 导线表面的绝缘材料　　　　　　　　　D. 导线的颜色编码

4. 以下关于星形网络结构的描述正确的是（　　　）。

  A. 星形网络易于维护

  B. 在星形网络中，某条链路的故障会影响其他线路下的计算机通信

  C. 星形网络具有很高的健壮性，不存在单点故障、中心节点故障的问题

  D. 由于星形网络共享总线带宽，因此当网络负载过重时会导致性能下降

5. 下列有关光纤的说法正确的是（　　　）。

  A. 多模光纤可传输不同波长、不同入射角度的光

  B. 多模光纤的成本比单模光纤的成本高

  C. 采用多模光纤时，信号的最远传输距离比单模光纤的远

  D. 多模光纤的纤芯较细

6. 当网络出现故障时，首先应该检查（　　　）。

  A. 数据链路层　　　　B. 网络层　　　　　　C. 物理层　　　　　　D. 应用层

7. 通过（　　　）命令可以查看当前计算机的网络连通状况。

  A. route　　　　　　B. ping　　　　　　　C. netstat　　　　　D. ipconfig

8. 如果在计算机上配置了 IP 地址，则以下属于正确的计算机 IP 地址的是（　　　）。

  A. 127.32.5.62　　　　　　　　　　　　　B. 162.111.111.111

  C. 202.112.5.0　　　　　　　　　　　　　D. 224.0.0.5

9. 光纤通信中，光纤的主要作用是（　　　）。

  A. 放大信号　　　　　B. 转换信号　　　　　C. 传输信号　　　　　D. 调制信号

10. 在星形拓扑结构中，（　　　）设备处于中心位置。

  A. 计算机　　　　　　B. 交换机　　　　　　C. 路由器　　　　　　D. 防火墙

项目2
网络体系结构

02

【项目情景】

小王在准备软考时发现，最新版本软考要求考生掌握网络通信标准知识。为了加深对网络通信标准知识的直观理解，小王准备组建办公网，初期规划如图 2-1 所示，以便学习网络通信标准知识，积累组网经验。

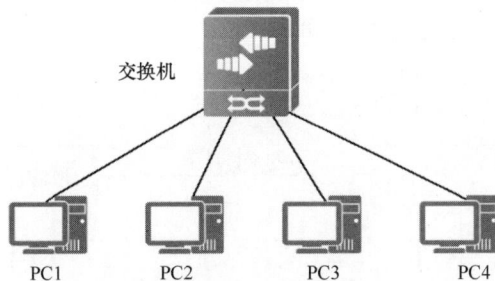

交换机

PC1   PC2   PC3   PC4

图 2-1　办公网初期规划

【项目目标】

本项目针对网络工程师工作岗位的岗位要求介绍网络体系结构知识，实现以下项目目标。

1. 知识目标

（1）了解网络体系结构和网络通信协议。

（2）了解 OSI-RM 通信标准及其各层功能。

（3）了解 TCP/IP 通信标准，掌握 TCP/IP 各层的主要协议。

（4）掌握组建网络的层次化结构设计方法。

2. 技能目标

能够组建简单的办公网。

3. 素质目标

（1）培养学生整理知识笔记的习惯，按照标准格式制作实训报告。

（2）培养学生和同学友好沟通的能力，建立团队协作关系。在小组实训中，做到项目明确、分工合理、落实到位、工作有序。

（3）培养学生的安全意识，懂得安全操作知识，严格按照安全标准流程进行操作。

【知识准备】

随着计算机网络技术的不断发展，各厂商开发出多种不同的网络系统。如何实现它们之间的互联互通？采取怎样的措施管理这些系统？……这些都是影响网络技术发展的关键问题。人们通常可以根据网络体系结构（Network Architecture）建立一个网络通信模型，以解决这些问题。

2.1 网络体系结构与网络通信协议

为了解决在不同网络系统之间实现互联互通的难题，科技工作者为网络系统定义了分层网络体系结构，并设计网络通信协议，以实现通信双方在不同层之间的通信。

1. 网络体系结构

网络体系结构采用分层方式，把复杂的网络划分成若干较小的、单一的网络实体。图 2-2 所示为网络体系结构模型，该模型主要由服务、接口和协议组成。

① 服务：某一层为上一层提供怎样的功能。
② 接口：上一层使用下一层服务的方式。
③ 协议：通信双方对传送内容、形式、应答的约定。

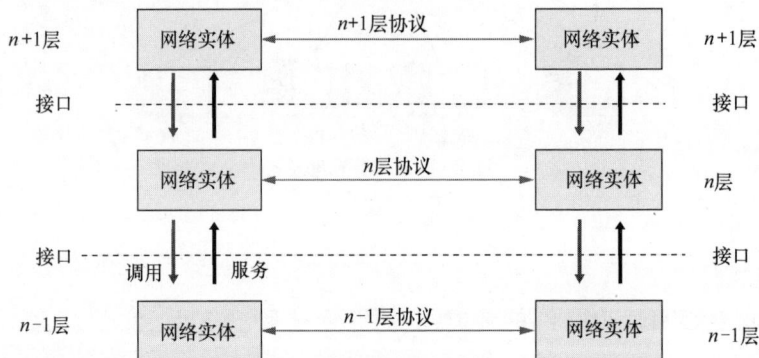

图 2-2 网络体系结构模型

不同的系统具有相同的层，不同系统的对等层具有相同的功能。不同系统的最底层之间使用实通信，不同系统的对等层之间使用协议实现虚通信。

2. 网络通信协议

网络通信可以分为实通信和虚通信。网络通信协议是通信双方在实现通信的过程中，进行信息传输和控制信息传输时必须遵守的各种标准及约定，简称协议。协议由语义、语法和时序这 3 个要素组成。

① 语义：规定通信双方"讲什么"，即发出何种信息，完成何种动作，如何应答。
② 语法：规定通信双方"如何讲"，即确定传输信息的格式、编码等。
③ 时序：规定通信双方"何时通信"，即对实现顺序进行说明，也称为"同步"。

协议是不同开放系统的对等层之间的通信约定，通过协议可以实现对等层之间的虚拟对话。在实际网络通信中，实体的对等层之间不直接相连，因此协议实现的是虚通信。实通信需要依靠实体中的上下层之间提供服务，并借助最底层的物理介质来实现。图 2-3 所示为虚通信和实通信的关系。

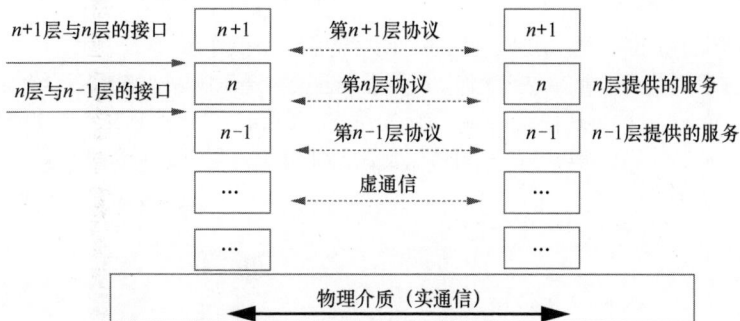

图 2-3　虚通信和实通信的关系

2.2　OSI-RM 通信标准

在 20 世纪 60 年代和 20 世纪 70 年代，网络技术迅速发展，很多计算机厂商为了满足市场需求，开发了自己的网络体系结构和网络产品。由于缺乏统一标准，不同计算机厂商开发的网络产品之间难以实现互联互通，这限制了网络技术的发展和应用。

1. OSI-RM 概述

1984 年，ISO 制定了 OSI-RM。图 2-4 所示为 OSI-RM，该模型通过 IMP 实现网络的互联互通。

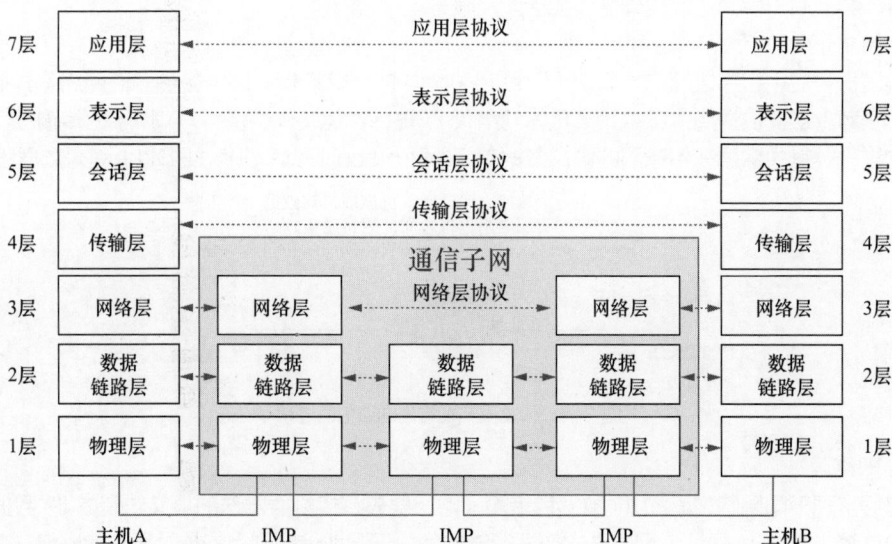

图 2-4　OSI-RM

2. OSI-RM 各层功能

OSI-RM 将网络的通信过程分成 7 层，由高到低分别是应用层（Application Layer）、表示层（Presentation Layer）、会话层（Session Layer）、传输层（Transport Layer）、网络层（Network

Layer）、数据链路层（Data Link Layer）和物理层（Physical Layer）。下面依次介绍各层具体功能。

（1）应用层

应用层是最靠近用户的一层，是应用程序与网络的接口。操作系统或应用程序直接向用户提供服务，帮助用户完成使用网络才能完成的工作。应用层包含各种通信协议，如域名系统（Domain Name System，DNS）协议、文件传送协议（File Transfer Protocol，FTP）、超文本传送协议（HyperText Transfer Protocol，HTTP）等。图2-5所示为Telnet协议为用户提供远程登录服务的过程。

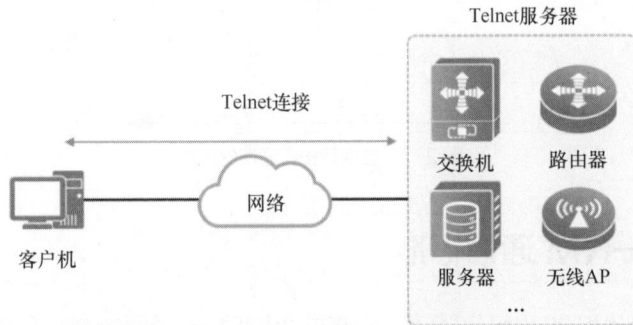

图2-5　Telnet协议为用户提供远程登录服务的过程

（2）表示层

表示层主要对上层传输的信息进行转换，保证一台终端应用层产生的信息可以被另一台终端应用层接收，实现数据加密、压缩、格式转换等功能。

（3）会话层

在通信过程中，会话层为两个通信实体建立会话连接，实现应用程序之间的会话连接建立、会话连接维持、会话同步，为通信实体管理会话连接服务。

（4）传输层

传输层提供应用程序之间的端到端（Port to Port）的通信连接。因为各种通信网络差异很大，所以传输层要对上层提供透明（不依赖于具体网络）、可靠的数据传输。图2-6所示为传输层实现端到端通信的过程，其中数据在传输层的协议数据单元（Protocol Data Unit，PDU）称为数据段。

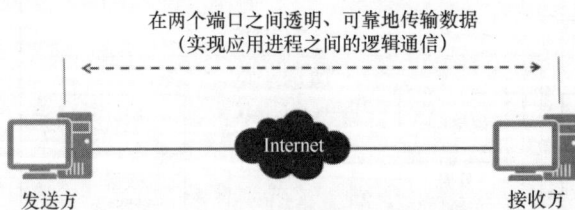

图2-6　传输层实现端到端通信的过程

（5）网络层

网络层实现不同网络之间的IP数据包传输。网络层先将传输层发送的报文封装成IP数据包；再进行路由选择（寻址），保证上层发送的数据能够准确、无误地传输到目的地址所在的网络。其中，网络层的PDU称为IP数据包。工作在网络层的典型设备是路由器（Router），如图2-7所示。

图2-7　路由器

（6）数据链路层

在相邻的通信节点之间，数据链路层负责数据链路的建立、维持和拆除；将网络层封装完成的信息组装成帧，以便在物理通道上准确传送。为了弥补物理层的不足，数据链路层还要对数据帧进行校验和纠错。其中，数据链路层的 PDU 称为帧，工作在数据链路层的典型设备是交换机（Switch），如图 2-8 所示。

图 2-8　交换机

（7）物理层

物理层是 OSI-RM 通信标准的最底层，用于为数据传输提供标准化的物理连接服务。物理层定义了通信设备之间的接口标准，规定了机械特性、电气特性、功能特性、规程特性。其中，物理层的 PDU 称为比特流，工作在物理层的典型设备是集线器（Hub），如图 2-9 所示。

图 2-9　集线器

3. 数据封装和解封装

按照 OSI-RM 通信标准，在发送数据前，发送方设备按从上到下的顺序逐层添加各层的控制信息（报头），形成最后的物理层比特流。这种逐层添加控制信息的过程称为封装。封装可以使通信设备的上、下层接口知道如何处理这些数据。图 2-10 所示为数据封装过程（将参考模型简化为 5 个层次），从该图可以看出，各层在收到数据前会添加相应的控制信息。

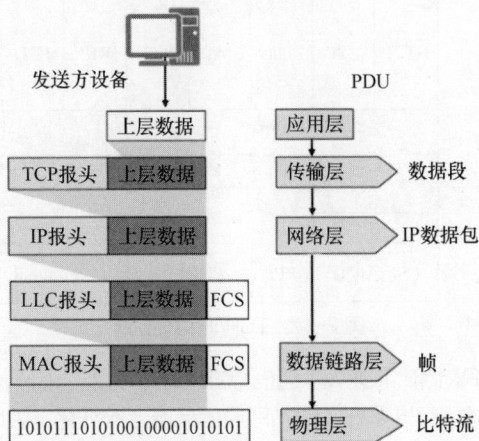

图 2-10　数据封装过程

　　封装完成的信息（比特流），经过物理网络传输到接收方设备。接收方设备也按照 OSI-RM 通信标准，从下到上逐层剥离同等层封装的控制信息，这个过程称为解封装。最后，把原始数据提交给应用层进行处理，完成通信过程。数据解封装过程如图 2-11 所示（将参考模型简化为 5 个层次）。

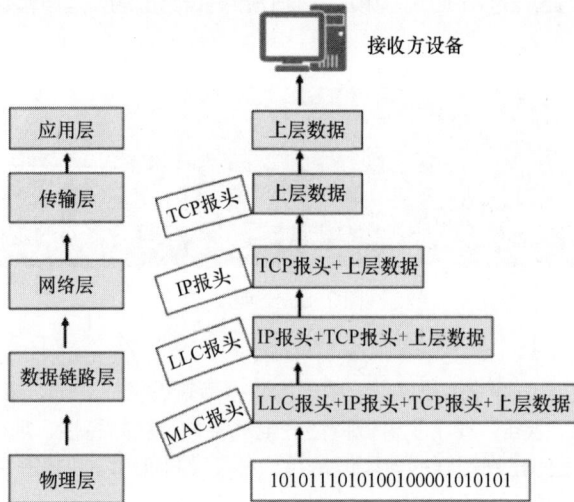

图 2-11　数据解封装过程

2.3　TCP/IP 通信标准

　　TCP/IP 通信标准是美国 DARPA 为实现 ARPANET 计划开发的网络通信标准，通过 TCP/IP 通信标准，可以实现不同类型的网络之间的互联互通。

1. TCP/IP 通信特点

　　在体系结构设计上，TCP/IP 通信标准只规划了 4 层结构，即应用层、传输层、网络层（也称网际层）和网络接口层，如图 2-12 所示。其中，网络接口层没有规划具体内容。

TCP/IP分层	TCP/IPv4协议栈								
应用层	HTTP	FTP	Telnet	SMTP	POP3	RIP	TFTP	DNS	DHCP
传输层	TCP					UDP			
网络层	IPv4							ICMP	IGMP
	ARP								
网络接口层	CSMA/CD	PPP	HDLC		Frame Relay			X.25	

图 2-12　TCP/IP 通信标准

　　图 2-13 所示为 OSI-RM 和 TCP/IP 通信标准的对照关系。由于 TCP/IP 通信标准的研发比 OSI-RM 更早，OSI-RM 通信标准是在 TCP/IP 通信标准上的细化，因此 TCP/IP 通信标准更简单，而 OSI-RM 更精细。本书为了满足教学需要，使用经过分解的 TCP/IP 分层模型（简称"TCP/IP 分层模型"）。

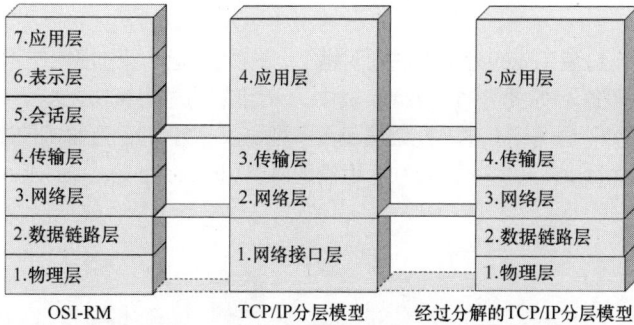

图 2-13　OSI-RM 和 TCP/IP 通信标准的对照关系

2. TCP/IP 通信标准各层功能

TCP/IP 通信标准是当今被广泛应用的互联网通信标准,对外公布的通信协议也是流行的商业化网络通信标准。下面详细介绍 TCP/IP 通信标准中的各层功能。

（1）应用层

TCP/IP 通信标准中的应用层对应 OSI-RM 通信标准中的会话层、表示层和应用层。应用层向用户提供常用的应用服务,方便用户使用网络。图 2-14 所示为 TCP/IP 通信标准中的应用层内容,可以看出应用层包含多种应用协议,如 FTP、简易文件传送协议（Trivial File Transfer Protocol,TFTP）、HTTP、简单邮件传送协议（Simple Mail Transfer Protocol,SMTP）等。

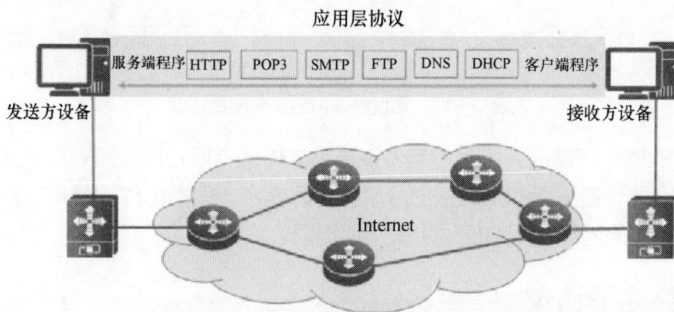

图 2-14　TCP/IP 通信标准中的应用层内容

（2）传输层

传输层是介于通信子网和资源子网之间的通信质量控制层,用于为会话实体（终端）上的应用程序提供端到端的通信服务,如图 2-15 所示。传输层下面是通信子网,用于完成通信功能;传输层上面是资源子网,用于完成数据处理功能。在 TCP/IP 通信标准中,传输层包含两种协议:传输控制协议（Transport Control Protocol,TCP）和用户数据报协议（User Datagram Protocol,UDP）。

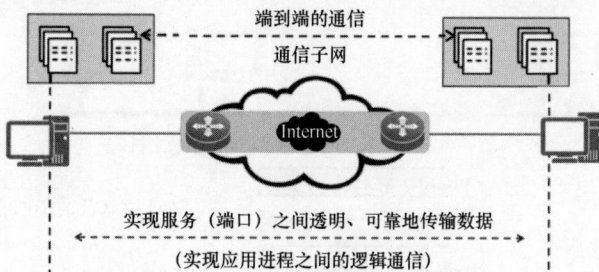

图 2-15　传输层提供端到端的通信服务

（3）网络层

网络层允许终端将封装完成的分组发送到网络上，并为这些分组选择最佳路径，使其到达目的地址所在的网络（不同网络），如图2-16所示。其中，分组的到达顺序与发送顺序可能不同，由高层负责重排分组。在TCP/IP通信标准中，网络层包含多种协议，如IP、互联网控制报文协议（Internet Control Message Protocol，ICMP）、互联网组管理协议（Internet Group Management Protocol，IGMP）和ARP等。

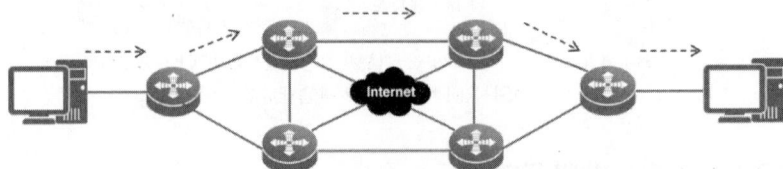

图2-16　网络层选择最佳路径

（4）网络接口层

网络接口层用于描述数据从一台终端的网络层传输到另外一台终端的网络层的方法，以及穿越多个物理网络的过程，如图2-17所示。该过程包括IP把数据包封装成帧；通过物理介质（如光纤、双绞线、无线电波等），穿越物理网络传输数据。

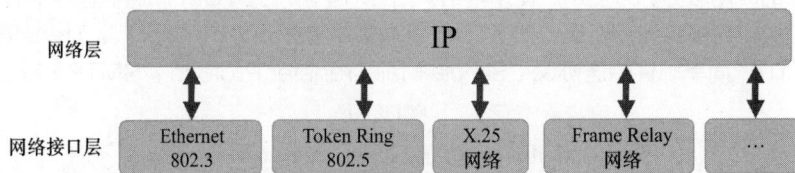

图2-17　通过物理网络实现网络连接

在设计TCP/IP通信标准时，因为没有考虑具体的传输介质，所以没有对底层（数据链路层、物理层）做出规定。因此，最下面的网络接口层没有具体内容，只指出终端使用某种底层协议连接到某种网络，不同终端、不同网络使用的底层协议不尽相同。

3. TCP/IP主要协议

在TCP/IP通信标准中，各层都设计了丰富的协议，以确保数据能够在网络中被有效地传输和处理。下面分别对主要层的协议进行介绍。

（1）传输层主要协议

传输层的主要协议有TCP和UDP。传输层为两台终端上的应用程序提供端（端口）到端（端口）的通信，如图2-18所示。在这个过程中，传输层使用TCP和UDP两种经典协议实现可靠通信。

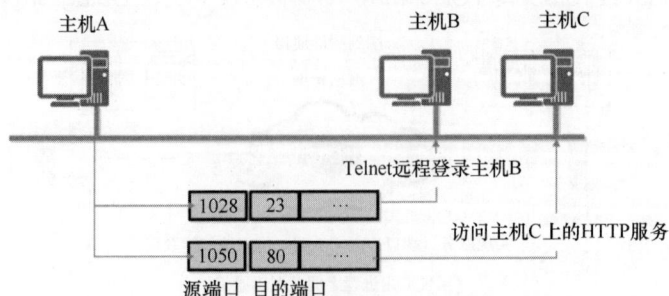

图2-18　传输层提供端到端通信

① TCP

TCP 负责保障网络中的通信质量，实现应用程序之间的可靠通信，将数据准确、可靠、按顺序地从源端口传输到目的端口，提供可靠、无差错的通信服务，保障网络通信质量。图 2-19 所示为 TCP 报文格式。TCP 通过如下手段保障通信质量。

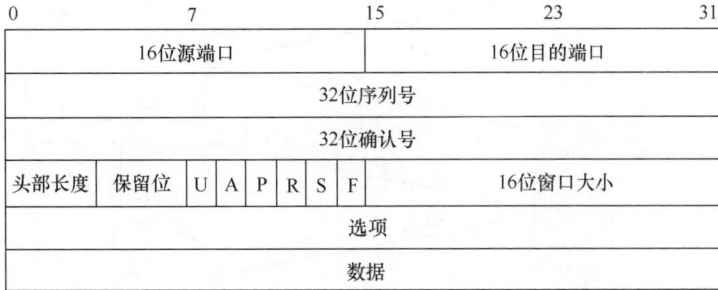

0	7	15	23	31
16位源端口		16位目的端口		
32位序列号				
32位确认号				
头部长度	保留位 U A P R S F	16位窗口大小		
选项				
数据				

图 2-19　TCP 报文格式

a. 3 次握手机制

TCP 使用 3 次握手机制建立连接，保障通信可靠性。其中，连接可由任何一方发起。图 2-20 所示为通信时的 3 次握手过程。

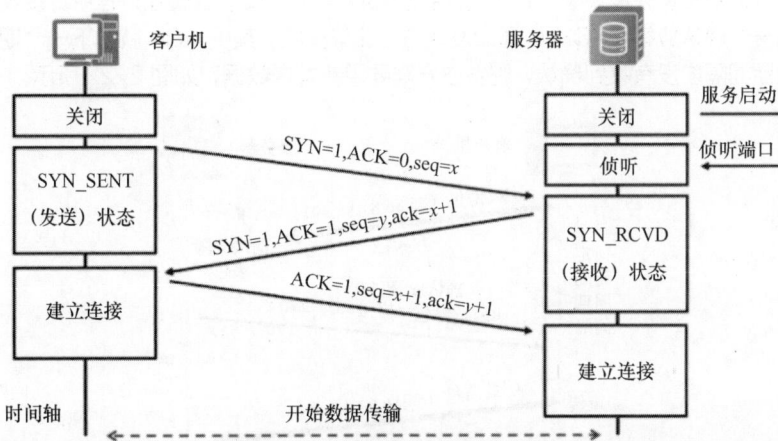

图 2-20　通信时的 3 次握手过程

其中，第 1、2 次握手时，IP 数据包中的 SYN 均为 1，表示通信双方协商连接参数。第 1 次握手时，客户机发起请求，将连接参数告知服务器。第 2 次握手时，服务器收到请求并发送确认包，将连接参数告知客户机，实现双向通信同步。其中，ACK=1 是确认号，表示这是一条确认消息；而 ack 表示确认的 IP 数据包序号。第 3 次握手时，客户机告知服务器，客户机已收到确认消息，开始通信。

b. 4 次挥手机制

如图 2-21 所示，客户机和服务器之间通过 4 个报文关闭连接，这种机制称为 4 次挥手机制。第 1 次挥手时，客户机发送 FIN 报文，表示发送完毕，客户机进入 FIN_WAIT_1。第 2 次挥手时，服务器收到 FIN 报文，发送确认给客户机，客户机进入 FIN_WAIT_2 状态，等待数据传输完毕。第 3 次挥手时，数据传输完毕后，服务器发送 FIN 报文给客户机，通知关闭连接，服务器进入 LAST_ACK 状态。第 4 次挥手时，客户机向服务器发送 ACK 报文，进入 TIME_WAIT 状态。服务器收到 ACK 报文段，关闭连接。

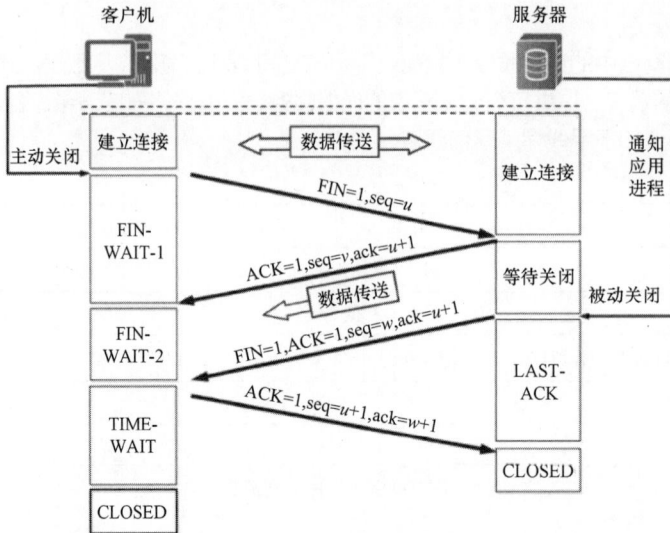

图 2-21　4 次挥手过程

c.　重传机制

为了避免传输中出现丢包现象，TCP 使用重传机制实现纠错。在传输过程中，接收方正确接收信息后立即发回一个确认应答（ACK），通知发送方已正确接收，其中 ACK 就是下一个期待报文。如果在一定时间周期间隔内没有收到确认，则发送方需要重新发送数据，如图 2-22 所示。

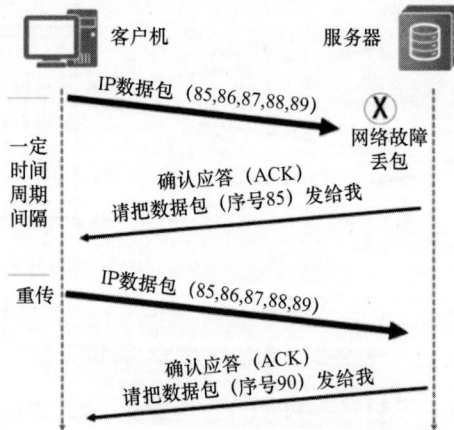

图 2-22　重新发送数据

d.　滑动窗口机制

TCP 使用滑动窗口机制，通过动态改变窗口大小，控制传输流量。每台支持 TCP/IP 的计算机都使用全双工机制传输数据。TCP 有两个滑动窗口：一个用于接收数据，另一个用于发送数据。图 2-23 所示为传输层通过滑动窗口机制控制传输流量。

e.　端口号

传输层为网络中的计算机提供端到端的通信，这里的"端"指计算机应用程序启用的服务"端口"，也指计算机与外界通信的出入口。计算机在同一时间运行多个应用程序，需要标明某台计算机从特定进程传输信息到另一台计算机上的特定进程。

图 2-24 所示为传输层使用源端口和目的端口实现通信的过程。其中，HTTP 客户机使用的源端口随机分配，目的端口由 HTTP 服务器指定。因此，发出信息的源端口号为系统中未使用、大于 1023

的端口号；目的端口号为服务器启用的应用程序（服务）端口号，如 HTTP 默认使用端口号 80。

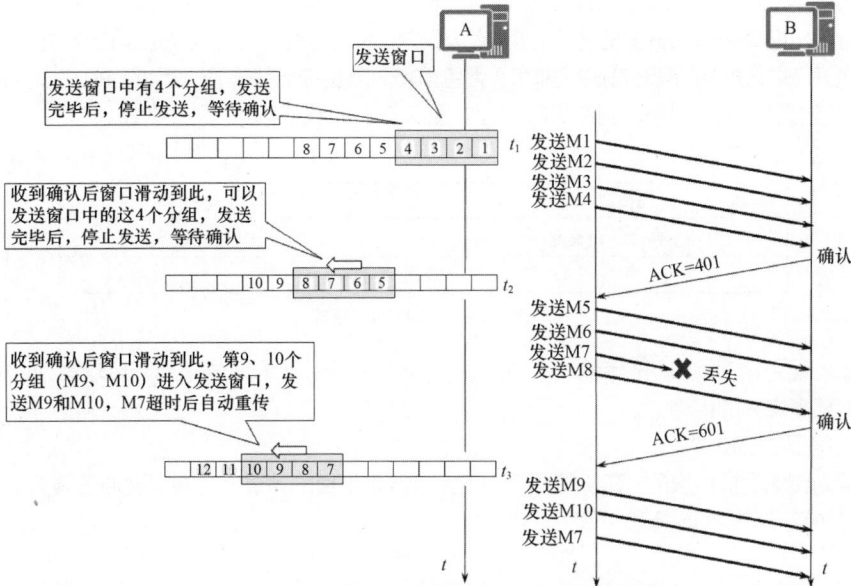

图 2-23　传输层通过滑动窗口机制控制传输流量

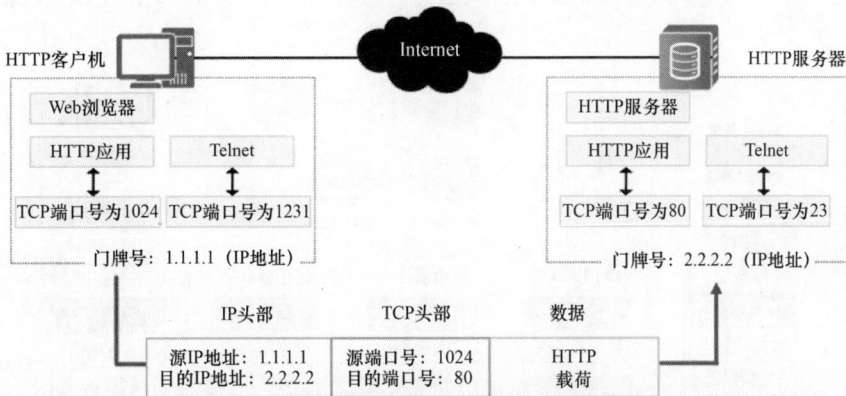

图 2-24　传输层使用源端口和目的端口实现通信的过程

传输层使用不同端口号标识应用程序上的不同服务。默认使用 0～1023 作为标准端口号，其余作为自定义端口号。表 2-1 所示为生活中常用协议使用的端口号。

表 2-1　生活中常用协议使用的端口号

协议	端口号	协议	端口号
FTP	21	SQL	1433
FTP-data	20	Oracle	1521
Telnet	23	SMTP	25
SSH	22	POP3	110
HTTP	80	TACACS+	49
HTTPS	443	DNS	53

② UDP

传输层使用 UDP 提供无连接的通信服务（UDP 为应用程序提供一种无须建立连接即可实现快速通信的服务）。UDP 只增加很少的功能，即端口和差错检测功能，就可以马上发送 IP 数据包，加快传输速度。UDP 对发送的数据没有进行排序、丢包重传、流量控制等操作，因此当报文发送后，发送方无法得知其是否已安全、完整地到达目的地址。图 2-25 所示为 UDP 报文格式。

0	7	15	23	31
16位源端口		16位目的端口		
16位UDP长度		16位UDP校验和		
数据				

图 2-25　UDP 报文格式

在传输过程中，使用 UDP 传输消耗资源少，通信效率高。UDP 通常用于传输音频、视频，如视频会议等网络多媒体的传输。

（2）网络层主要协议

网络层为传输层提供服务，在不同网络中的源计算机与目的计算机之间实现通信服务。网络层有 3 种重要通信协议：IP、ICMP 和 ARP。

① IP

IP 将 IP 数据包从一个网络传输到另一个网络。IP 把不同底层物理网络中提交的数据统一封装成 IP 数据包，屏蔽物理网络细节，实现互联互通。图 2-26 所示为 IP 数据包通过网络层传输的过程。

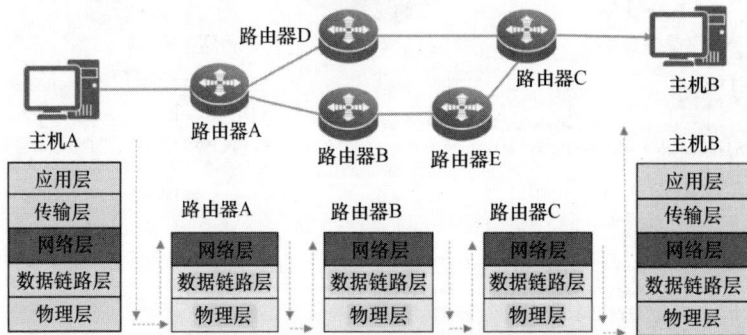

图 2-26　IP 数据包通过网络层传输的过程

IP 对底层物理网络中的硬件没有要求，任何类型的网络中提交的数据，都使用 IP 统一封装成 IP 数据包。图 2-27 所示为封装完成的 IP 数据包（类似信件）。

图 2-27　封装完成的 IP 数据包

为了在复杂的互联网中实现可靠、准确的传输，IP 使用复杂的标识信息将数据封装成 IP 数据包。图 2-28 所示为第 4 版互联网协议（Internet Protocol version 4，IPv4）数据包的封装格式，包括分组头和数据部分。

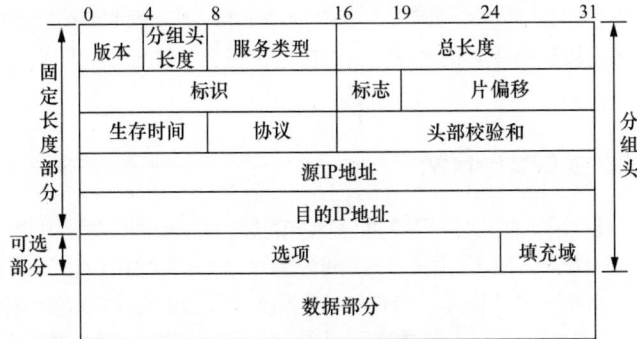

图 2-28　IPv4 数据包的封装格式

为了简化 IP 工作内容，在网络传输中，IP 提供不可靠、无连接的服务。

② ICMP

IP 是一种不可靠协议，需要借助其他协议，即 ICMP，实现网络连接测试。ICMP 允许计算机或路由器报告网络连接状况，提供异常网络连接状况报告，如 ICMP 通过测试（ping 命令）可以了解某个网络连接是否畅通。图 2-29 所示为 ICMP 报告网络连接状况。

图 2-29　ICMP 报告网络连接状况

③ ARP

ARP 将 IP 地址解析为介质访问控制（Medium Access Control，MAC）地址，并维护 IP 地址与 MAC 地址的映射关系的缓存，即 ARP 表项。图 2-30 所示为使用 ARP 进行地址解析的场景。在磁盘操作系统（Disk Operating System，DOS）中，使用"ARP –a"命令可以查看 IP 地址和 MAC 地址的映射关系。

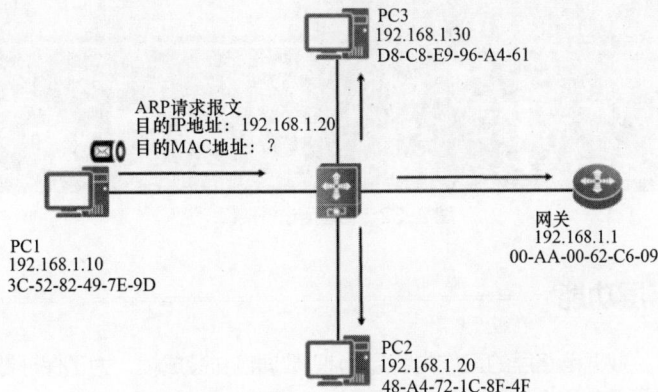

图 2-30　使用 ARP 进行地址解析的场景

2.4 IEEE 802 通信标准

IEEE 802 通信标准是由电气电子工程师学会（Institute of Electrical and Electronics Engineers，IEEE）成立的局域网/城域网标准委员会制定的一系列局域网和城域网技术标准。这些标准的制定旨在规范网络设备在物理层和数据链路层的通信行为，确保不同厂商的设备能够在同一网络环境中协同工作。

1. IEEE 802 与 OSI-RM

IEEE 802 通信标准被限定在 OSI-RM 通信标准的最低两层，即物理层和数据链路层。IEEE 802 将 OSI-RM 通信标准中的数据链路层进一步细分为 MAC 子层和逻辑链路控制（Logical Link Control，LLC）子层，如图 2-31 所示。这样的分层设计可以更细致地规定网络设备如何在物理介质上发送和接收数据，以及如何在多台设备共享同一通信介质时，进行有效的数据传输管理。

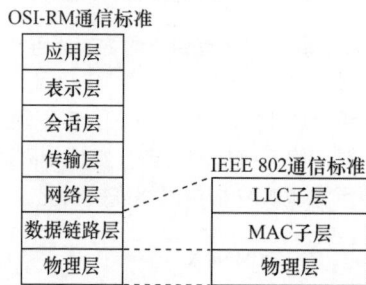

图 2-31　OSI-RM 通信标准和 IEEE 802 通信标准之间的关系

2. 物理层功能

IEEE 802 通信标准中，物理层规定物理设备如何在物理链路上正确传输二进制信号，其主要职责包括信号的编码与解码、同步前导码的生成与去除、二进制位信号的发送与接收。图 2-32 所示为物理层设备接口。

图 2-32　物理层设备接口

3. 数据链路层功能

如图 2-33 所示，数据链路层的工作内容是把 IP 数据包封装成帧。为了保证数据传输的可靠性，在数据链路层广泛使用循环冗余校验（Cyclic Redundancy Check，CRC）技术。

网络层IP数据包

帧开始符	帧头	目的MAC地址	源MAC地址	类型	数据	校验	帧结束符

图 2-33 把 IP 数据包封装成帧

为了适应多种局域网通信的特点，IEEE 802 通信标准将数据链路层细分为两个子层：MAC 子层和 LLC 子层。

（1）MAC 子层

MAC 子层用于解决与 MAC 有关的问题，在物理层基础上实现无差错的通信。例如，在广播型网络，如以太网、无线局域网（Wireless Local Area Network，WLAN）中，MAC 子层负责 MAC 机制的实现，不同类型的局域网使用不同的 MAC 协议。图 2-34 所示为 MAC 子层提供的不同共享介质访问方法。

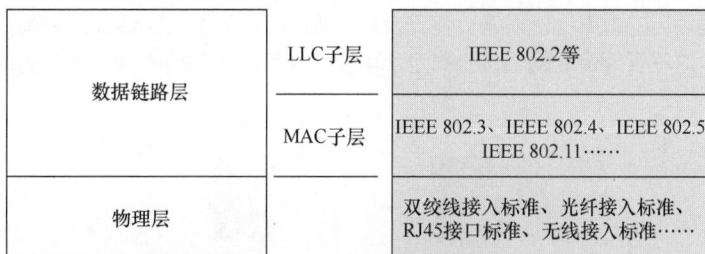

数据链路层	LLC子层	IEEE 802.2等
	MAC子层	IEEE 802.3、IEEE 802.4、IEEE 802.5 IEEE 802.11……
物理层		双绞线接入标准、光纤接入标准、RJ45接口标准、无线接入标准……

图 2-34 MAC 子层提供的不同共享介质访问方法

（2）LLC 子层

LLC 子层用于把 MAC 子层的数据统一封装成 LLC 格式，向网络层提供一致的服务。LLC 子层用于向网络层提供服务，建立和释放数据链路层逻辑连接；实现数据链路层和网络层协议协商，提供网络层访问接口（服务访问点），如图 2-35 所示。

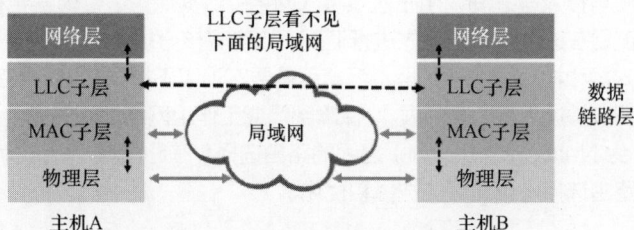

图 2-35 LLC 层承上启下并为上层服务

2.5 层次化局域网

按照功能可以把网络分为核心层、汇聚层和接入层，每层实现特定的网络服务功能，实现层次化结构网络设计，进行模块化管理，如图 2-36 所示。其中，每层承担的网络管理工作和服务如下。

① 核心层：为网络提供高速交换组件，完成数据的高速交换。

② 汇聚层：核心层和接入层的分界层，需要完成 IP 数据包的封装、过滤、寻址，提供 IP 策略，增强处理各种数据的能力。

③ 接入层：保障用户接入网络，按优先级获得传输带宽，保障接入安全。

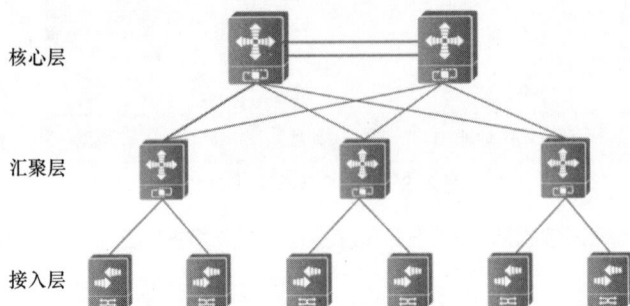

图 2-36　层次化结构网络设计

1. 核心层

　　核心层是整个网络的中心，需要实现整个网络内数据的高速交换以及骨干网络之间的传输优化。因此，设计核心层项目的重点是使网络具有冗余，保障网络可靠性，实现高速传输。核心层需要采用双机冗余热备份，这不仅能保证网络核心稳定、可靠，还可以达到均衡网络负载的目的，如图 2-37 所示。

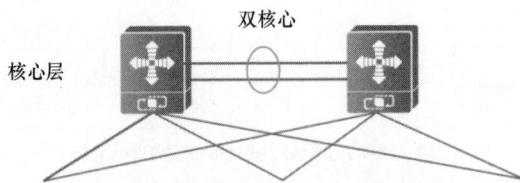

图 2-37　核心层需要采用双机冗余热备份

2. 汇聚层

　　汇聚层处于核心层与接入层之间，用于汇聚接入网络的数据流量。汇聚层也被称为工作组层，来自用户网络中的数据流量在进入核心层前先进行汇聚，以减轻核心层负载。图 2-38 所示为汇聚层网络拓扑结构。作为接入层和核心层的分界层，汇聚层需要实现以下重要功能：制定策略（如拒绝某些不符合安全策略的数据流量进入核心层转发）；保障部门或工作组网络之间的安全访问；完成虚拟局域网（Virtual Local Area Network，VLAN）之间的路由选择；在路由域（Routing Domain）之间实施路由重分布，实现路由选择协议之间的选择和优化。

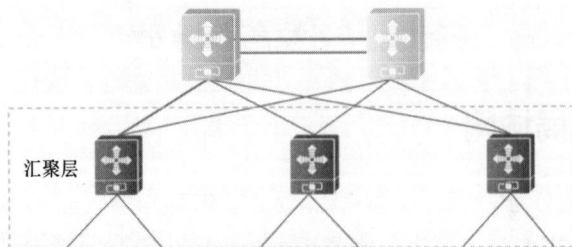

图 2-38　汇聚层网络拓扑结构

3. 接入层

　　接入层是面向用户的层，为本地网络提供计算机的接入服务。图 2-39 所示为接入层网络拓扑结构。接入层主要实现的功能包括：支持汇聚层的访问控制和安全策略，为本地网络建立独立的冲突域，建立本地网络与汇聚层的网络连接，保障计算机的接入安全。

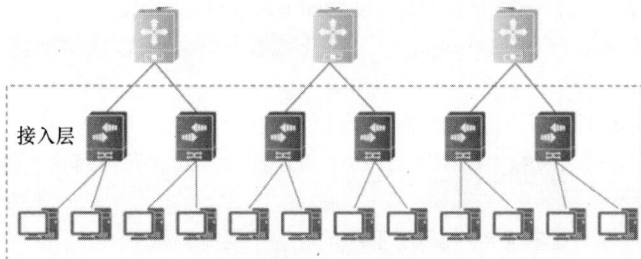

图 2-39　接入层网络拓扑结构

【项目实训】搭建办公网

【项目规划】

小王准备参加软考，为了加深对网络通信标准知识的直观理解，小王决定使用模拟器搭建多计算机（4 台设备）互联办公网，学习相关知识。

【实训过程】

1. 组建网络场景

根据项目初期规划与实际施工需要，组建多计算机互联办公网，如图 2-40 所示。推荐使用锐捷 EVE 模拟器完成实训。

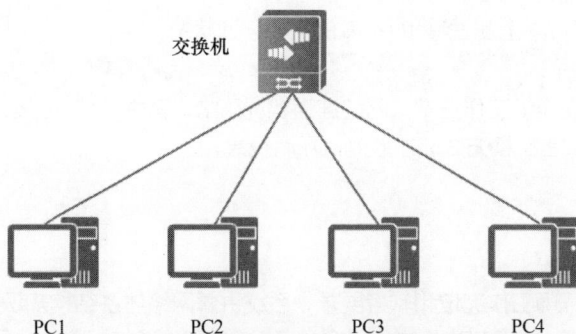

图 2-40　多计算机互联办公网

2. 规划网络地址

如表 2-2 所示，规划多计算机互联办公网地址。

表 2-2　网络地址规划

设备名称	IP 地址/子网掩码	网关地址
PC1	192.168.1.1/24	192.168.1.254
PC2	192.168.1.2/24	192.168.1.254
PC3	192.168.1.3/24	192.168.1.254
PC4	192.168.1.4/24	192.168.1.254
交换机	192.168.1.254/24	—

3. 配置主机地址信息

① 选中全部 PC 和交换机，右击，在弹出的快捷菜单中选择"启动选择"命令。

② 双击 PC1 设备，打开设备配置界面，使用如下命令查看信息。

```
VPCS> show ip                        ! 查看计算机 PC1 的 IP 地址
……
```

③ 配置表 2-1 中规划的 IP 地址、子网掩码和网关。

```
VPCS> ip 192.168.1.1 24 192.168.1.254  ! 配置 IP 地址、子网掩码和网关
……
```

按照同样的配置步骤，配置全部计算机的 IP 地址、子网掩码和网关。

4. 配置交换机 IP 地址

打开交换机，在交换机管理中心（VLAN 1）配置 IP 地址，使其作为全网的网关。

```
Ruijie>enable                        ! 进入特权模式
Password:******                      ! 输入登录密码，锐捷 EVE 模拟器的登录密码默认为"ruijie"
Ruijie#configure                     ! 进入全局配置模式
Ruijie(config)#hostname Switch       ! 修改交换机名称
Switch(config)#interface vlan 1      ! 创建 SVI，配置 IP 地址
Switch(config-if-VLAN 1)#ip address 192.168.1.254 24
! 配置 IP 地址，作为下面计算机的网关
Switch(config-if-VLAN 1)#no shutdown ! 打开工作状态（默认打开，可选）
Switch(config-if-VLAN 1)#end         ! 返回特权模式
```

5. 测试网络连通状况

使用如下命令，在 PC1 上测试其和 PC4 的网络连通状况。

```
VPCS> ping 192.168.1.4               ! 在 PC1 上测试其和 PC4 的网络连通状况
```

如上测试结果显示交换机工作正常，网络连通状况正常。其中，接入办公网中的交换机承担全网的桥接工作，通过广播或者交换方式转发收到的所有信息。

【项目小结】

本项目结合网络工程师工作岗位和软考要求，系统讲解网络体系结构知识。首先，本项目介绍了网络体系结构与网络通信协议；其次，本项目介绍了 OSI-RM 通信标准，以及 OSI-RM 通信标准各层功能；再次，本项目介绍了 TCP/IP 通信标准，以及 TCP/IP 通信标准各层功能，重点介绍了传输层和网络层的通信协议；接下来，本项目介绍了 IEEE 802 通信标准，重点介绍了物理层和数据链路层的通信过程；最后，本项目介绍了层次化局域网知识，重点介绍了核心层、汇聚层和接入层。

【素质提升】第一次把事情做对

"第一次把事情做对"不是一个简单量化的工作标准，而是一个可以改变所有团队和个人的有效的工作哲学及方法。第一次把事情做对获得的成效最大，花费的代价最小。

在职场中，第一次把事情做对直接影响着工作效率和团队协作。第一次把事情做对可以体现个人的严谨和责任心，证明员工在接到工作时，能够全面、细致地分析和准备，确保高质量完成工作。同时，第一次把事情做对可以避免因返工、修改等带来的时间和资源的浪费。这样不仅能够保证项目按时完成，还能为团队创造更多的价值。

【认证测试】

单选题：下列每道试题都有多个选项，请选择一个最优的选项。

1. IP 地址 10.0.10.32 和子网掩码 255.255.255.224 代表的是一个（　　）。

    A. 主机地址　　　　B. 网络地址　　　　C. 广播地址　　　　D. 以上都不对

2. 在 OSI-RM 通信标准中，（　　）以帧的形式传输数据流。

    A. 网络层　　　　　B. 会话层　　　　　C. 传输层　　　　　D. 数据链路层

3. 下面关于 OSI-RM 通信标准的说法正确的是（　　）。

    A. 传输层的数据称为帧　　　　　　　　B. 网络层的数据称为段

    C. 数据链路层的数据称为数据包　　　　D. 物理层的数据称为比特

4. OSI-RM 通信标准中的各层从下至上排列顺序为（　　）。

    A. 应用层、表示层、会话层、传输层、网络层、数据链路层、物理层

    B. 物理层、数据链路层、网络层、传输层、会话层、表示层、应用层

    C. 应用层、表示层、会话层、网络层、传输层、数据链路层、物理层

    D. 物理层、数据链路层、传输层、网络层、会话层、表示层、应用层

5. 对于 IP 地址 192.168.19.255/20，下列说法正确的是（　　）。

    A. 这是一个广播地址　　　　　　　　　B. 这是一个网络地址

    C. 这是一个私有 IP 地址　　　　　　　D. 该 IP 地址在 192.168.19.0 网段上

6. 下列不属于表示层功能的是（　　）。

    A. 数据加密　　　　B. 数据压缩　　　　C. 数据格式转换　　D. 区分不同服务

7. 下列对常见协议对应端口号描述正确的是（　　）。

    A. HTTP：80　　　B. Telnet：20　　　C. RIP：21　　　　D. SMTP：110

8. 下列不属于网络层协议的是（　　）。

    A. ICMP　　　　　B. IGMP　　　　　C. IP　　　　　　D. RIP

9. IP、Telnet、UDP 分别是 OSI-RM 通信标准的第（　　）层协议。

    A. 1、2、3　　　　B. 3、4、5　　　　C. 4、5、6　　　　D. 3、7、4

项目3
局域网组网技术

【项目情景】

在机房上课的老师反映机房网速很慢，网络中心主任林老师到机房勘察时发现网络中有大量广播，经过分析，他认为网速很慢的原因是使用 U 盘导致计算机感染病毒，需要通过全网杀毒方式恢复网速。在网络中心兼职的小李同学困惑地问：为什么一台计算机感染病毒会影响整个机房的计算机？林老师解释说，这是局域网（以太网）传输机制造成的。林老师让小王使用模拟器组建图 3-1 所示的多媒体机房设备互联场景，并让小李同学观察报文的发送与捕获过程，掌握局域网的工作原理。

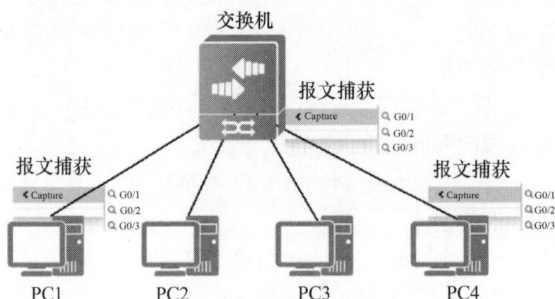

图 3-1 多媒体机房设备互联场景

【项目目标】

本项目针对网络工程师工作岗位的岗位要求介绍局域网组网技术，实现以下项目目标。

1. 知识目标

（1）了解局域网体系结构。

（2）了解以太网技术。

（3）了解以太网中的广播和冲突。

2. 技能目标

能够捕获局域网中的数据帧。

3. 素质目标

（1）培养学生整理知识笔记的习惯，按照标准格式制作实训报告。

（2）培养学生保持工作环境干净的习惯，实现整洁的物料放置，遵守 6S 管理规范。

（3）培养学生在实训现场的良好安全意识，懂得安全操作知识，严格按照安全标准流程进行操作。

【知识准备】

在局域网技术不断发展的过程中,出现了许多局域网组网模型,如以太网(Ethernet)、令牌环(Token Ring)网、令牌总线(Token Bus)网等。其中,由 Xerox、Intel 和 DEC 公司联合推广的以太网已经发展成为当今局域网组网标准。

3.1 局域网

IEEE 制定了局域网标准,其中许多被 ISO 采纳作为国际标准,简称 IEEE 802 通信标准。本节对局域网定义、局域网体系结构、IEEE 802 通信标准中常用的局域网通信标准进行介绍。

1. 局域网定义

局域网是指在地理位置有限范围内,将各种设备互联在一起,实现高速数据传输和资源共享的网络系统。局域网通常出现在企事业单位、学校等组织内部,用于实现组织内部设备的互联互通。图 3-2 所示为局域网场景(办公网)。

图 3-2 局域网场景(办公网)

影响局域网传输效率的要素包括网络拓扑、传输介质与 MAC 方法。区别于广域网,局域网具有以下特点。

① 覆盖范围小,一般为数百米到数千米,可以覆盖一所学校或一个园区企业。

② 数据传输速率高,最高传输速率达 100Gbit/s。

③ 误码率低,采用基带传输,使用高质量传输介质,传输质量高。

④ 支持多种传输介质。

⑤ 组网简单,建网成本低,周期短,便于管理和扩充。

2. 局域网体系结构

由于局域网覆盖的范围小,不进行大规模路由选择,因此 IEEE 802 通信标准规划了两层架构通信模型:物理层和数据链路层。为了细化局域网通信过程,IEEE 802 通信标准把数据链路层细分为两个子层,分别是 MAC 子层和 LLC 子层。图 3-3 所示为局域网体系结构,每层功能说明如下。

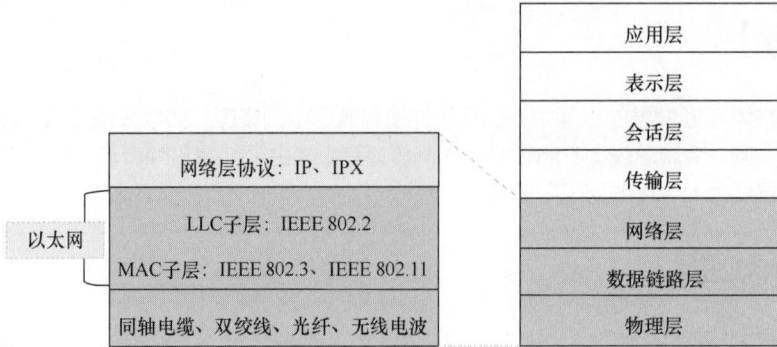

图 3-3　局域网体系结构

（1）物理层功能

　　和 OSI-RM 通信标准中的物理层一样，局域网体系结构中的物理层也用于建立、维护和撤销网络中的物理连接，处理网络通信过程中的机械、电气和规程特性，实现在连接的物理介质上传输与接收比特流。图 3-4 所示为物理层接口。

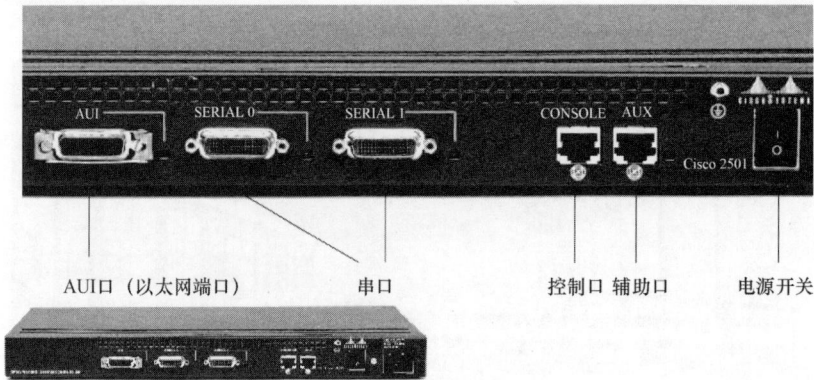

图 3-4　物理层接口

（2）数据链路层功能

　　IEEE 802 通信标准通过设计 LLC 和 MAC 两个功能子层，共同实现数据链路层的通信功能，为局域网通信过程提供不同的共享介质访问方法。图 3-5 所示为数据链路层实现的功能。

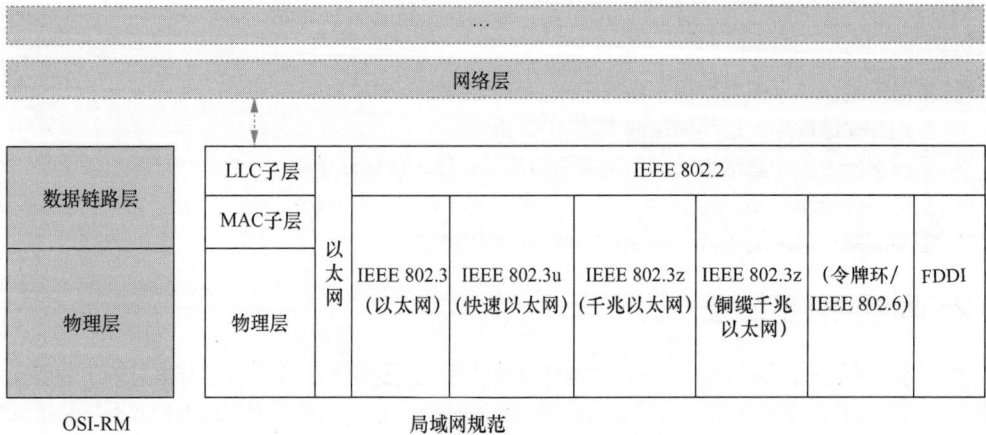

图 3-5　数据链路层实现的功能

在 IEEE 802 通信标准中，通过如下步骤可以实现数据链路层的通信。

首先，数据链路层设备将从网络层接收到的 IP 数据包封装成在不同介质中传输的数据帧（也可简称帧），进行顺序控制、差错控制和流量控制，把不可靠的物理链路变为可靠的物理链路，如计算机网卡完成数据链路层上帧的封装；然后把数据帧转换为比特流，由物理层设备将比特流转换成相应信号，实现在物理网络中的传输。

图 3-6 所示为物理层的各类光纤接口和模块。

| 各类光纤接口 | SPF模块 | XPF模块 |
图 3-6　物理层的各类光纤接口和模块

① MAC 子层功能：MAC 子层靠近物理层，负责 MAC 方式的实现。不同类型的局域网使用不同的 MAC 规则，实现对设备的物理寻址。

② LLC 子层功能：LLC 子层靠近网络层，用于向网络层提供服务。LLC 子层位于 MAC 子层之上，被所有底层共用。LLC 子层需要屏蔽 MAC 子层连接的物理介质差别，向网络层提供标准化的连接服务。

3. IEEE 802 通信标准中常用的局域网通信标准

IEEE 802 通信标准中，常用的 11 个局域网通信标准如下。

① IEEE 802.1——通用网络概念及交换机标准等。

② IEEE 802.2——逻辑链路控制标准等。

③ IEEE 802.3——带冲突检测的载波侦听多路访问（Carrier Sense Multiple Access with Collision Detection，CSMA/CD）方法及物理层规定。

④ IEEE 802.4——令牌总线结构、访问方法及物理层规定。

⑤ IEEE 802.5——令牌环访问方法及物理层规定等。

⑥ IEEE 802.6——城域网访问方法及物理层规定。

⑦ IEEE 802.7——宽带局域网标准。

⑧ IEEE 802.8——光纤分布式数据接口（Fiber Distributed Data Interface，FDDI）标准。

⑨ IEEE 802.9——综合业务数字网（Integrated Service Digital Network，ISDN）标准。

⑩ IEEE 802.10——网络的安全。

⑪ IEEE 802.11——无线局域网标准。

3.2　以太网技术

以太网技术出现于 20 世纪 70 年代中期，由施乐公司创建后收录在 IEEE 802 通信标准的 IEEE 802.3 中。随着 IEEE 802.3 的推广，以太网逐渐发展成为全球主要的局域网组网类型。下面分别介绍以太网、以太网相关技术，以及网卡和接口相应知识。

1. 以太网

以太网是一种特定类型的局域网，最初以太网使用一根粗同轴电缆作为传输介质，在 2500m（每 500m 安装一台中继器）内实现计算机之间的通信。以太网采用广播方式通信：无论哪一台计算机发送信息，该计算机都把信息广播到共享信道（总线）上，所有计算机都能收到广播信号。网络中只有一台计算机的网卡能识别广播信号，早期的以太网除总线型拓扑以太网（见图 3-7）外，还包括由集线器组建的星形拓扑以太网（见图 3-8）。星形拓扑以太网中的计算机连接通过一台集线器实现，这些计算机间使用第二代 CSMA/CD 协议通信。

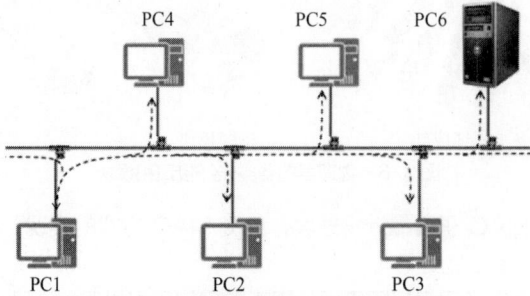

图 3-7　总线型拓扑以太网

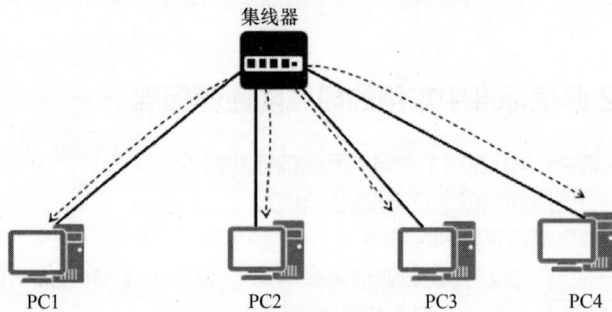

图 3-8　星形拓扑以太网

最初，DEC、Intel 和 Xerox 公司联合提出了第一代以太网协议，后来 IEEE 在此基础上制定了 IEEE 802.3 标准，定义了 10Mbit/s 以太网的物理层和数据链路层规范。随着交换机的出现，网络架构从共享式总线转向点对点连接，大大提升了网络性能与效率，推动了百兆、千兆、万兆乃至十万兆以太网等高速标准的发展。如今，IEEE 802.3 已成为最重要的局域网标准之一。图 3-9 所示为利用交换机组建的全双工以太网。

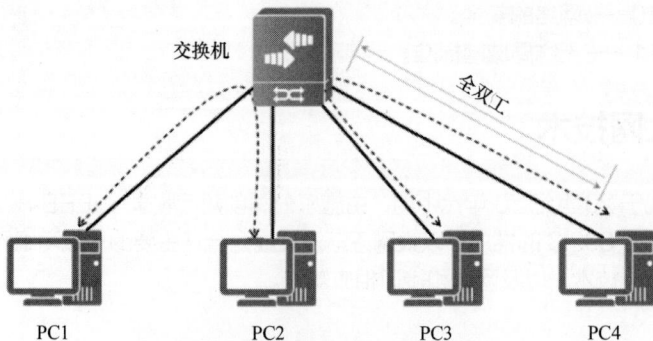

图 3-9　利用交换机组建的全双工以太网

2. CSMA/CD 协议

在总线型拓扑以太网中，如果多台计算机同时发送数据信号，则会在共享的信道上造成信号叠加，进而产生冲突。为了避免产生冲突，每台计算机在发送数据信号前先侦听信道是否空闲，如果空闲，立即发送数据信号；如果忙碌，则等待一段时间，直到信道中的信息传输结束，再发送数据。图 3-10 所示为以太网使用 CSMA/CD 协议解决冲突。

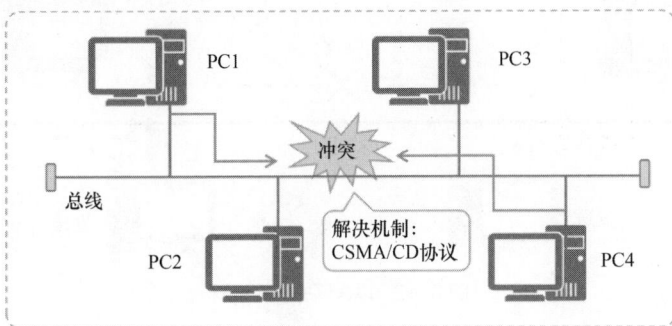

图 3-10　以太网使用 CSMA/CD 协议解决冲突

CSMA/CD 协议的工作流程如下。

① 载波侦听：在发送数据前先侦听信道是否空闲，如果信道空闲，则发送数据；如果信道忙碌，则一直等待，直到信道空闲。

② 多路访问：每个站点（指计算机等设备）发送的数据可以同时被多个站点接收。

③ 冲突检测：在发送数据的同时对冲突进行检测，如果两个站点同时发送数据，那么信号叠加后会使线路上电压的摆动值是正常值的两倍左右，从而判断冲突的产生。一旦判断产生冲突，立即停止发送数据，等待一段随机时间后，再重新尝试发送数据。这种机制有效地提高了网络传输的效率和稳定性，降低了数据产生冲突的可能性。

3. 广播和冲突

广播和冲突都是以太网的正常传输现象，下面分别进行介绍。

（1）广播

在以太网中，源计算机将数据封装成帧，在信道上通过广播方式将其传输。广播报文所能到达的访问计算机的范围称为广播域，以太网中的广播域如图 3-11 所示。同一广播域内的计算机都能收到广播报文，网络中所有节点都会处理目的地址为广播地址（FF-FF-FF-FF-FF-FF）的帧。

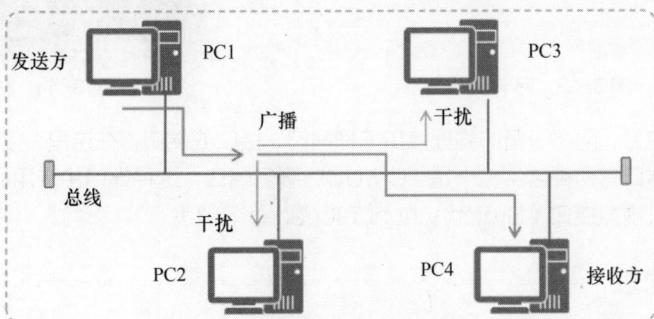

图 3-11　以太网中的广播域

（2）冲突

连接在网络中的两台计算机如果同时发送数据，它们发出的信号就会在共享信道内产生碰撞，也称为冲突。其中，冲突域是连接在共享介质上的所有节点的集合，以太网中的冲突域如图 3-12 所示。冲突域内所有节点竞争同一带宽，一个节点发出的报文（无论发出报文的方式是单播、组播还是广播），其余节点都可以收到。通过 CSMA/CD 协议可以解决网络中的冲突。

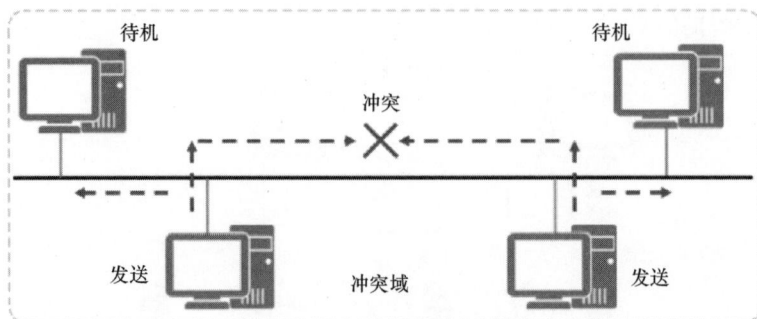

图 3-12　以太网中的冲突域

4. 网卡和接口

在以太网中，计算机连接网络设备的连接器称为网络接口卡（Network Interface Card，NIC），也称为网卡。网卡是使计算机和交换机等网络设备相连的关键部件，可以实现接收、发送、封帧、拆帧、纠错、缓存等重要功能，如图 3-13 所示。此外，交换机上每个用于转发数据的网口也称为接口（Interface），如图 3-14 所示。每个接口都有一块网卡与之对应，计算机或交换机通过网卡转发数据。

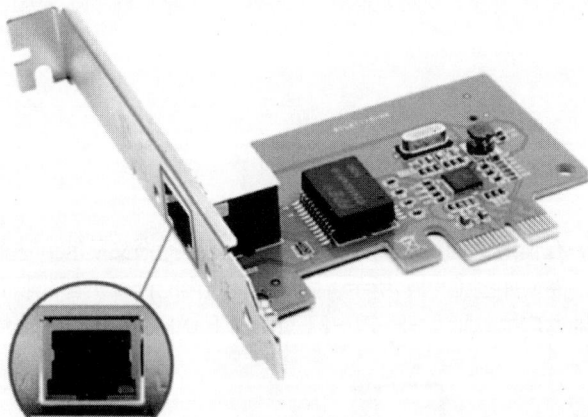

图 3-13　网卡

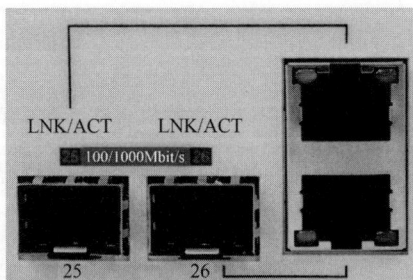

图 3-14　交换机接口

需要特别说明的是，网络设备的物理接口简称网口、接口或端口。在这里，接口和端口含义一致。但在软件领域中，端口有两种含义：一是 TCP/UDP 服务端口，这种端口由专用的端口号标识；二是虚拟接口，如交换机虚拟接口（Switch Virtual Interface，SVI）。

5. MAC 地址

在 IEEE 802 通信标准中，使用 MAC 地址识别物理设备。MAC 地址是网络设备上唯一标识的硬件地址，其被记录在硬件的芯片中，因此也称为硬件地址或物理地址。MAC 地址的长度为 48 位（6字节），通常采用十六进制数字进行表示，如 00-D0-F8-11-22-33，或者表示为 00D0.F811.2233，其表示格式如下。

```
MM-MM-MM-SS-SS-SS 或 MMMM.MMSS.SSSS
```

MAC 地址的前 24 位是厂家标识，要想获得该标识，需要向 IEEE 申请，因此该标识也称为组织唯一标识符（Organization Unique Identifier，OUI）；后 24 位是设备序列号，如图 3-15 所示。使用 MAC 地址可以唯一标识局域网中的一台计算机或一个接口。在计算机的命令行界面中，使用"ipconfig/all"命令可以查询网卡上的 MAC 地址信息。

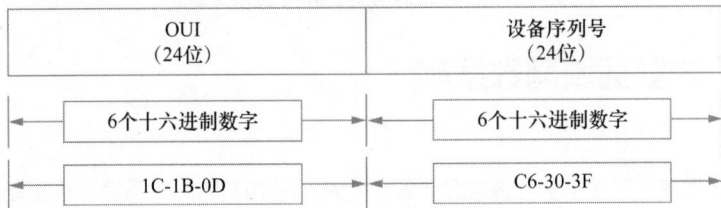

OUI （24位）	设备序列号 （24位）
6个十六进制数字	6个十六进制数字
1C-1B-0D	C6-30-3F

图 3-15　MAC 地址的结构

6. 以太网帧

帧是以太网中实现信息传输的最小单位。IP 数据包被发送到数据链路层时，数据链路层设备（如网卡）就在 IP 数据包外部添加 MAC 地址信息、校验信息等，将 IP 数据包封装成帧。以太网帧指在以太网中传输的帧，其有两种格式，如图 3-16 所示，分别是 Ethernet_II 格式和 IEEE 802.3 格式。

帧的总长度：64～1518字节

	6字节	6字节	2字节			46～1500字节	4字节
Ethernet_II格式：头	目的MAC地址	源MAC地址	类型			用户数据	FCS

	6字节	6字节	2字节	3字节	5字节	38～1492字节	4字节
IEEE 802.3格式：头	目的MAC地址	源MAC地址	长度	LLC	SNAP	用户数据	FCS

图 3-16　以太网帧格式

其中，子网访问协议（Subnetwork Access Protocol，SNAP）字段在帧中用于指示上层协议类型，允许以太网帧携带多种不同协议数据，如 IP、互联网分组交换（Internet Packet eXchange，IPX）等协议的数据。在物理网络中，帧的大小由网络设备最大传输单元（Maximum Transmission Unit，MTU）决定。本书采用简洁帧格式（Ethernet_II 格式）。

7. 以太网帧类型

根据以太网帧的目的 MAC 地址，可以将以太网帧分为单播帧、广播帧和组播帧。其中，单播帧收发方式和广播帧收发方式如图 3-17 所示。各类型帧实现的功能如下。

① 单播帧：点对点传输，仅由指定的目标节点接收，在整个广播域中不会被其他设备处理。

② 广播帧：MAC 地址为全 1 形式（FFFF.FFFF.FFFF），广播域中所有节点都可以接收。

③ 组播帧：MAC 地址以 01 开头，只有加入该组播组的节点才能接收。

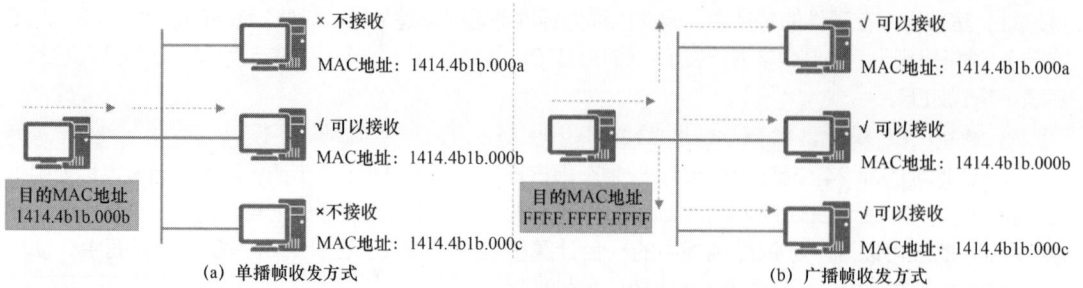

图3-17　单播帧收发方式和广播帧收发方式

【项目实训】捕获局域网数据帧

【项目规划】

为了使小李同学清楚了解机房广播现象，根据初期规划和实际施工需要，小王使用模拟器组建了多媒体机房设备互联场景，如图 3-18 所示。小王使用数据包捕获软件捕获网络中的通信数据帧和数据包，通过实训加深小李同学对局域网通信知识的理解，积累网络故障排除经验。

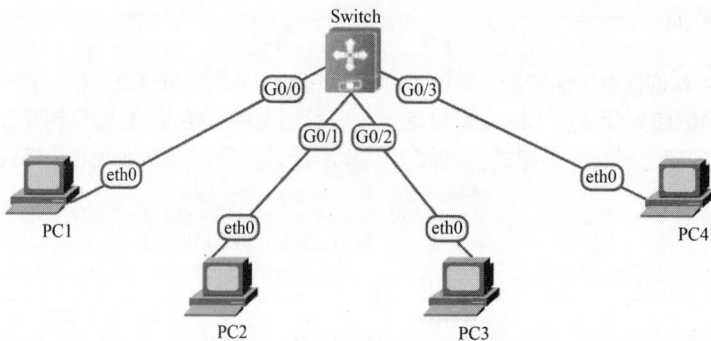

图3-18　多媒体机房设备互联场景

【实训过程】

1. 组建网络场景

在锐捷 EVE 模拟器中连接设备组网，如图 3-18 所示。推荐使用真机，下面使用锐捷 EVE 模拟器完成实训。

2. 规划网络地址

网络地址规划如表 3-1 所示。

表 3-1　网络地址规划

设备名称	IP 地址/子网掩码	网关（可选）
PC1	172.16.1.1/24	172.16.1.254/24
PC2	172.16.1.2/24	172.16.1.254/24
PC3	172.16.1.3/24	172.16.1.254/24
PC4	172.16.1.4/24	172.16.1.254/24

3. 配置主机地址信息

① 选中全部 PC，右击，在弹出的快捷菜单中选择"启动选择"命令，启动设备。

② 双击 PC1，打开设备配置界面，使用如下命令配置 PC1 的 IP 地址信息。

```
VPCS> ip 172.16.1.1 24 172.16.1.254    ! 配置计算机 IP 地址、子网掩码和网关
```

按照同样的方式，完成全部计算机的 IP 地址信息配置。限于篇幅，此处省略相关内容。

4. 测试网络连通状况

使用如下命令，在 PC4 上测试其和 PC1 的网络连通状况。

```
VPCS> ping 172.16.1.1    ! 在 PC4 上测试其和 PC1 的网络连通状况，测试结果为网络连通状况正常
```

5. 查看 ARP 映射信息

```
VPCS> show arp    ! 查看 ARP 映射信息。限于篇幅，此处省略相关内容
```

6. 捕获网络中通信的数据包和数据帧

① 在 PC4 上启用连续 ping 测试状态。

```
VPCS> ping 172.16.1.1  -t ! 在 PC4 上连续发包给 PC1
```

② 选择 PC4 并右击，在弹出的快捷菜单中选择"Capture"命令，如图 3-19 所示，选择捕获接口，即选择"eth0"接口，可启用模拟器自带的数据包捕获工具。

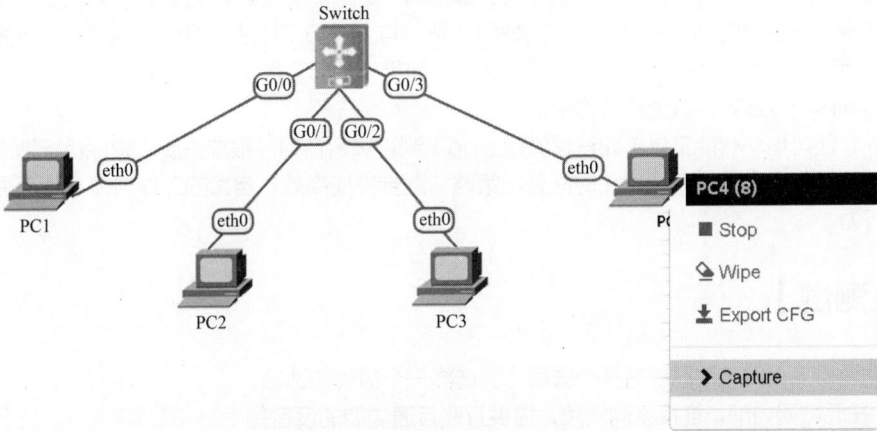

图 3-19 选择"Capture"命令

③ 在数据包和数据帧捕获窗口中，启用对 PC4 上通过的数据流量的捕获。单击菜单栏中的"Stop"按钮，即可停止捕获流量。图 3-20 所示为数据包和数据帧捕获窗口的信息。

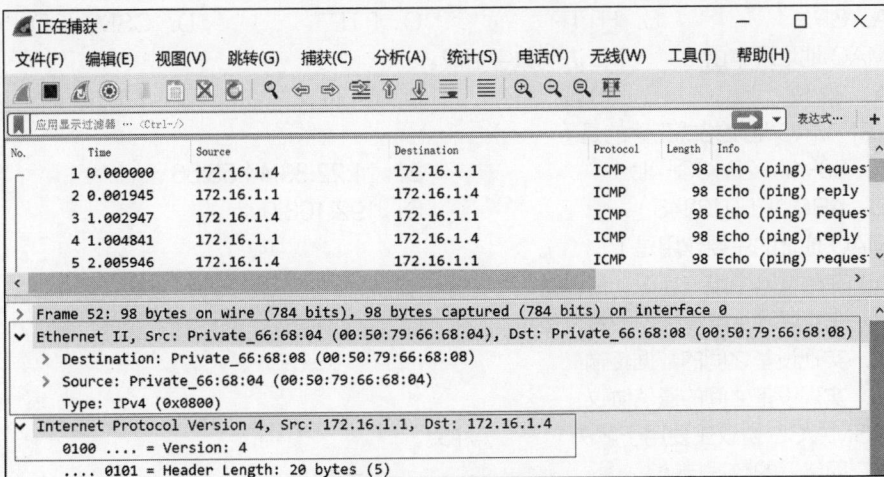

图 3-20 数据包和数据帧捕获窗口的信息

窗口的中间部分显示了捕获的数据包信息：每一个数据包的源地址（Source）、目的地址（Destination）、使用的协议（Protocol）以及名称（Info）。

窗口的下半部分显示了光标指向的其中某一个数据包的三层 IP 数据包的封装信息、二层数据帧的封装信息。

【项目小结】

本项目结合网络工程师工作岗位要求，系统讲解了局域网组网技术，包括局域网、以太网、CSMA/CD 协议、广播和冲突、网卡和接口、MAC 地址和以太网帧知识，以及如何捕获局域网数据帧。

【素质提升】有效时间管理

在信息快速更新、任务日益繁重的今天，掌握科学的时间管理方法对提升学习和工作效率至关重要。要实现高效管理时间，可以采用"四象限法则"与"番茄工作法"相结合的方式：首先，将任务按紧急重要程度分类，优先处理关键事项；其次，利用"番茄工作法"（25min 专注+5min 休息）提升单位时间内的专注力，避免疲劳堆积。

此外，还可借助智能工具（如日程管理 App）制订每日计划并跟踪进度，确保目标清晰、执行有力；坚持每天复盘总结，不断优化时间分配策略，逐步养成高效、自律的工作习惯，从而提升综合素质与执行力。

【认证测试】

单选题：下列每道试题都有多个选项，请选择一个最优的选项。

1. 在局域网内部，连接不同网段，提供互联互通功能的设备是（   ）。
   A. 集线器　　　　　B. 交换机　　　　　C. 路由器　　　　　D. 网卡
2. 局域网中常用的传输介质不包括（   ）。
   A. 双绞线　　　　　B. 同轴电缆　　　　C. 光纤　　　　　　D. 电话线
3. 以下（   ）是局域网中常用的通信协议。
   A. SPX　　　　　　B. HTTP　　　　　　C. FTP　　　　　　D. CSMA/CD
4. MAC 地址通常由（   ）二进制数字组成。
   A. 32 位　　　　　B. 48 位　　　　　　C. 64 位　　　　　D. 128 位
5. 以下 MAC 地址格式正确的是（   ）。
   A. 00-1A-2B-3C-4D　　　　　　　　　B. 11:22:33:44:55:66
   C. ABCDEF012345　　　　　　　　　　D. 192.168.0.1
6. MAC 地址的主要作用是（   ）。
   A. 在局域网中唯一标识一台设备
   B. 在互联网上唯一标识一台设备
   C. 实现设备之间的数据传输
   D. 实现设备之间的通信协议
7. CSMA/CD 协议主要用于解决（   ）冲突。
   A. 网络层的数据传输

　　B. 传输层的流量控制

　　C. 数据链路层的信号碰撞和碰撞后的处理

　　D. 应用层的数据表示

8. 在 CSMA/CD 协议中，当检测到碰撞时，计算机（　　）。

　　A. 继续发送数据　　　　　　　　　　B. 立即停止发送并等待一段随机时间后重试

　　C. 提高发送功率并重新发送数据　　　D. 通知网络管理员

9. 以太网帧头包含（　　）。

　　A. 源 MAC 地址和目的 MAC 地址　　B. IP 地址和端口号

　　C. 数据字段和校验和　　　　　　　　D. 控制字段和标志位

10. 以太网帧的最小长度是（　　）。

　　A. 46 字节　　　　B. 64 字节　　　C. 1500 字节　　　D. 1518 字节

项目4
交换机基础与配置

【项目情景】

小刘是某电子商务公司的网络工程师,每天都需要登录到公司的交换机上查看交换机的工作状态,以便及时排除网络故障。锐捷交换机与计算机连接场景如图 4-1 所示。

图 4-1　锐捷交换机与计算机连接场景

【项目目标】

本项目针对网络工程师工作岗位的岗位要求介绍交换机基础与配置知识,实现以下项目目标。

1. 知识目标

(1)了解二层交换技术。

(2)认识交换机。

(3)了解交换机配置方法。

(4)学会交换机安全配置方法。

2. 技能目标

能够配置交换机 SSH 登录。

3. 素质目标

(1)通过配置国产计算机,培养学生对科技强国的认同感及民族自豪感。

(2)培养学生对中国制造的认同感。

(3)培养学生保持工作环境干净的习惯,实现整洁的物料放置,遵守 6S 管理规范。

【知识准备】

二层交换网络主要用于实现数据链路层的通信和网络管理功能。二层交换网络使用交换机进行网络通信。交换机依据 MAC 地址表中学习的地址信息识别和转发数据帧。

4.1 二层交换技术

在局域网中，二层交换技术是指基于数据链路层（OSI-RM 通信标准中的第 2 层）的交换技术。这种技术通过识别数据帧中的 MAC 地址信息，并根据 MAC 地址转发数据帧，实现数据在局域网内的快速传输。

1. 什么是交换

在以太网组网中，交换机按照 MAC 地址表把收到的数据帧从一个接口转发到另一个接口的过程称为交换，如图 4-2 所示。这种交换方式把原来的"共享"带宽变成"独占"带宽，大大提高了网络传输性能。

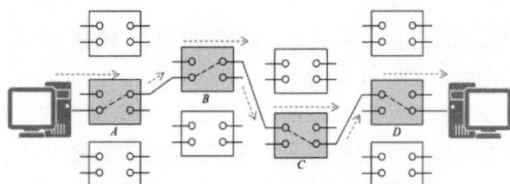

图 4-2 以太网交换过程

2. 二层交换过程

二层交换技术依靠交换机实现。首先，交换机对收到的数据帧进行解析，读取数据帧中的源 MAC 地址、目的 MAC 地址。其次，交换机通过学习、自更新，生成与表 4-1 所示相似的 MAC 地址表。最后，交换机依据 MAC 地址表中记录的接口信息转发数据帧。如果某数据帧的源 MAC 地址不在 MAC 地址表中，则交换机会将该数据帧广播给所有接口。二层交换过程如图 4-3 所示。

表 4-1 MAC 地址表

设备	接口	MAC 地址
PC1	G0/0	00-50-56-00-00-01
PC2	G0/1	00-50-56-00-00-02
…	…	…

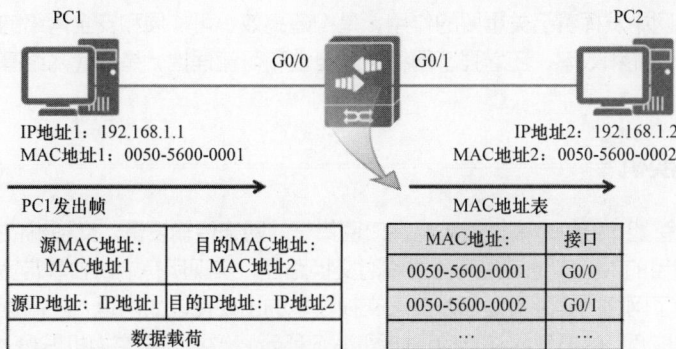

图 4-3 二层交换过程

在交换机上使用如下命令，可以查看交换机的 MAC 地址表。

```
Switch#show mac-address
...
```

其中，自动学习的 MAC 地址条目显示为动态（Dynamic）MAC 地址条目，手动添加到 MAC 地址表中的 MAC 地址条目显示为静态（Static）MAC 地址条目。由于 MAC 地址表空间有限，因此交换机会定期删除长时间未使用的动态 MAC 地址条目，这种长时间未使用的情况称为老化，默认老化时间为 300s。使用如下命令可以修改动态 MAC 地址条目的老化时间。

```
Switch#configure              ! 进入配置模式
Switch(config)#mac-address-table aging-time 500      ! 修改老化时间为 500s
Switch(config)#show mac-address-table aging-time     ! 查看老化时间
          Aging time   : 500 seconds
```

3. 区分二层交换技术和三层交换技术

网络工程师常说的交换技术即二层交换技术：使用交换机，依据 MAC 地址表对数据帧进行转发，实现同一网络中设备之间的通信，如图 4-4 所示。

网络工程师常说的三层交换技术均带有"三层"标识，并且出现在网络层。三层交换技术使用三层交换机，依据路由表转发数据帧，实现不同子网之间的通信，如图 4-5 所示。

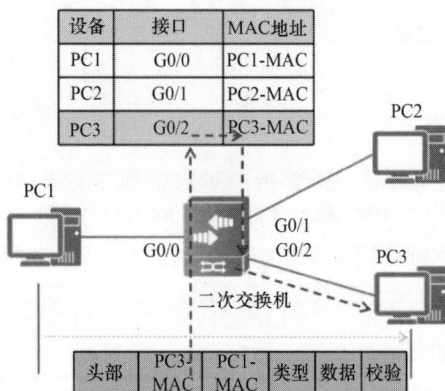

图 4-4　二层交换技术

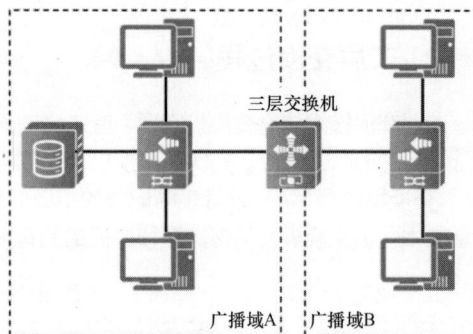

图 4-5　三层交换技术

4.2　认识交换机

交换机在局域网中发挥着至关重要的作用，是构建高效、可扩展和安全网络的关键设备。交换机不仅提高了网络的性能和效率，还增强了网络的安全性和可管理性，是现代网络基础设施不可或缺的组成部分。

1. 认识交换机

交换机是一台智能、低价、高性能和高端口密集度的网络传输设备。交换机依据 MAC 地址表，在源 MAC 地址和目的 MAC 地址之间建立临时交换路径，实现所有端口独享带宽，保证每个端口快速传输，大大提高了网络的实际吞吐量。三层交换技术的出现使以太网迈入了高速时代，形成了"千兆到桌面，万兆作核心"的典型网络架构。如图 4-6 所示，锐捷三层交换机 RG-S7805C 具有独特的通信功能。但是所有型号的交换机都具有基本功能，包括智能学习 MAC 地址、过滤式转发帧（交换）和环路避免。

图 4-6　锐捷三层交换机 RG-S7805C

（1）智能学习 MAC 地址

MAC 地址表是交换机的接口号和 MAC 地址对应表。交换机在网络通信过程中自动学习 MAC 地址，并构建 MAC 地址表，这种学习方式称为"智能学习"。新接入网络的交换机的 MAC 地址表是空的。

（2）过滤式转发帧

交换机从接口上收到一个数据帧后，解析帧中的目的 MAC 地址，根据解析得到的信息更新 MAC 地址表，并根据匹配结果将收到的数据帧从相应接口转发，这种转发方式称为过滤式转发。

（3）环路避免

在以太网中，为了解决单点故障，在部署核心网络时，经常需要部署多台汇聚交换机，它们会互相备份，形成环路，但环路会引发广播风暴。因此，交换机需要利用生成树技术自动消除环路。

2. 交换机系统组成

交换机由硬件和软件组成。其中，硬件包括 CPU、随机存储器（Random Access Memory，RAM）、只读存储器（Read-Only Memory，ROM）、可读写存储器（Flash）、接口等。以锐捷 S5300 系列交换机为例，前面板提供 48 个 10/100/1000Base-T 以太网端口、4 个千兆 SFP/SFP+ 光电复用接口、1 个 Console 口，如图 4-7 所示；后面板提供一个交流电源输入接口和一个扩展插槽。

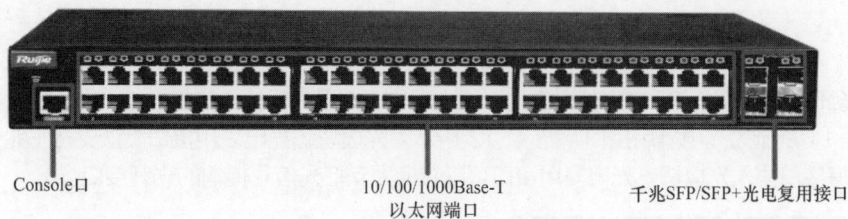

Console口　　10/100/1000Base-T 以太网端口　　千兆SFP/SFP+光电复用接口

图 4-7　锐捷 S5300 系列交换机

（1）交换机 CPU 芯片

如图 4-8 所示，交换机 CPU 芯片提供网络控制和管理功能，用于处理网络协议、维护交换表项，能够实现对交换机的配置分析、监控分析和协议分析等。

（2）交换机 ASIC 芯片

交换机的过滤式转发功能通过专用集成电路（Application Specific Integrated Circuit，ASIC）芯片实现，如图 4-9 所示。交换机采用硬件芯片转发数据信息，以保证以太网高速传输。

图 4-8　交换机 CPU 芯片

图 4-9　交换机 ASIC 芯片

（3）交换机背板和总线

交换机内部的硬件集成电路系统用于在交换机所有端口之间直接并行转发数据，以提高交换机的数据高速转发性能。在交换机内部，通过在背板上部署多总线结构，在星形网络中为连接设备提供了一条独享、点对点的电路连接，以免产生冲突。相比集线器，交换机可以更有效地传输数据。

（4）存储器

交换机拥有多种类型的存储器，其中 RAM 用于辅助 CPU 工作，ROM 用于保存操作系统的引导程序，Flash 用于保存操作系统和配置文件。

（5）交换机接口

交换机拥有丰富的接口，可以实现多种速率的网络连接和通信服务。

① RJ45 接口：包括快速以太网 100Base-TX 接口和千兆以太网 1000Base-TX 接口，如图 4-10 所示。

图 4-10　RJ45 接口

② 光纤接口：各种光纤接口都以模块形式出现。千兆以太网标准实施以来，光纤技术得以广泛应用。图 4-11 所示为光电复用接口，图 4-12 所示为光模块。光电复用接口默认支持千兆位电信号传输，通过将接口插入光模块，光电复用接口可以转换为支持光信号传输的光纤接口。

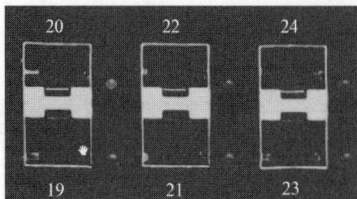

图 4-11　光电复用接口

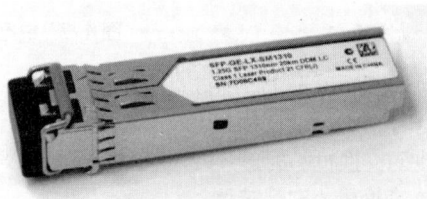

图 4-12　光模块

③ Console 口：网管交换机都有 Console 口，以便对交换机进行配置和管理，如图 4-13 所示。

图 4-13　Console 口

3. 交换机和集线器

如图 4-14 所示，集线器属于物理层设备，其所有接口都在一个冲突域中，容易引起广播和冲突。广播是指任意一台计算机发出信息后，其他计算机都可以接收该信息。接入的设备越多，广播占用的时间就越多，对网络传输产生的影响也就越严重。

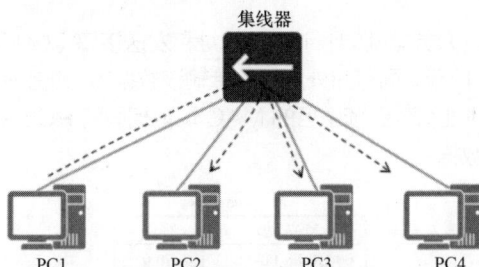

图 4-14　集线器的所有接口都在一个冲突域中

如图 4-15 所示，交换机通过解读收到的数据帧中的目的 MAC 地址、源 MAC 地址等字段，了解该数据帧从哪里来；通过匹配学习到的 MAC 地址表，指导数据帧的转发。交换机的每个接口都是一个冲突域，这种形式可以大大避免引起广播和冲突。

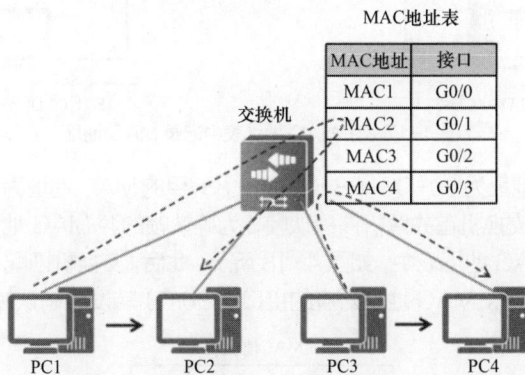

图 4-15　交换机的每个接口都是一个冲突域

4. 智能学习过程

交换机通过学习、更新和维护一张 MAC 地址表，决定将收到的数据帧转发到哪个接口。交换机中的初始 MAC 地址表都为空。初始化之前，交换机不知道计算机位于哪个接口。交换机收到数据帧后，将数据帧广播到除发送接口外的所有接口，这个过程称为泛洪。

如图 4-16 所示，初始 MAC 地址表为空，PC1 要向 PC3 发送数据帧，数据帧中的源 MAC 地址是 PC1 的 MAC 地址 00-D0-F8-00-11-11，目的 MAC 地址是 PC3 的 MAC 地址 00-D0-F8-00-33-33。交换机收到该数据帧后，首先进行数据帧的解析。

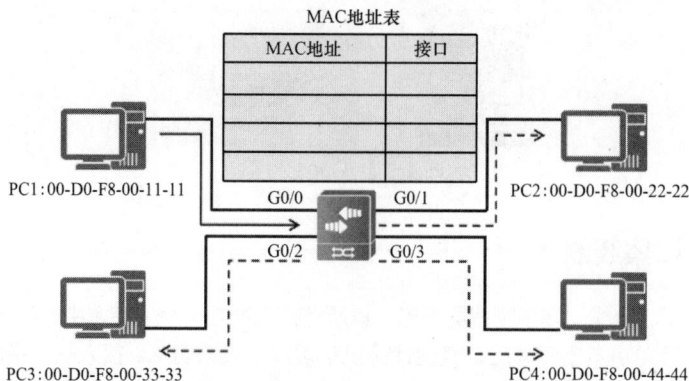

图 4-16　初始 MAC 地址表为空

通过解析数据帧，交换机为数据帧的源 MAC 地址和发送接口（G0/0）建立映射关系，并记录在 MAC 地址表中，如图 4-17 所示，同时对外广播并传输该数据帧。连接在同一网络中的计算机都会收到该数据帧，但只有 MAC 地址和数据帧中目的 MAC 地址相同的 PC3 会给出响应，并按要求返回确认帧，其他计算机会丢弃该数据帧。

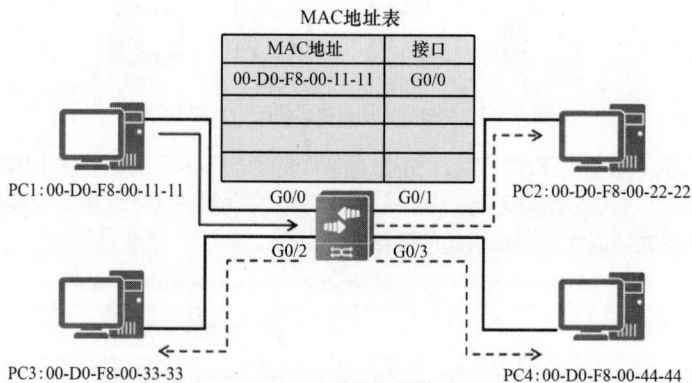

图 4-17　在 MAC 地址表中记录 MAC 地址

该确认帧的源 MAC 地址为 00-D0-F8-00-33-33，目的 MAC 地址为 00-D0-F8-00-11-11。该确认帧到达交换机后，交换机首先解析该确认帧，为确认帧的源 MAC 地址和发送接口（G0/2）建立映射关系，并记录在 MAC 地址表中，如图 4-18 所示；此后，交换机匹配 MAC 地址表，按照 MAC 地址表中记录的与确认帧的源 MAC 地址对应的接口（G0/0）转发该确认帧，即二层交换转发。

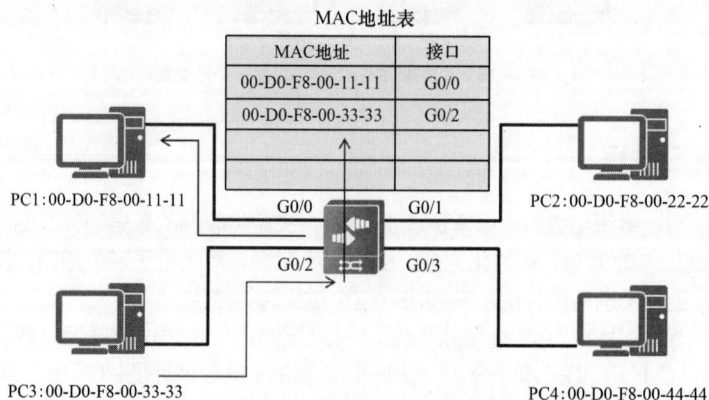

图 4-18　按照 MAC 地址表完成二层交换转发

随着网络中的计算机不断发送数据帧，该学习过程不断进行。最终，交换机得到一张整个网络的、完整的 MAC 地址表，用于后续的转发和过滤决策，如图 4-19 所示。

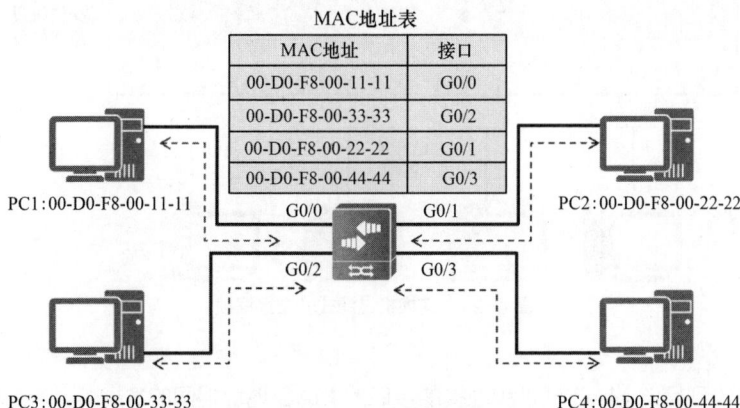

图 4-19　整个网络的、完整的 MAC 地址表

需要注意的是，MAC 地址表中的条目有生命周期。在一定时间内（交换机的 MAC 地址表中的条目老化时间为 300s），若交换机没有从某接口收到具有相同源 MAC 地址的数据帧（刷新 MAC 地址表），则交换机会认为该 MAC 地址对应的计算机已断开与这个接口的连接，于是相应的 MAC 地址条目将从 MAC 地址表中被移除。

如果该接口收到的数据帧的源 MAC 地址发生改变，则交换机会用新的源 MAC 地址改写 MAC 地址表中的该接口对应的 MAC 地址。因此，交换机中的 MAC 地址表一直保持为最新的数据，以提供更准确的转发依据。

5. 转发方式

交换机收到数据帧后，根据 MAC 地址表中的信息将数据帧从合适的接口转发出去。交换机有 3 种转发方式，分别是泛洪（Flooding）、过滤式转发（Forwarding）、丢弃（Discarding）。

（1）泛洪

新上架交换机中的 MAC 地址表是空的，该交换机会对收到的数据帧采用泛洪（广播）方式进行转发。交换机对匹配 MAC 地址表失败的数据帧采用泛洪方式进行转发，交换机对收到的目的 MAC 地址为广播地址（FF-FF-FF-FF-FF-FF）的数据帧也采用泛洪方式进行转发，如图 4-20 所示。

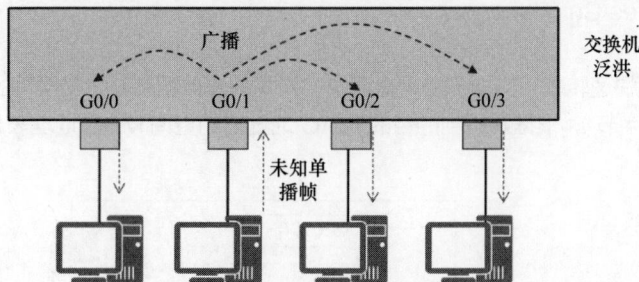

图 4-20　交换机泛洪转发数据帧

（2）过滤式转发

交换机通过智能学习，学习、生成 MAC 地址表后，针对所有收到的数据帧，都依据 MAC 地址表进行转发，因此这种转发方式也称为过滤式转发（交换）。交换机收到数据帧后，将按照记录在 MAC

地址表中的映射信息将接收到的数据帧从相应接口转发出去，如图 4-21 所示。

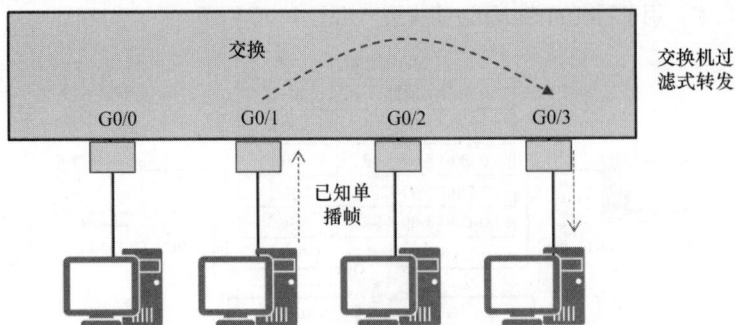

图 4-21　交换机过滤式转发数据帧

（3）丢弃

如果交换机收到目的 MAC 地址和连接的接口的 MAC 地址相同的数据帧，则丢弃（拒绝）该数据帧。此外，IEEE 802.3 规定，以太网数据帧的长度范围是 64～1518 字节。数据帧最小长度不小于 64 字节，如果比 64 字节小，则该数据帧一定是碎片帧，交换机需要将长度小于 64 字节的数据帧丢弃，如图 4-22 所示。

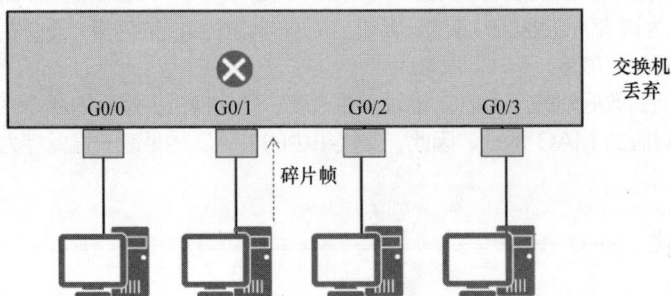

图 4-22　交换机丢弃数据帧

6. 过滤式转发技术

在交换机的转发方式对应的技术中，过滤式转发技术是交换技术的核心。交换机通过 3 种技术实现过滤式转发，分别为直通转发（Cut Through）、存储转发（Store and Forward）和无碎片直通转发（Fragment Free Cut Through）。

（1）直通转发

直通转发也称为快速转发，交换机使用直通转发技术转发数据帧时，交换机的 ASIC 芯片收到帧头（通常只检查 14 字节），根据解析到的目的 MAC 地址立刻查询 MAC 地址表，并转发数据帧，如图 4-23 所示。

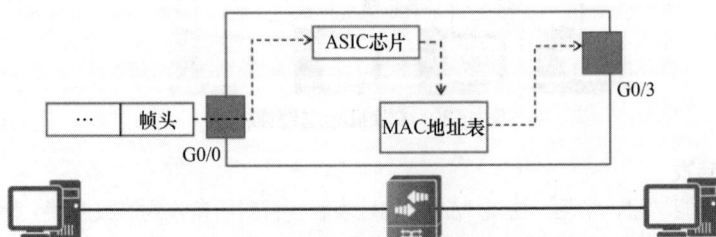

图 4-23　交换机的直通转发

（2）存储转发

交换机使用存储转发技术转发数据帧时，需要在收到完整的数据帧后，通过 ASCI 芯片解析该数据帧的全部信息。交换机读取目的 MAC 地址和源 MAC 地址，执行循环冗余校验后，将校验结果和帧尾的 4 字节校验码进行对比，如果两者不匹配，则丢弃该数据帧；如果两者匹配，则查询 MAC 地址表转发该数据帧。存储转发技术可以保证被转发的数据帧都是有效帧，但增加了转发时延，如图 4-24 所示。

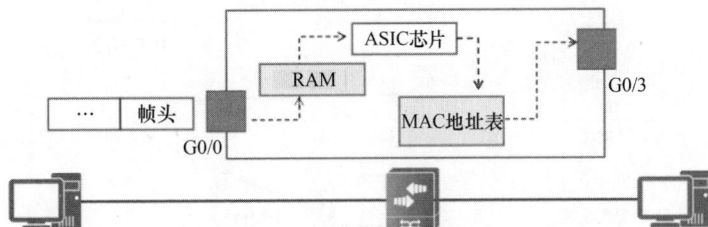

图 4-24　交换机的存储转发

（3）无碎片直通转发

无碎片直通转发也称为分段过滤，介于前两种技术之间。交换机使用无碎片直通转发技术转发数据帧时，需要先读取前 64 字节，再开始转发，如图 4-25 所示。

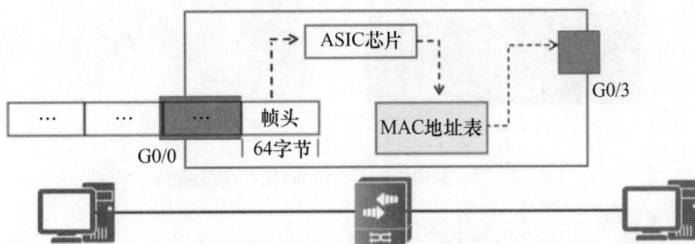

图 4-25　交换机的无碎片直通转发

4.3　配置交换机

对交换机的配置可以通过以下 4 种方式进行：一是通过带外（Out of Band）方式对交换机进行配置，二是通过 Telnet 方式对交换机进行远程配置，三是通过 Web 方式对交换机进行远程配置，四是通过简单网络管理协议（Simple Network Management Protocol，SNMP）管理工作站方式对交换机进行远程配置。

1. 连接交换机

图 4-26 所示为配置交换机连接环境。第一次配置交换机时，只能使用配置线缆连接交换机的 Console 口，不需要占用网络带宽，因此这种配置方式称为带外方式；其他 3 种配置方式均通过网线连接交换机的以太网端口，并通过 IP 地址远程配置交换机，需要占用网络带宽，因此这 3 种配置方式称为带内方式。

下面重点介绍通过 Console 口使用带外方式配置交换机的过程。

首先，启动交换机，使用配置线缆连接计算机的 COM 口和交换机的 Console 口。交换机的 Console 口和配置线缆如图 4-27 所示。按照下面的方式，完成连接参数配置。

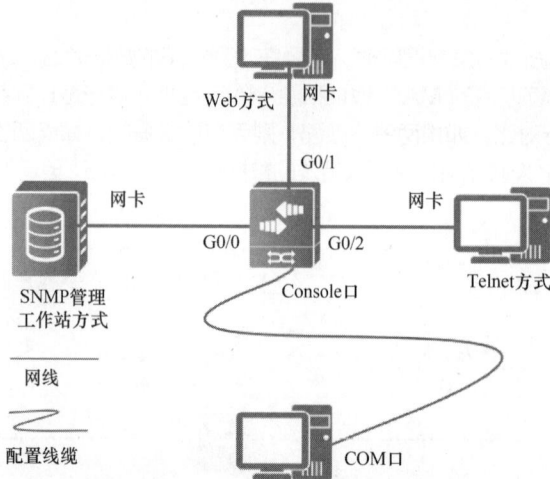

图 4-26　配置交换机连接环境

（a）Console 口　　　　　（b）配置线缆

图 4-27　交换机的 Console 口和配置线缆

（1）通过超级终端程序方式完成连接参数配置

配置计算机上 Windows 操作系统自带的超级终端程序：选择"开始"→"程序"→"附件"→"超级终端"命令，按提示配置超级终端程序。其中，超级终端程序的连接参数配置如下：每秒位数（波特率）为 9600，数据位为 8，奇偶校验为"无"，停止位为 1，数据流控制为"无"。

（2）通过 SecureCRT 软件方式完成连接参数配置

Windows 7 以上版本的操作系统都不再提供超级终端程序（出于安全方面的考虑）。业内使用第三方工具 SecureCRT 软件（或者 PuTTY 软件）配置连接参数。

打开计算机，右击桌面上的"此电脑"图标，在弹出的快捷菜单中选择"管理"命令，弹出"计算机管理"窗口，如图 4-28 所示。在"设备管理器"目录下查看 Console 口所在的 COM 口，当 USB 转接口正常工作后会出现对应的 COM 口。

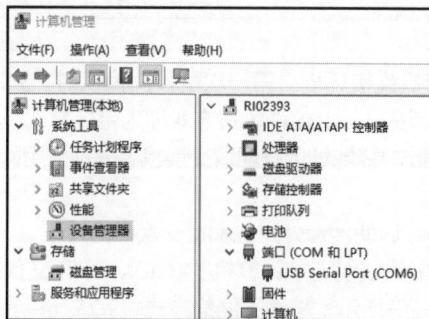

图 4-28　"计算机管理"窗口

在 SecureCRT 软件中选择"文件"→"新建"命令，新建会话向导，选择 Serial 接口。配置 Serial 接口参数：端口号为 COM6，波特率为 9600，数据位为 8，奇偶校验为 None，停止位为 1。配置 Serial 接口信息时，需要勾选 RTS/CTS 相应复选框。单击"下一步"按钮，即可进入设备命令行界面。

2. 管理交换机模式

根据配置管理功能的不同，交换机分为 3 种工作模式，分别为用户模式、特权模式及配置模式（如全局配置模式、VLAN 配置模式、接口配置模式、线程配置模式等），如表 4-2 所示。

表 4-2 交换机的工作模式

工作模式		提示符
用户模式		Switch>
特权模式		Switch#
配置模式	全局配置模式	Switch(config)#
	VLAN 配置模式	Switch(config-vlan)#
	接口配置模式	Switch(config-if)#
	线程配置模式	Switch(config-line)#

其中，各模式可以通过命令相互转换，如图 4-29 所示。

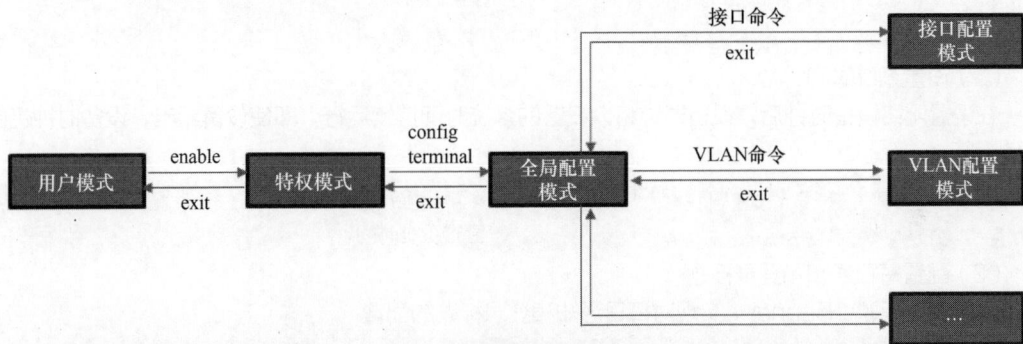

图 4-29 交换机上的模式转换

3. 获得帮助的方法

（1）使用"?"

在命令提示符下或在简单字母后输入"?"，可以列出命令模式支持的所有命令。此外，还可仅列出命令开头关键字符，以实现快速输入。

（2）使用简写

只需要输入一部分字符，能唯一识别该命令即可。例如，"show running-config"命令可以被简写成如下样式。

```
Switch#show run
```

（3）使用 Tab 键

输入开头关键字母后按 Tab 键，能够自动补全该命令。例如，输入"show ru"后按 Tab 键，命令行中会自动将其补全为"show running"命令。

4. 配置交换机命令

图 4-30 所示为配置交换机控制台特权密码。使用配置线缆，将交换机的 Console 口和配置计算机的 COM 口连接，再启动计算机超级终端程序，配置连接参数。交换机的初始化启动信息会显示在超级终端程序屏幕上，这些信息包括交换机的型号、操作系统的版本和相关交换机的硬件参数。

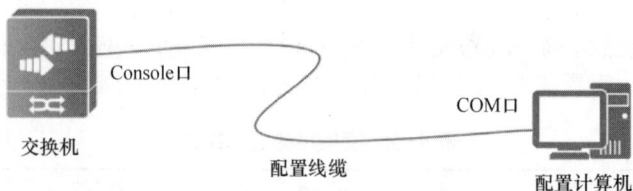

图 4-30　配置交换机控制台特权密码

（1）设置交换机名称

使用如下命令设置交换机名称，帮助管理者区分网络内的每一台交换机。

```
Switch>                            ! 用户模式
Switch>enable                      ! 进入特权模式
Switch#configure terminal          ! 进入全局配置模式
Switch(config)#hostname  S2928G    ! 设置交换机名称
S2928G(config)#                    ! 名称已经设置
S2928G(config)#   no hostname      ! 将名称恢复为默认值
```

（2）设置系统时间

在设置网络设备时钟后，设备时钟将以设置的系统时间持续运行，即使设备断电，设备时钟仍能继续运行。

```
Switch#clock set 05:54:43 1 30 2024    ! 设置系统时间
Switch#show clock                      ! 查看系统时间
```

（3）配置每日通知和登录标题

通过设置标题（Banner）实现对每日通知和登录标题的配置。

```
Switch(config)#banner motd #                    ! 开始分界符
Enter TEXT message.   End with the character '#'.
Notice: system will shutdown on July 6th.  #    ! 结束分界符
Switch(config)#
```

在全局配置模式下，可使用"no banner motd"命令删除每日通知和登录标题。

（4）配置交换机接口速度

在交换机接口配置模式下，可使用如下命令配置交换机接口速度。

```
Switch(config)#interface GigabitEthernet 0/0
! 进入接口配置模式（GigabitEthernet 0/0 也可简写为 G0/0）
Switch(config-if)#description to-core-switch
! 标识设备接口连接信息
Switch(config-if)#speed  100
! 默认为千兆端口，限速为100Mbit/s
Switch(config-if)#duplex full
! 配置双工模式
```

```
Switch(config-if)#no shutdown
```
！启用该接口，转发数据（可选，默认自动启用）

（5）配置交换机管理 IP 地址

默认 VLAN 1 是交换机管理中心，使用如下命令配置交换机管理 IP 地址。

```
Switch(config)#interface vlan 1          ！打开 VLAN 1 交换机管理中心
Switch(config-if-VLAN 1)#ip address 192.168.1.1 255.255.255.0
```
！给交换机配置一个管理 IP 地址
```
Switch(config-if--VLAN 1)#no shutdown   ！开启工作状态（默认启用，可选）
```

（6）查看配置

在任意模式下，使用"show"命令可以查看各种配置信息。

```
Switch#show version               ！查看交换机的系统版本信息
Switch#show running-config        ！查看交换机的配置文件信息
Switch#show vlan                  ！查看交换机的管理中心信息
Switch#show interface G0/1        ！查看交换机的接口信息
Switch#show arp                   ！查看设备的 ARP 地址映射表
Switch#show mac-address-table     ！查看设备的 MAC 地址表
Switch#show clock                 ！查看系统时间
Switch#write                      ！保存配置信息
```

4.4 配置交换机安全

交换机不仅可以提高网络的性能，还可以保护网络的安全。交换机通过提供一系列的安全功能，可以保护网络免受未经授权的访问。

1. 配置特权模式密码

通过如下命令，配置登录交换机控制台的特权模式密码。
```
Switch(config)#enable secret level 15 0 password
```
其中，参数"level"表示用户级别，取值范围为 1~15，"1"表示普通用户级别，如果不指明用户级别，则默认用户级别为"15"（最高授权级别）；参数"0/1"表示输入明文/密文。

2. 配置 Telnet 远程登录

启用交换机的 Telnet 服务，可将交换机视为 Telnet 服务器，为用户提供远程登录功能。通过交换机实现远程登录拓扑如图 4-31 所示。

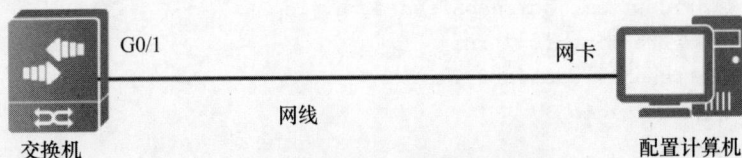

图 4-31 通过交换机实现远程登录拓扑

交换机 Telnet 服务默认启用，用户也可以在全局配置模式下使用命令启用该服务。
```
Switch(config)#enable service telnet-server   ！启用 Telnet 服务（可选）
```

通过在交换机上建立一个 Telnet 连接并进行参数设置，可同时启动多个设备的远程连接线程。在全局配置模式下，使用如下命令可以配置交换机启动线程数。

```
Switch(config)#line vty 0 4                    ！启动 4 条线程
```

Telnet 远程登录认证功能默认关闭，在全局配置模式下使用如下命令可以进行登录认证。

```
Switch(config)#enable secret level 1 0|5 password
```

3. 配置密码方式远程登录交换机

下面介绍配置密码方式远程登录交换机的方法。

① 配置交换机远程登录地址。在全局配置模式下，使用如下命令可以配置交换机远程登录地址。

```
Switch #configure terminal
Switch(config)#interface vlan 1          ！配置交换机远程登录地址
Switch(config-if)#ip address 192.168.1.1 255.255.255.0
Switch(config-if)#no shutdown
```

② 启用交换机的保障远程登录安全功能，使用密码登录交换机。

```
Switch(config)#line vty 0 4
！进入 Telnet 密码配置模式，0 4 表示允许共 5 个用户同时使用 Telnet 登录交换机
Switch(config-line)#login                 ！启用需输入密码才能使用 Telnet 的功能
Switch(config-line)#password ruijie      ！将 Telnet 密码设置为 ruijie
Switch(config-line)#exit                  ！回到全局配置模式
Switch(config)#enable password ruijie   ！配置特权模式密码为 ruijie
Switch(config)#end ！退出当前模式并进入特权模式
```

③ 测试 Telnet 配置。将计算机通过网线连接到交换机上，进入计算机的命令行界面，在命令行界面中输入"telnet 192.168.1.1"。按 Enter 键后输入"line vty"配置密码，进入设备用户模式，出现"Switch>"，再输入特权模式密码，即可远程登录成功。

4. 配置账号+密码方式远程登录交换机

下面介绍配置账号+密码方式远程登录交换机的方法。

① 配置交换机远程登录地址。通过配置线缆登录交换机，并按照前文步骤配置交换机远程登录地址。

② 启用交换机的保障远程登录安全功能，使用密码登录交换机。

```
Switch(config)#line vty 0 4               ！进入 Telnet 密码配置模式
Switch(config-line)#login local          ！启用 Telnet 时需使用本地账号和密码
Switch(config-line)#exit                  ！回到全局配置模式
Switch(config)#username admin password ruijie
！配置远程登录账号为 admin，密码为 ruijie
Switch(config)#enable password ruijie
！配置特权模式密码为 ruijie
Switch(config)#end
```

③ 测试过程同上，在测试计算机的命令行界面中输入"telnet 192.168.1.1"，按 Enter 键，出现提示输入账号和密码的信息（密码在输入时会被隐藏）。输入正确的用户名和密码后，进入设备用户模式，出现"Switch>"，输入密码进入特权模式。

【项目实训】配置交换机 SSH 登录

【项目规划】

为了方便网络中心人员远程安全登录交换机，相关人员需要给网络中心交换机配置安全外壳（Secure SHell，SSH）远程安全登录功能。在默认情况下，用户不能通过 SSH 方式远程安全登录交换机。

【实训过程】

① 部署交换机 SSH 远程安全登录场景。如图 4-32 所示，在锐捷 EVE 模拟器中部署交换机 SSH 远程安全登录场景。其中，SSH 协议用于在不安全网络上提供远程安全登录方式，实现远程登录网络设备的安全保障。由于锐捷 EVE 模拟器中虚拟计算机没有 SSH 协议，因此这里使用一台路由器（不可以使用交换机）模拟虚拟计算机，路由器的接口具有和网卡相同的功能。

图 4-32　交换机 SSH 远程安全登录场景

② 启用 SSH 服务功能，配置 IP 地址。

```
Ruijie#configure                            ! 进入全局配置模式
Ruijie(config)#hostname Switch              ! 修改交换机名称
Switch(config)#enable service ssh-server    ! 启用 SSH 服务器
Switch(config)#interface GigabitEthernet 0/0 ! 进入连接的接口
Switch(config-if)#no switchport             ! 将接口设置为三层模式
Switch(config-if)#ip address 192.168.1.1 24 ! 配置 IP 地址
Switch(config-if)#no shutdown               ! 打开接口（可选）
Switch(config-if)#exit                      ! 返回上一级模式
Switch(config)#
```

③ 在全局配置模式下，生成加密密钥对。

```
Switch(config)#ip ssh version 2             ! 配置 SSH 第 2 版
! 并非所有系统都默认 SSH 为第 2 版，SSH 第 1 版存在已知安全缺陷
Switch(config)#crypto key generate dsa
! 配置加密方式，加密方式有两种：DSA 和 RSA
! 启用 SSH 服务器并生成 DSA 密钥对，当生成 DSA 密钥对时，系统提示输入模数长度。模数长度越长，这种
! 登录方式的安全性越有保障，但生成和使用模数的时间也就越长
```

配置完成加密方式后，系统出现提示信息，此时可以随意选择，或者直接按 Enter 键使用默认方式，等待密钥对生成完毕即可。

注意：要删除 RSA 密钥对，应使用 "crypto key zeroize rsa" 全局配置模式命令。删除 RSA 密钥对后，SSH 服务器将自动被禁用。

④ 配置 SSH 管理的 VTY 线路。

```
Switch(config)#line vty 0 4     ! 进入 SSH 配置模式
Switch(config-line)#login local
! 启用 SSH 密码，要求使用本地账号数据库，并启用本地身份认证
```

```
Switch(config-line)#transport input ssh
```
! 启用 VTY 线路上的 SSH 协议，设置传输模式是 SSH，将交换机的远程登录限制为只允许使用 SSH 登录，
! 不能使用 Telnet 登录，阻止除 SSH 外的连接（如 Telnet）
```
Switch(config-line)#exit
```
注意：在配置密码时，用户可以忽略系统提醒，但需要记住输入的"账号"和"密码"。
```
User_access warning: the password is too weak, default min-size(8) and should contain
three different characters, and could not be similar to username.
```
⑤ 配置用户身份认证方法。
```
Switch(config)#username ruijie password 1234567@
```
! 配置远程登录的账号为 ruijie，密码为 1234567@
```
Switch(config)#end
Switch#write                  ! 确认配置正确后，保存配置
```
⑥ 通过验证命令查看 SSH 的参数信息（包含版本、重认证次数等参数信息）。
```
Switch#show ip ssh         ! 显示 SSH 参数信息
SSH Enable - version 2.0
SSH Port:            22
SSH Cipher Mode:        cbc,ctr,gcm
SSH HMAC Algorithm:     md5-96,md5,sha1-96,sha1,sha2-256,sha2-512
......
```
从配置中可以看出，SSH 使用 MD5 进行安全认证，比 Telnet 更安全。

⑦ 配置路由器为仿真计算机。在实训过程中推荐使用真机模式。锐捷 EVE 模拟器中的虚拟个人计算机（Virtual Personal Computer, VPC）没有 SSH 协议，需要借用一台路由器模拟一台计算机。通过如下命令配置路由器为计算机（Host）。
```
Ruijie#configure                      ! 进入全局配置模式
Ruijie(config)#hostname Host          ! 修改名称为 Host
Host(config)#interface GigabitEthernet 0/0     ! 进入接口
Host(config-if)#no switchport         ! 将接口设置为三层模式
! 在锐捷 EVE 模拟器中将锐捷路由器设备设置为默认二层接口
Host(config-if)#ip address 192.168.1.2 24      ! 配置 IP 地址
Host(config-if)#end                   ! 退出当前模式并进入特权模式
```
⑧ 测试远程登录交换机网络连通状况。
```
Host#ping 192.168.1.1                 ! 测试远程登录交换机网络连通状况
......                                 ! 显示网络连通状况
```
⑨ 实现远程登录交换机。
```
Host#ssh -l ruijie 192.168.1.1        ! 在计算机上使用 SSH 命令登录交换机
% Trying 192.168.1.1, 22,...open
ruijie@192.168.1.1's password:        ! 输入配置的 SSH 登录密码 1234567@
User's password is too weak. Please change the password。
Switch>enable                         ! SSH 远程登录成功
Password:******                       ! 输入登录交换机密码 ruijie
User's password is too weak. Please change the password!
Switch#                               ! 交换机登录成功
```

【项目小结】

本项目结合网络工程师工作岗位要求，系统讲解了交换机基础与配置知识。首先，本项目介绍了二层交换技术，包括二层交换过程，并对二层交换和三层交换进行了区分；其次，本项目介绍了交换机，以及交换机系统组成、转发方式等；最后，本项目介绍了如何配置交换机，具体讲解了基础配置命令，以及配置交换机远程安全登录的方式。

【素质提升】有效沟通

沟通能力是职场中的核心能力之一，其不仅是传递信息的桥梁，更是建立人际关系、解决问题和推动工作的关键。职场人士必须能够清晰、准确地表达自己的想法，同时善于倾听他人的意见，理解并尊重不同的观点。有效沟通有助于减少误解和冲突，提高工作效率和团队协作效果。有效沟通在家庭、亲密关系、公共生活 3 个领域中都非常重要，达成有效沟通的 11 项原则如下：①给予沟通优先地位；②建立并保持眼神接触；③询问开放式问题；④使用回应性倾听；⑤使用"我"作为主语；⑥避免负面表达而谈论积极的一面；⑦将沟通内容集中在核心问题本身；⑧制定解决措施；⑨保持言语信息与非言语信息的一致性；⑩分享权力；⑪保持沟通持续进行。

【认证测试】

单选题：下列每道试题都有多个选项，请选择一个最优的选项。

1. 在局域网通信中，根据（　　）区分不同的设备。

　　A. LLC 地址　　　　B. MAC 地址　　　　C. IP 地址　　　　D. IPX 地址

2. 交换机的工作需要依靠 MAC 地址表，该表通过（　　）建立。

　　A. 交换机自行学习　　　　　　　　B. 交换机之间相互交换目的地址位置信息

　　C. 生成树协议交互学习　　　　　　D. 动态路由学习

3. 以下对 CSMA/CD 描述正确的是（　　）。

　　A. 发送数据前对网络是否空闲进行检测

　　B. 发送数据时对网络是否空闲进行检测

　　C. 发送数据时对发送的数据进行冲突检测

　　D. 碰撞后，具有某个特定 MAC 地址的计算机优先发送数据帧

4. 以下对交换机的存储转发描述正确的是（　　）。

　　A. 收到数据帧后不处理，立即发送数据帧

　　B. 收到数据帧头中目的 MAC 地址后，立即发送数据帧

　　C. 收到整个数据帧后先进行 CRC，校验正确后再发送数据帧

　　D. 发送时延较小

5. 以下对交换机的工作方式描述不正确的是（　　）。

　　A. 可以使用半双工方式工作

　　B. 可以使用全双工方式工作

　　C. 使用全双工方式工作时，要进行回路和冲突检测

　　D. 使用半双工方式工作时，要进行回路和冲突检测

6. 在交换机配置过程中，查询以 S 开头的所有命令的方法是（　　）。

　　A. 直接使用?　　　　B. 使用 S?*　　　　C. 使用 S?　　　　D. 使用 DIRS*

7. 交换机需要查找 MAC 地址表，如果查找失败，则交换机将（　　）。

    A．把数据帧丢弃 　　　　　　　　B．在数据帧出入接口以外的所有接口广播

    C．查找快速转发表 　　　　　　　　D．查找路由表

8. 在交换机中，（　　）用于记录 MAC 地址与接口的对应关系。

    A．MAC 地址表 　　B．IP 地址表 　　　C．VLAN 表 　　　D．路由表

9. 交换机根据（　　）转发数据帧。

    A．源 MAC 地址 　　B．目的 MAC 地址 　C．源 IP 地址 　　D．目的 IP 地址

10. Telnet 协议传输的数据是（　　）。

    A．明文 　　　　　　　B．密文 　　　　　　C．可选明文或密文 　D．根据配置而定

项目5
VLAN隔离技术

05

【项目情景】

最近，有老师到网络中心反映教学楼多媒体教室网络速度太慢。网络中心主任林老师到现场实地勘察发现：该教学楼是一栋老楼，同楼层所有教室的网络没有进行子网划分，全部规划在一个网段。如果一间教室的教师机感染病毒，该病毒就会影响其他教室。在不影响网络应用的情况下，林老师先使用 VLAN 技术把每一间教室的网络划分在一个虚拟网段，再通过三层交换技术实现全部网络之间的互联互通。该教学楼 VLAN 隔离流量初期规划如图 5-1 所示。

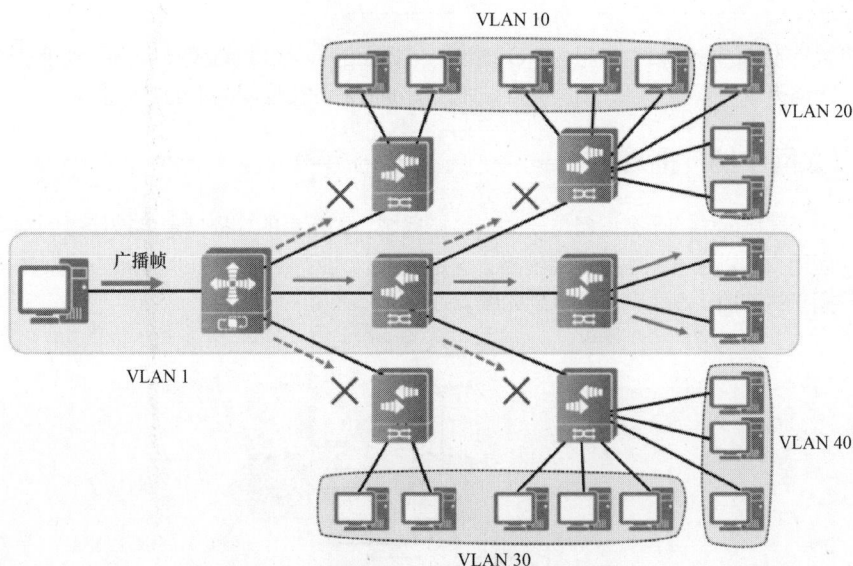

图 5-1　该教学楼 VLAN 隔离流量初期规划

【项目目标】

本项目针对网络工程师工作岗位的岗位要求介绍 VLAN 隔离技术，实现以下项目目标。

1. 知识目标

（1）了解 VLAN 技术，掌握基于端口的 VLAN 划分方法。

（2）掌握 Trunk 技术，认识 Access 口、Trunk 口。

（3）了解 SVI 技术。

2. 技能目标

（1）能够配置基于端口的 VLAN，优化网络传输。

（2）能够使用 SVI 技术实现 VLAN 通信。

3. 素质目标

（1）培养学生的工匠精神，使学生能够注重细节，并将一丝不苟、精益求精的工匠精神融入每一个环节，做出打动人心的一流产品。

（2）强调严格按照实训步骤规范操作，按章办事，遵守规则。通过动手实操，提高学生的动手能力。

（3）培养学生学会和同学友好沟通，建立团队协作关系；在小组实训中，做到项目明确、分工合理、落实到位、工作有序。

【知识准备】

随着局域网内的计算机数量增多，网络内部出现大量的广播和冲突现象，其会给网络带来带宽浪费及安全等问题，而使用 VLAN 技术可以有效消除上述现象。

5.1 二层交换现象

交换机解析收到的数据帧中的源 MAC 地址，依据目的 MAC 地址查找 MAC 地址表转发数据信息，提升了网络传输性能。但是，二层交换技术没有彻底消除交换网络中的广播现象。

1. 以太网中的广播现象

处于同一个局域网中的所有设备位于同一个广播域，即所有的广播信息会被传播到网络的每一个端口，即使使用交换机也不能阻止广播传播。这是因为以太网中存在未知单播帧、广播帧等，它们都可能通过广播方式传播。以太网广播机制如图 5-2 所示。

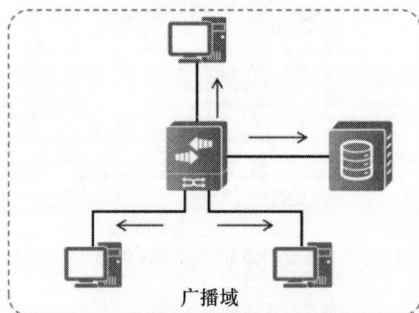

图 5-2 以太网广播机制

接入网络的设备越多，对网络的正常传输产生的影响就越大。在图 5-3 所示的网络中，如果 PC1 向 PC2 发送一个未知单播帧，并且交换机 Switch2 和 Switch5 都没有 PC2 的 MAC 地址表，交换机 Switch2 和 Switch5 将对该未知单播帧以泛洪方式进行转发。这样导致的结果是，PC2 虽然收到了该未知单播帧，但网络中的其他设备同样会收到干扰流量。显然，广播域越大，网络中的干扰流量问题就越严重。

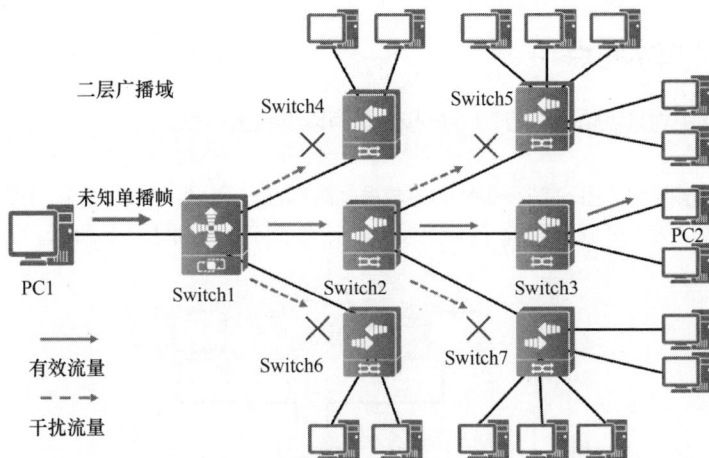

图 5-3 交换网络中的广播干扰现象

2. 以太网广播解决方案

如果一个网络没有被合理规划，只有一个广播域，则一旦有未知单播帧、组播帧和广播帧在网络中传输，就会影响整个网络。某教学楼网络中存在广播现象，因此在规划局域网时需要合理分割广播。在二层交换机上，通过使用 VLAN 技术可以有效分割广播，从而达到优化广播的目的，减少网络干扰。利用 VLAN 技术优化广播示意如图 5-4 所示。

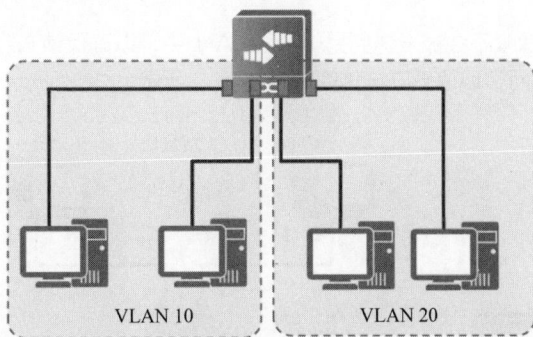

图 5-4 利用 VLAN 技术优化广播示意

5.2 VLAN 技术

使用交换机组建企业网时，如果没有进行很好的规划，则组建的企业网会存在很多问题，如广播问题、安全问题等。使用 VLAN 技术，可以有效优化网络传输效率。

1. 什么是 VLAN 技术

VLAN 技术就是把一个物理网络划分成多个逻辑网络的技术，用于实现广播域分割。在交换机上配置 VLAN 后，每个 VLAN 构成一个独立的二层广播域，对应 OSI-RM 通信标准中的数据链路层。其中，一个 VLAN 就代表一个广播域，同一 VLAN 内的计算机可以通信，不同 VLAN 内的计算机之间不能直接互通。

2. VLAN 技术特点

用于在局域网中划分逻辑网络的 VLAN 技术具有以下突出特点。

（1）限制广播

VLAN 技术能够限制广播，减少干扰，即将数据帧限制在一个 VLAN 内传输，不会影响其他 VLAN（即 VLAN 内互通，VLAN 间隔离），在一定程度上节省了带宽，如图 5-5 所示。

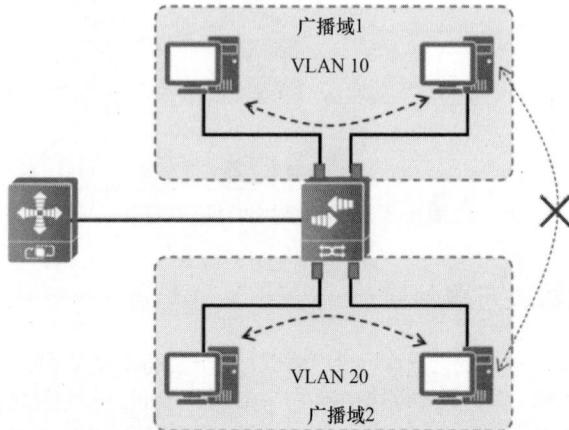

图 5-5　VLAN 内互通，VLAN 间隔离

（2）保障安全

一个 VLAN 内的广播帧不会被发送到另一个 VLAN 中，以确保该 VLAN 中的信息不会被其他 VLAN 中的设备收到，从而实现信息安全传输，如图 5-6 所示。

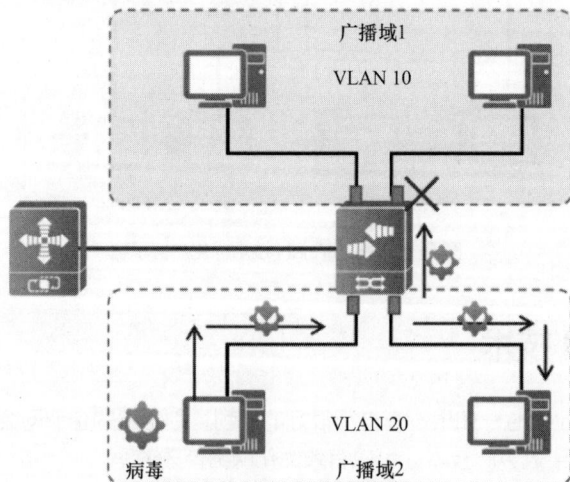

图 5-6　VLAN 中信息安全传输

（3）建立虚拟工作组网络

使用 VLAN 技术时，无须改变物理位置就能实现网络动态管理，降低移动和改变网络架构的代价。使用 VLAN 技术建立虚拟工作网络示意如图 5-7 所示。需要注意的是，不同 VLAN 内的计算机无法直接进行二层通信，只能通过一台三层设备（路由器或三层交换机）实现三层通信。

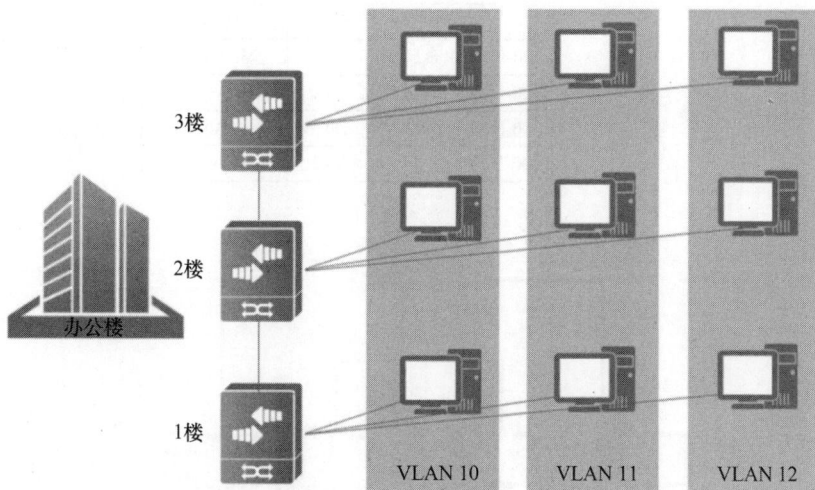

图 5-7　使用 VLAN 技术建立虚拟工作组网络示意

5.3　VLAN 划分方法

VLAN 划分方法有很多，不同的 VLAN 划分方法适用于不同的场合，并且各有优缺点，可根据需要进行选择。表 5-1 所示为常见的 VLAN 划分方法。其中，基于端口的 VLAN 划分方法（见图 5-8）的使用范围较为广泛。

表 5-1　常见的 VLAN 划分方法

VLAN 划分方法	VLAN 10	VLAN 20
基于端口的 VLAN 划分方法	G0/1、G0/2	G0/3、G0/4
基于 MAC 地址的 VLAN 划分方法	MAC-1、MAC-3	MAC-2、MAC-4
基于 IP 子网的 VLAN 划分方法	10.0.1.×	10.0.2.×

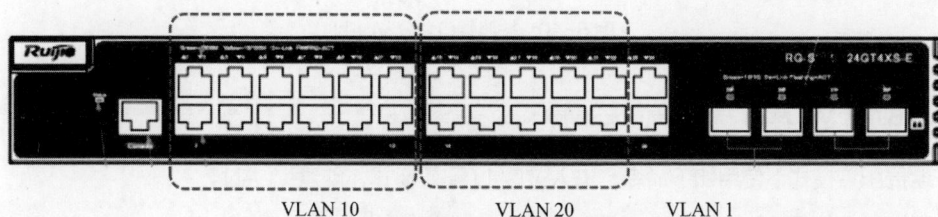

图 5-8　基于端口的 VLAN 划分方法

基于交换机端口的 VLAN 划分方法是常用的 VLAN 划分方法之一，如把交换机的 3、5、7、9 端口依次划分到 VLAN 10 中，而把交换机的 19、21～24 端口划分到 VLAN 20 中。属于同一个 VLAN 的端口可以不连续，甚至可以跨越多台不同的交换机。

如图 5-9 所示，基于交换机端口划分 VLAN 时，网络工程师需要先创建 VLAN，再打开交换机的指定端口，将其划分到指定的 VLAN 中，标记不同 VLAN ID（VID）。交换机在 ARP 地址映射表中也标记不同 VID。数据帧依据 ARP 地址映射表，只能在指定 VLAN 中传输。

MAC地址	端口	VLAN
00-D0-F8-00-11-11	G0/0	VLAN 10
00-D0-F8-00-22-22	G0/1	VLAN 10
00-D0-F8-00-33-33	G0/2	VLAN 20
00-D0-F8-00-44-44	G0/3	VLAN 20

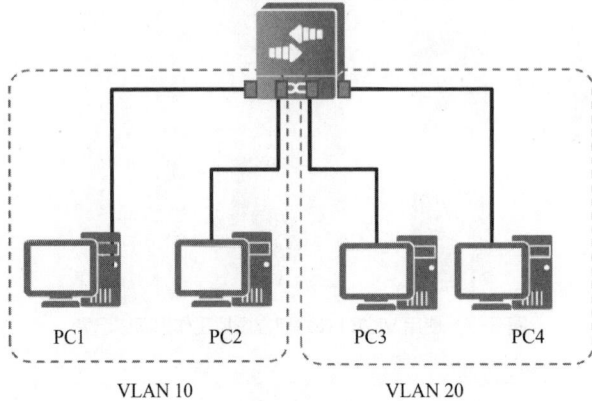

图 5-9　基于交换机端口的 VLAN 划分方法

5.4　配置端口 VLAN

图 5-10 所示为按照端口划分 VLAN，默认情况下，交换机的所有端口都属于 VLAN 1，可以互相通信，VLAN 1 也称为交换机管理中心。

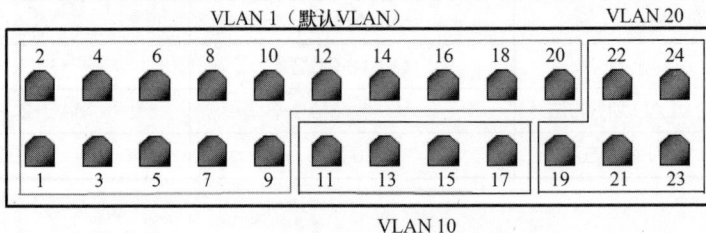

图 5-10　按照端口划分 VLAN

1. 创建 VLAN

在全局配置模式下使用如下命令，进入 VLAN 配置模式，创建 VLAN。

```
Switch#configure terminal              ! 进入特权模式
Switch(config)#vlan 10                  ! 启用 VLAN 10
Switch(config-vlan)#name test1          ! 把 VLAN 10 命名为 test1
Switch(config-vlan)#exit                ! 返回上一级模式
Switch(config)#vlan 20                  ! 启用 VLAN 20
Switch(config-vlan)#name test2          ! 把 VLAN 20 命名为 test2
Switch(config-vlan)#exit                ! 返回上一级模式
```

说明：上述命令中，VID 的取值范围是 1~4094。其中，使用"name"命令可为 VLAN 配置一个指定名称。如果没有配置名称，则 VLAN 使用默认名称，如"VLAN 0004"。如果想把 VLAN 的名称改回默认名称，则需要使用"no name"命令。

2. 将端口分配给 VLAN

在全局配置模式下，使用如下命令将指定端口分配给一个 VLAN。

```
Switch(config)#interface GigabitEthernet 0/0    ! 打开端口
Switch(config-if)#switchport access vlan 10
! 将该端口分配给 VLAN 10
Switch(config-if)#no shutdown
Switch(config-if)#end                           ! 返回用户模式
```

如果将多个端口一次性分配给同一个 VLAN，则需要使用如下命令进行批量分配。

```
Switch(config)#interface range GigabitEthernet 0/1-3, 0/5    ! 打开多个端口
Switch(config-if-range)#switchport access vlan 10    ! 将端口一次性分配给 VLAN 10
```

说明："range"表示端口范围，连续端口使用"-"连接，不连续端口使用","分隔。同一条命令中的所有端口需要具有相同类型，如同一条命令中的所有端口都是千兆端口。

3. 查看 VLAN 信息和端口配置

使用如下命令查看 VLAN 信息和端口配置。

```
Switch#show vlan                              ! 查看 VLAN 信息
Switch#show interface G0/1 switchport         ! 查看端口配置
```

4. 删除 VLAN

在全局配置模式下，使用如下命令删除 VLAN。

```
Switch(config)#no vlan 10                     ! 删除 VLAN 10
```

说明：默认所有的端口都由 VLAN 1 管理，VLAN 1 不可被删除。

【配置案例】在交换机上配置 VLAN。

图 5-11 所示为在交换机上配置 VLAN。创建 VLAN 10、VLAN 20，将 VLAN 10、VLAN 20 分别命名为 gongcheng、caiwu，并将端口 1～3 和端口 4～6 分别分配给 VLAN 10 和 VLAN 20。

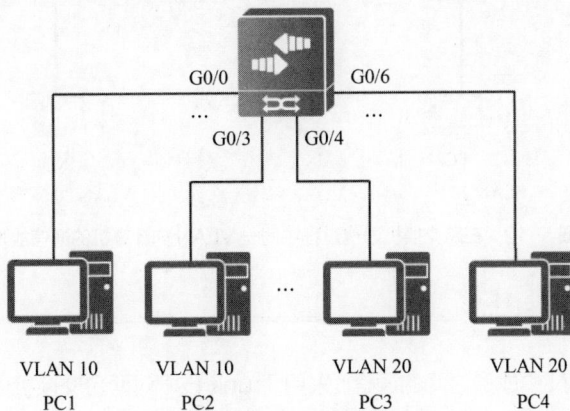

图 5-11　在交换机上配置 VLAN

相关配置命令如下。

```
Switch#configure terminal                    ! 进入全局配置模式
Switch(config)#vlan 10                        ! 创建 VLAN
Switch(config-vlan)#name gongcheng            ! 给创建的 VLAN 命名
Switch(config-vlan)#vlan 20                   ! 创建 VLAN
Switch(config-vlan)#name caiwu                ! 给创建的 VLAN 命名
Switch(config-vlan)#exit                      ! 返回上一级模式
Switch(config)#interface range GigabitEthernet 0/1-3
Switch(config-if-range)#switchport access vlan 10
Switch(config-if-range)#exit
Switch(config)#interface range GigabitEthernet 0/4-6
Switch(config-if-range)#switchport access vlan 20
Switch(config-if-range)#end          ! 返回用户模式
Switch#show vlan 10                   ! 查看 VLAN 10 信息。限于篇幅，此处省略显示内容
Switch#show vlan                      ! 查看所有 VLAN 信息。限于篇幅，此处省略显示内容
```

5.5 交换机 Trunk 技术

交换机干道（Trunk）技术主要用于满足在大型网络环境中，不同交换机之间传输多个 VLAN 流量的需求。交换机 Trunk 技术的出现，使得网络设计更加高效和灵活，同时提高了网络的可扩展性。

1. 跨交换机 VLAN 通信故障

某校园网要实现多台交换机互联，规划有 VLAN 10 和 VLAN 20。其中，连接在 Switch1 上的 PC1 发出数据帧，该数据帧经过交换机之间的链路被传递到 Switch2 上。如果不特别处理，Switch2 无法判断其收到的数据帧属于哪一个 VLAN，不知道将收到的数据帧转发到本地的哪个 VLAN 中。当同一部门的多台计算机分布在多台交换机上，并且这些计算机属于同一个 VLAN 时，若交换机之间的配置不当，则这些计算机在跨交换机通信过程中就会产生通信故障现象，如图 5-12 所示。

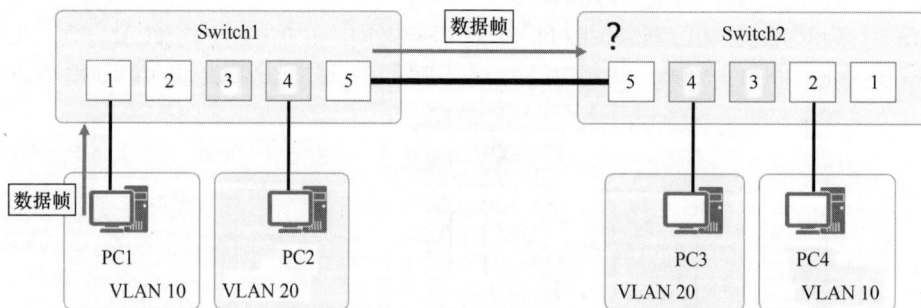

图 5-12　在跨交换机通信过程中同一 VLAN 内计算机的通信故障

2. VLAN 标签

为了实现同一 VLAN 中成员之间的通信，采用 Trunk 技术对两台交换机进行连接。Trunk 技术可以识别来自多个 VLAN 的带有 VLAN 标签（Tag）的数据帧。来自不同 VLAN 的数据帧在通过交换机之间的链路时，被要求跨交换机的数据帧必须封装 VLAN 标签，声明其属于哪一个 VLAN，方便对

端交换机对其进行识别、转发。

在互联的交换机上,配置互联端口为 Trunk 端口,为每一个通过该端口的数据帧封装 VLAN 标签。封装的 VLAN 标签改变了传统的 802.3 帧的形态,称为 Trunk 帧(也称为 802.1Q 帧)。Trunk 帧如图 5-13 所示,使用 Trunk 帧在互联的交换机之间传输数据示意如图 5-14 所示。

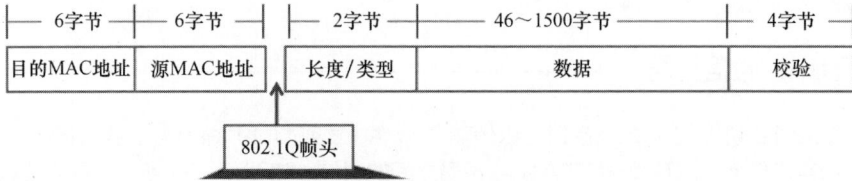

图 5-13 Trunk 帧

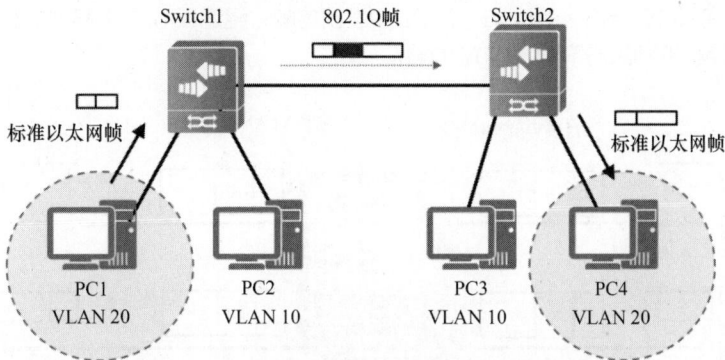

图 5-14 使用 Trunk 帧在互联的交换机之间传输数据示意

在交换机上通过的数据帧表现为两种类型: Tagged 帧(有 VLAN 标签的帧)和 Untagged 帧(无 VLAN 标签的帧)。其中,Untagged 帧就是原始的以太网帧;而 Tagged 帧遵循 IEEE 802.1Q(简称"802.1Q")协议规定,在帧中的源 MAC 地址后插入长度为 4 字节的 VLAN 标签。不同设备能够收发不同的帧,具体有以下 3 类。

① 用户计算机、服务器、集线器等设备只能收发 Untagged 帧。

② 交换机、路由器和无线控制器既能收发 Tagged 帧,又能收发 Untagged 帧。

③ 语音终端、接入点(Access Point,AP)等设备能收发来自一个 VLAN 的 Tagged 帧或 Untagged 帧。

注意: 为了提高效率,锐捷交换机收发的数据帧都是 Untagged 帧。

3. 802.1Q 协议

IEEE 组织颁布了 802.1Q 协议,其帧格式如图 5-15 所示,其中 VLAN 标签中各项参数的说明如下。

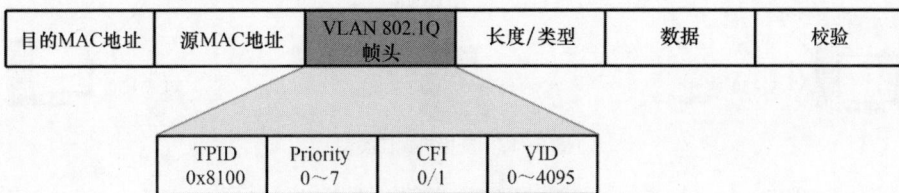

图 5-15 802.1Q 协议帧格式

① 标签协议标识符(Tag Protocol IDentifier, TPID): 802.1Q 帧类型,码长为 2 字节,0x8100

表示使用 802.1Q 标记。

② Priority：帧优先级，码长为 3 位，取值范围为 0～7，值越大表示帧优先级越高。

③ 标准格式指示位（Canonical Format Indicator，CFI）：码长为 1 位，以太网中 CFI 值固定为 0。

④ VID：VLAN 编号，码长为 12 位，取值范围为 0～4095。其中，0 和 4095 为保留值，所以 VID 的有效取值范围是 1～4094。

4. Trunk 通信过程

配置了 802.1Q 协议的 Trunk 端口可以传输 Tagged 帧或 Untagged 帧，实现同一 VLAN 中成员分布在多台交换机上，以及同一 VLAN 中成员之间的通信。如图 5-16 所示，两台交换机之间的 Trunk 链路使用 VLAN 标签对来自不同 VLAN 的帧进行区分：从 VLAN 10 中发出的帧，经过 Trunk 链路时被封装 VLAN 10 标签；而从 VLAN 20 中发出的帧，经过 Trunk 链路时被封装 VLAN 20 标签，以便对端交换机识别来自不同 VLAN 的帧。

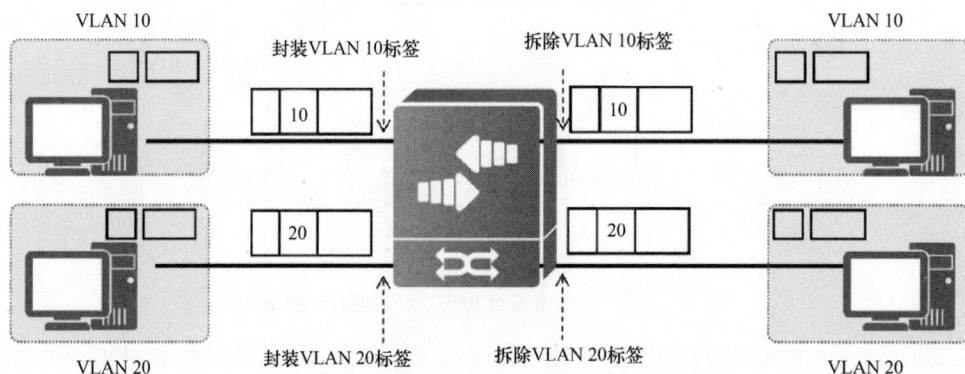

图 5-16 交换机互联 Trunk 端口封装 VLAN 标签过程

5.6 区分交换机端口类型

根据交换机端口功能的不同，交换机端口可以分为 3 种类型，如图 5-17 所示。

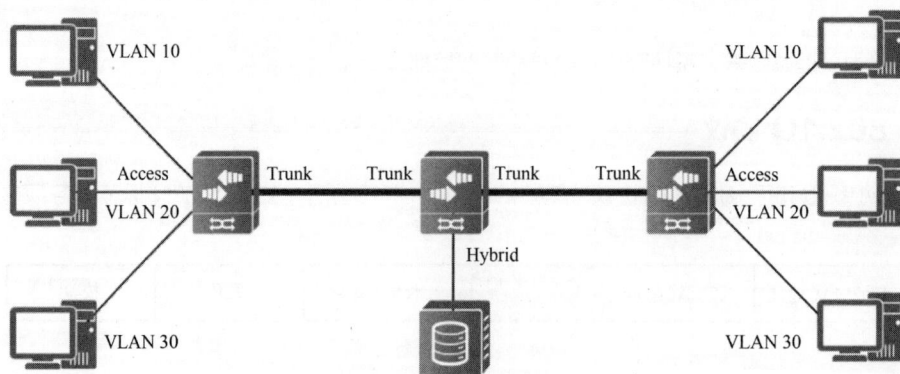

图 5-17 交换机端口类型

① Access 端口：接入网络终端设备的端口，只属于 1 个 VLAN。

② Trunk 端口：交换机与交换机之间的连接端口，属于多个 VLAN。

③ Hybrid 端口：可以用于交换机与交换机之间的连接，也可以用于连接计算机，属于多个 VLAN。

Hybrid 端口允许接收和发送来自多个 VLAN 的报文,发送时不携带 VLAN 标签;而 Trunk 端口只允许发送来自默认 VLAN 的报文,并且不携带 VLAN 标签。

5.7 本帧

不同 VLAN 中的帧在通过交换机 Trunk 端口时都需要被封装 VLAN 标签,即将其封装成 802.1Q 帧格式,如图 5-18 所示。为了满足通信需要,在 Trunk 端口上也可以传输不带 VLAN 标签的帧,即本帧(Native VLAN)。

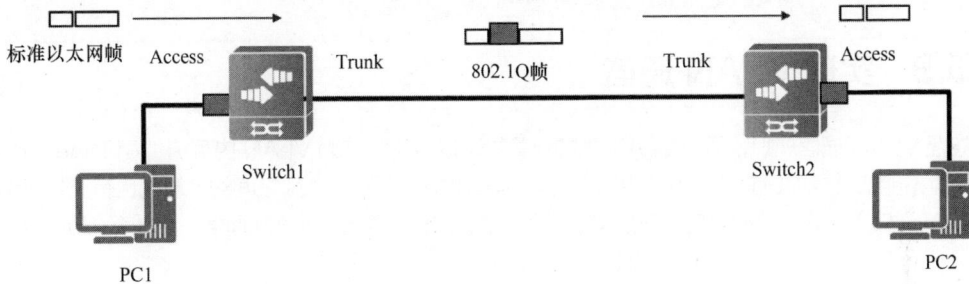

图 5-18　帧在通过交换机 Trunk 端口时被封装 VLAN 标签

默认本帧不被封装 VLAN 标签,如图 5-19 所示,Trunk 端口默认带有本帧属性,允许来自部分 VLAN 中的 Untagged 帧通过。每台交换机只允许存在一个本帧,默认为 VLAN 1,也可以设置为其他 VLAN。

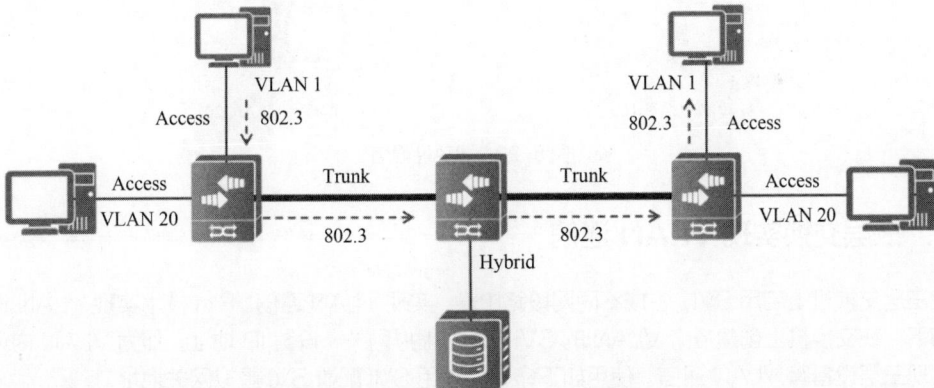

图 5-19　默认本帧不被封装 VLAN 标签

5.8 配置 Trunk 端口

默认交换机端口是 Access 端口,在全局配置模式下使用如下命令可以配置 Trunk 端口。

```
Switch#configure terminal                          ! 进入全局配置模式
Switch(config)#interface GigabitEthernet 0/0       ! 打开指定接口
Switch(config-if)#switchport mode trunk            ! 将该端口定义为 Trunk 端口
Switch(config-if)#switchport trunk native vlan 10
! 指定默认本帧,默认是 VLAN 1
```

注意:Trunk 链路两端的端口需要保持一致,否则会造成 Trunk 链路不通。

```
Switch(config-if)#switchport mode access        ! 定义 Access 端口类型
```

注意：Trunk 端口默认支持所有 VLAN（VID 有效取值范围为 1~4094）的流量通过，但是用户也可以配置只允许部分 VLAN 的流量通过 Trunk 端口，以优化 Trunk 链路通信流量，保障部分 VLAN 安全。

使用如下命令配置 Trunk 端口许可 VLAN 列表，实现 Trunk 流量修剪。

```
Switch(config)#interface GigabitEthernet 0/0     ! 打开指定接口
Switch(config-if)#switchport mode trunk          ! 定义 Trunk 端口
Switch(config-if)#switchport trunk allowed vlan { all | [add | remove | except] }
 vlan-list        ! 配置 Trunk 端口许可 VLAN 列表
```

5.9 实现 VLAN 通信

按照 VLAN 通信规则，同一 VLAN 中的计算机可以互访（称为 VLAN 内互访），不同 VLAN 之间的计算机不能二层互访（称为 VLAN 隔离）。在实际应用中，不同 VLAN 之间的计算机也有业务互访（称为 VLAN 通信）需求，此时可使用三层交换设备，依据路由表实现 VLAN 通信，如图 5-20 所示。

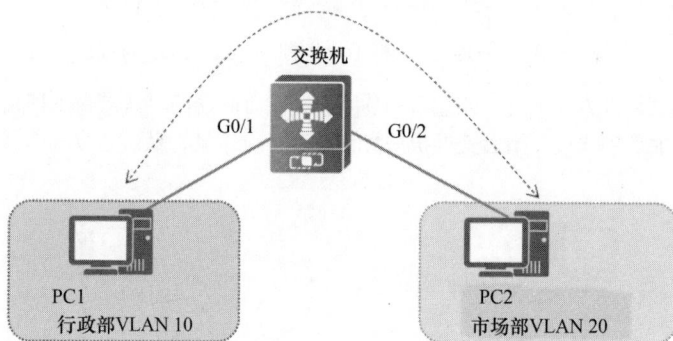

图 5-20 VLAN 通信

1. 三层交换实现 VLAN 通信

在三层交换机上启用 SVI，生成不同网段路由表，实现 VLAN 通信。SVI 技术实现 VLAN 通信的方法如下：在交换机上创建各个 VLAN 的 SVI，作为虚拟网关，设置 IP 地址，作为 VLAN 内设备网关，实现三层设备跨 VLAN 通信。使用如下命令，利用 SVI 配置 SVI 虚拟网关地址。

```
Switch#configure terminal
Switch(config)#interface vlan 10          ! 进入 SVI 配置模式
Switch(config-if-VLAN 20)#ip address ip-address mask
! 给 SVI 配置 IP 地址，作为 VLAN 内计算机的网关
```

图 5-21 所示为利用三层交换机实现 VLAN 通信，在交换机上划分 VLAN 10 和 VLAN 20。其中，VLAN 10 内某台计算机的 IP 地址为 192.168.10.10/24，VLAN 20 内某台计算机的 IP 地址为 192.168.20.10/24。通过配置三层交换机的 SVI，实现 VLAN 通信的过程如下。

首先，为 VLAN 10 规划子网段 192.168.10.0/24，其 SVI 的 IP 地址为 192.168.10.1/24；为 VLAN 20 规划子网段 192.168.20.0/24，其 SVI 的 IP 地址为 192.168.20.1/24。

其次，为各个 VLAN 内的计算机配置相应子网地址，并使其网关指向对应 SVI 的 IP 地址。

最后，配置完成的 SVI 所在网段作为直连路由出现在路由表中。

注意：只有 VLAN 内有激活接口（有计算机 VLAN），该 SVI 所在网段才会出现在路由表中。

2. 单臂路由实现 VLAN 通信

在三层交换技术出现前,相关人员会利用路由器上的单臂路由技术实现 VLAN 通信。单臂路由技术使用路由器的子接口技术,将路由器上的一个物理接口划分为多个逻辑、可编址接口,分别作为不同 VLAN 内计算机的网关,每个 VLAN 对应一个子接口,进而实现 VLAN 通信。

如图 5-22 所示,在路由器的物理接口上启用子接口。其中,接口 G0/0 被划分为 3 个子接口:G0/0.10、G0/0.20、G0/0.30,每个子接口为一个 VLAN 提供网关服务。

【配置案例】配置路由器单臂路由。

图 5-23 所示为单臂路由技术场景,在路由器的物理接口上启用子接口,配置 802.1Q 协议,并与 Trunk 端口对等连接。

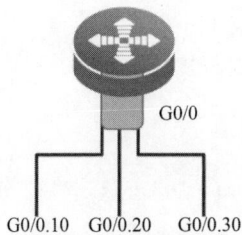

图 5-21 利用三层交换机实现 VLAN 通信

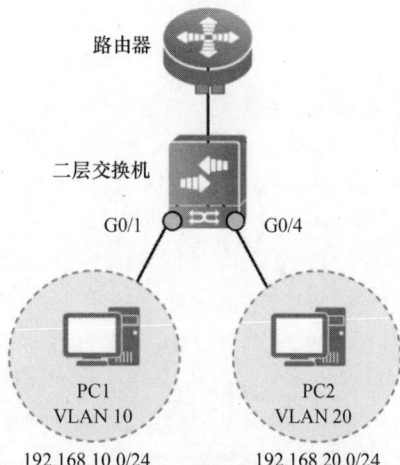

图 5-22 启用子接口

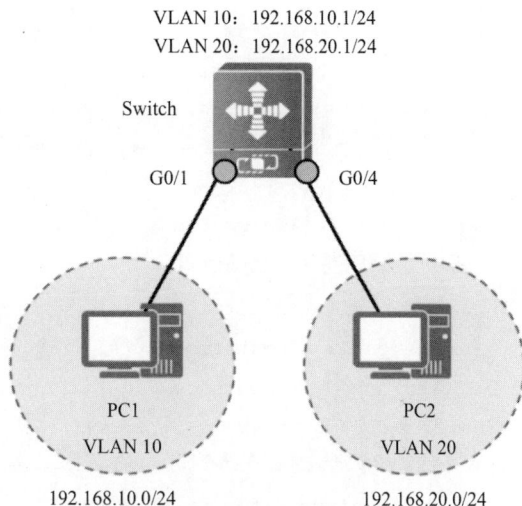

图 5-23 单臂路由技术场景

通过如下命令配置路由器单臂路由技术,实现 VLAN 通信。

① 配置交换机基础信息。

```
Ruijie#configure terminal
Ruijie(config)#hostname Switch          ! 修改交换机名称
Switch(config)#vlan 10                   ! 创建 VLAN 10
Switch(config-vlan)#name xiao_shou       ! 把 VLAN 10 命名为 xiao_shou(销售部)
Switch(config-vlan)#vlan 20              ! 创建 VLAN 20
Switch(config-vlan)#name ji_shu          ! 把 VLAN 20 命名为 ji_shu(技术部)
Switch(config-vlan)#exit
Switch(config)#interface GigabitEthernet 0/1   ! 将接口划分到 VLAN 10 中
Switch(config-if)#switchport access vlan 10
Switch(config-if)#exit
Switch(config)#interface GigabitEthernet 0/4   ! 将接口划分到 VLAN 20 中
```

```
Switch(config-if)#switchport access vlan 20
Switch(config-if)#exit
Switch(config)#int GigabitEthernet 0/0 ！设置 Trunk 端口
Switch(config-if)#switchport mode trunk
Switch(config-if)#exit
Switch(config)#show vlan                    ！查看 VLAN 信息。限于篇幅，此处省略显示内容
```

② 配置路由器单臂路由技术。

```
Ruijie#configure terminal
Ruijie(config)#hostname Router
Router(config)#interface GigabitEthernet 0/0
Router(config-if)#no switchport
！锐捷 EVE 模拟器中路由器接口默认为交换口，需要启用三层交换功能
Router(config-if)#no ip address
！删除路由器主接口 G0/0 的 IP 地址
Router(config-if)#exit
Router(config)#interface GigabitEthernet 0/0.10
！进入子接口 G0/0.10，自定义子接口名称
Router(config-subif-GigabitEthernet 0/0.10)#encapsulation dot1Q 10
！指定子接口 G0/0.10 对应 VLAN 10，配置 Trunk 模式
Router(config-subif-GigabitEthernet 0/0.10)#ip address 192.168.10.1 24
！配置子接口 G0/0.10 的 IP 地址
Router(config-subif-GigabitEthernet 0/0.10)#exit
Router(config)#interface GigabitEthernet 0/0.20 ！进入子接口 G0/0.20
Router(config-subif-GigabitEthernet 0/0.20)#encapsulation dot1Q 20
！指定子接口 G0/0.20 对应 VLAN 20，并配置 Trunk 模式
Router(config-subif-GigabitEthernet 0/0.20)#ip address 192.168.20.1 24
Router(config-subif-GigabitEthernet 0/0.20)#end
Router#show ip route ！查看路由器的路由表。限于篇幅，此处省略显示内容
```

③ 验证配置。

首先，按照表 5-2 所示的规划方式配置办公网设备/接口的地址信息。

表 5-2 办公网设备/接口的地址信息规划

设备/接口名称	IP 地址	网关	备注
G0/0.10	192.168.10.1/24	—	销售部网关
PC1	192.168.10.2/24	192.168.10.1/24	销售部 PC
G0/0.20	192.168.20.1/24	—	技术部网关
PC2	192.168.20.2/24	192.168.20.1/24	技术部 PC

其次，在模拟器中配置销售部 PC 的 IP 地址和网关，命令如下。

```
VPCS> ip 192.168.10.2 24 192.168.10.1    ！配置销售部 PC 的 IP 地址和网关
```

最后，使用 "ping" 命令测试网络连通状况。在销售部 PC1 中使用 "ping" 命令，测试与技术部 PC2 的网络连通状况，相关实例代码如下。

```
VPCS> ping 192.168.20.2      ！测试与技术部 PC2 的网络连通状况，测试结果为网络连通正常
......
```

【项目实训】通过 SVI 实现 VLAN 通信

【项目规划】

如图 5-24 所示，对于某学院多媒体教室网络，刘老师使用 VLAN 把每一间教室的网络隔离在一个 VLAN 中，避免教室网络之间互相影响；在三层交换机上启动 SVI，通过 SVI 完成 VLAN 通信，实现所有多媒体教室网络连通。

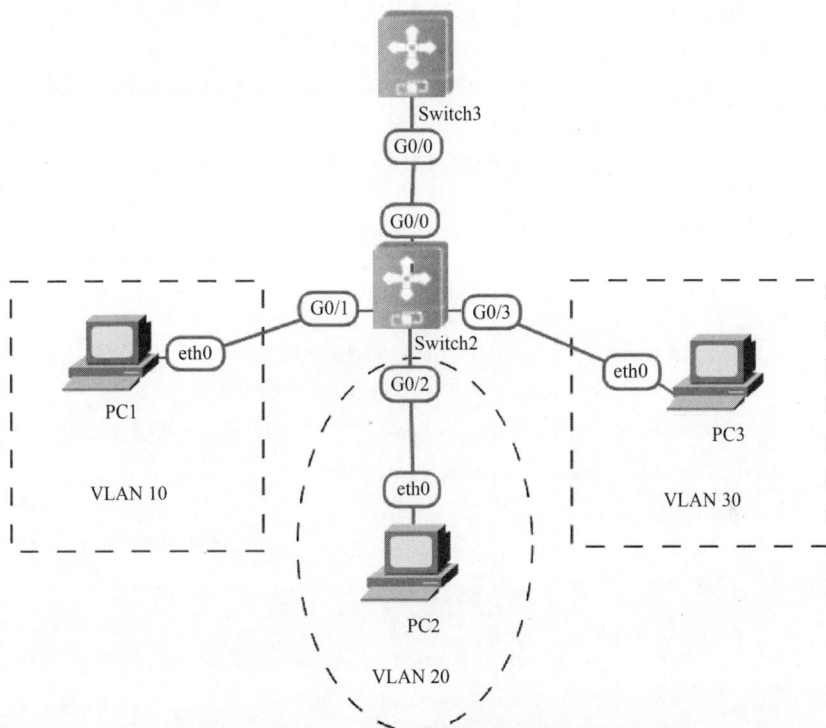

图 5-24　通过 SVI 实现 VLAN 通信

【实训过程】

① 组建网络场景。组建网络场景，如图 5-24 所示。可以使用真机进行实训，推荐使用锐捷 EVE 模拟器进行实训。

② 在交换机 Switch3 上创建 VLAN。

```
Ruijie#configure
Ruijie(config)#hostname Switch3
Switch3(config)#vlan 10               ！创建 VLAN 10
Switch3(config-vlan)#vlan 20
Switch3(config-vlan)#vlan 30
Switch3(config-vlan)#exit
Switch3(config)#show vlan             ！查看创建的 VLAN 信息。限于篇幅，此处省略显示内容
......
```

③ 在交换机 Switch3 上创建 SVI，作为网关接口，并配置 IP 地址。

```
Switch3(config)#interface vlan 10 ！创建 SVI 作为网关接口，并配置 IP 地址
```

```
Switch3(config-if-VLAN 10)#ip address 192.168.10.1 24
Switch3(config-if-VLAN 10)#exit
Switch3(config)#interface vlan 20          ！创建 SVI 作为网关接口，并配置 IP 地址
Switch3(config-if-VLAN 20)#ip address 192.168.20.1 24
Switch3(config-if-VLAN 20)#exit
Switch3(config)#interface vlan 30          ！创建 SVI 作为网关接口，并配置 IP 地址
Switch3(config-if-VLAN 30)#ip address 192.168.30.1 24
Switch3(config-if-VLAN 30)#exit
Switch3(config)#interface GigabitEthernet 0/0     ！打开接口，配置 Trunk 端口
Switch3(config-if)#switch mode trunk
Switch3(config-if)#end
Switch3#show vlan          ！查看创建的 VLAN 信息。限于篇幅，此处省略显示内容
......
Switch3#show ip route      ！查看路由表信息。限于篇幅，此处省略显示内容
......
```

④ 在交换机 Switch2 上创建 VLAN，将接口分配到 VLAN。

```
Ruijie#configure
Ruijie(config)#hostname Switch2
Switch2(config)#vlan range 10,20,30     ！创建多个 VLAN
Switch2(config-vlan-range)#exit          ！返回上一级模式
Switch2(config)#interface GigabitEthernet 0/1  ！打开接口并将其分配到 VLAN 中
Switch2(config-if)#switchport access vlan 10
Switch2(config-if)#exit
Switch2(config)#interface GigabitEthernet 0/2  ！打开接口并将其分配到 VLAN 中
Switch2(config-if)#switchport access vlan 20
Switch2(config-if)#exit
Switch2(config)#interface GigabitEthernet 0/3  ！打开接口并将其分配到 VLAN 中
Switch2(config-if)#switchport access vlan 30
Switch2(config-if)#exit
Switch2(config)#interface GigabitEthernet 0/0  ！打开接口，配置 Trunk 端口
Switch2(config-if)#switchport mode trunk
Switch2(config-if)#end
Switch2#show vlan          ！查看创建的 VLAN 信息。限于篇幅，此处省略显示内容
......
```

⑤ 规划各个 VLAN 的地址段信息。按照表 5-3 所示规划方式，规划 PC1、PC2、PC3 的 IP 地址和网关。

表 5-3　计算机设备地址信息规划

设备名称	IP 地址/子网掩码	网关/子网掩码	备注
PC1	192.168.10.2/24	192.168.10.1/24	VLAN 10 中计算机
PC2	192.168.20.2/24	192.168.20.1/24	VLAN 20 中计算机
PC3	192.168.30.2/24	192.168.30.1/24	VLAN 30 中计算机

⑥ 配置各个 VLAN 中计算机的 IP 地址和网关。在模拟器中分别配置 PC 的 IP 地址和网关，命令如下。

```
VPCS> ip 192.168.10.2 24 192.168.10.1    ! 配置 VLAN 10 中 PC 的 IP 地址和网关
```

按照同样方式，完成其他 VLAN 中 PC 的 IP 地址和网关配置。

⑦ 测试网络连通状况。在 VLAN 30 中的 PC3 上测试网络连通状况，测试结果为网络连通正常。

```
VPCS> ping 192.168.10.2                  ! 测试与 VLAN 10 中 PC1 的网络连通状况
……! 网络连通正常
```

【项目小结】

本项目结合网络工程师工作岗位要求，系统讲解了 VLAN 隔离技术。本项目介绍了二层交换现象，VLAN 技术及 VLAN 划分方法，如何配置基于端口的 VLAN，交换机 Trunk 技术，如何区分交换机端口类型，本帧，如何配置 Trunk 端口，以及如何实现 VLAN 通信。

【素质提升】沟通技巧

有效沟通需要表现出尊重，传递出价值。例如，通过请教对方擅长的领域、提供更多信息抓手、深度破冰和合理管理人设等方式，让对方感受到尊重和善意，同时让对方觉得我们说的内容对他有用。在沟通中使用的技巧涉及多个方面，包括学会倾听、清晰表达、注意使用肢体语言、合理引导和尝试换位思考，这些方面对应的具体方法如下。

① 学会倾听：在沟通时，需要主动倾听对方的意见和观点，尊重对方的权利，了解对方的真实需求。只有通过倾听，双方才能在沟通中达成共识。

② 清晰表达：在进行沟通时，需要注意自己的表达方式，保证用易于理解的语言明确地表达意思，避免使用含糊不清或模棱两可的说法。

③ 注意使用肢体语言：肢体语言也是沟通的重要组成部分。例如，面带微笑、姿态自信、目光坚定等肢体语言可以让对方更加愉悦并对我们更加信任，有助于建立良好的人际关系。

④ 合理引导：在沟通中，有时需要合理引导对方的情绪和行为，如通过给予对方肯定和赞扬鼓励对方发表观点，以及通过反问和带着疑问的陈述唤起对方的思考，让对方认识到我们想要达成的目标。

⑤ 尝试换位思考：尝试从对方的角度思考问题，注意认真倾听对方观点，找到与对方的情感共鸣。

【认证测试】

单选题：下列每道试题都有多个选项，请选择一个最优的选项。

1. 一个 Access 端口可以属于（　　）。
   A. 仅一个 VLAN　　　　　　　　　　B. 最多 64 个 VLAN
   C. 最多 4094 个 VLAN　　　　　　　D. 依据网络管理员设置的结果而定
2. 当要使一个 VLAN 跨越两台交换机时，需要（　　）。
   A. 使用三层端口连接两台交换机　　　B. 使用 Trunk 端口连接两台交换机
   C. 使用路由器连接两台交换机　　　　D. 使两台交换机上的 VLAN 配置相同
3. 802.1Q 协议是通过（　　）给以太网帧封装 VLAN 标签的。
   A. 在以太网帧头插入长度为 4 字节的 VLAN 标签

B. 在以太网帧尾插入长度为 4 字节的 VLAN 标签

C. 在以太网帧的源 MAC 地址和长度/类型字段之间插入长度为 4 字节的 VLAN 标签

D. 在以太网帧的外部进行 802.1Q 封装

4. 关于 802.1Q，下面说法中正确的是（   ）。

A. 802.1Q 给以太网帧插入了长度为 4 字节的 VLAN 标签

B. 由于以太网帧的长度增加，因此校验值需要重新计算

C. VLAN 标签的内容包括长度为 2 字节的 VID 字段

D. 对于不支持 802.1Q 的设备，可以忽略该长度为 4 字节的 VLAN 标签

5. 交换机的 Access 端口和 Trunk 端口的区别为（   ）。

A. Access 端口只能属于 1 个 VLAN，而 Trunk 端口可以属于多个 VLAN

B. Access 端口只能发送 Untagged 帧，而 Trunk 端口只能发送 Tagged 帧

C. Access 端口只能接收 Untagged 帧，而 Trunk 端口只能接收 Tagged 帧

D. Access 端口的默认 VLAN 就是其所属的 VLAN，而 Trunk 端口可以指定默认 VLAN

6. 配置 Trunk 端口时，如果要从许可 VLAN 列表中删除 VLAN 5，则需要使用的命令是（   ）。

A. "Switch(config-if)#switchport trunk allowed remove 5"

B. "Switch(config-if)#switchport trunk vlan remove 5"

C. "Switch(config-if)#switchport trunk vlan allowed remove 5"

D. "Switch(config-if)#switchport trunk allowed vlan remove 5"

7. （   ）命令可以正确地为 VLAN 5 定义一个子端口。

A. "Router(config-if)#encapsulation dot1q 5"

B. "Router(config-if)#encapsulation dot1q vlan 5"

C. "Router(config-subif)#encapsulation dot1q 5"

D. "Router(config-subif)#encapsulation dot1q vlan 5"

8. 关于 SVI 的描述正确的是（   ）。

A. SVI 是虚拟的逻辑接口

B. SVI 的数量是由网络工程师设置的

C. 可以为 VLAN 配置 SVI 并为其分配 IP 地址，这个 IP 地址可作为 VLAN 内所有设备的网关

D. 只有三层交换机具有 SVI

9. 在局域网内使用 VLAN 带来的好处是（   ）。

A. 简化网络工程师的配置工作 　　　B. 使广播可以得到控制，实现网络隔离

C. 扩大局域网的容量 　　　　　　　D. 增加网络带宽

10. 在 VLAN 中，（   ）用于实现 VLAN 通信。

A. 集线器　　　B. 交换机　　　C. 路由器　　　D. 防火墙

项目6
生成树技术

06

【项目情景】

为了保障"双 11"时期的商品销售，某电商公司决定对公司核心网络进行改造，提升网络负载。图 6-1 所示为其核心网络初期规划的改造方案，目的是使核心网络具有冗余网络的健壮性，使用快速生成树技术消除环路，避免由冗余导致的环路带来风险。

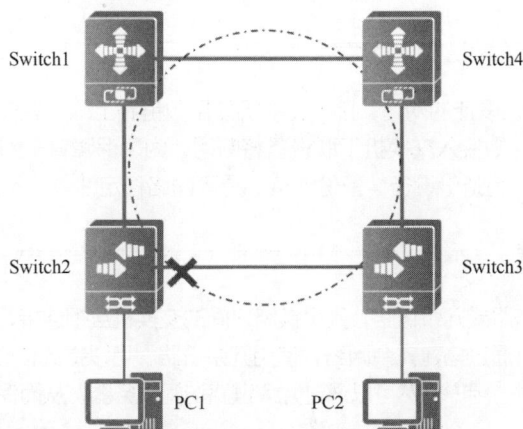

图 6-1 某电商公司核心网络初期规划的改造方案

【项目目标】

本项目针对网络工程师工作岗位的岗位要求介绍生成树技术，实现以下项目目标。

1. 知识目标
（1）了解生成树技术，掌握 STP/RSTP 的计算过程。
（2）认识 STP/RSTP 的端口状态。
（3）掌握 MSTP 技术。

2. 技能目标
（1）能够配置 RSTP，消除核心网络环路。
（2）能够配置 MSTP，实现核心网络负载均衡。

3. 素养目标
（1）通过生成树技术的更新迭代历史，让学生认识到重大技术问题突破都是全人类通力合作的结果，我国提出的"一带一路"倡议也需要国家之间通力合作。通过对生成树技术的学习，让学生提升国家认同感，增强人类命运共同体意识。

（2）在项目实训现场，让学生遵守教学秩序，按操作规范使用工具及仪器设备。在实训过程中，学生应有序摆放线缆及设备；实训完成后，应及时整理现场，遵守 6S 管理规范。

（3）在项目实训现场，培养学生的良好安全意识，懂得安全操作知识，严格按照安全标准流程进行操作。

【知识准备】

在骨干网络的部署中，单链路的连接容易造成网络故障。为了保障网络的稳定，人们通常使用备份连接。

6.1 了解网络冗余

保障骨干网络的稳定，使网络更加可靠，同时减少故障的重要方法就是"冗余"。在二层网络中进行冗余设计主要是为了保证网络的高可用性和可靠性，当网络中的某个组件发生故障时，冗余设计可以确保网络通信不受影响，或者使影响最小化。

1. 单链路故障

图 6-2 所示为缺乏冗余设计的网络，接入交换机使用单链路上联汇聚交换机，存在单链路故障风险。如果单链路发生故障，则接入交换机下联设备将断网。为了保障骨干网络的稳定，需要在由多台交换机组成的骨干网络中使用备份设备、备份连接，提高网络稳定性。

2. 冗余链路现象

备份连接也称为备份链路或冗余链路，冗余链路之间的交换机互相连接，形成一个环路，如图 6-3 所示，通过环路实现冗余。通过搭建冗余网络，使用冗余链路，可以提高核心网络的可靠性。当交换机之间的某条链路出现故障时，用户仍然可以通过冗余链路访问服务器，从而保证网络流量不会中断。

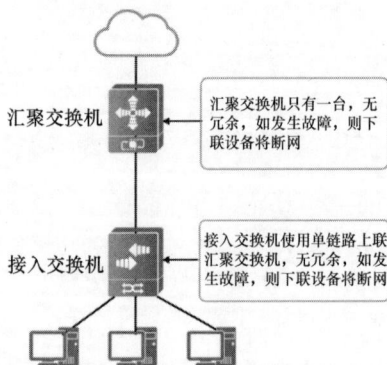

图 6-2　缺乏冗余设计的网络

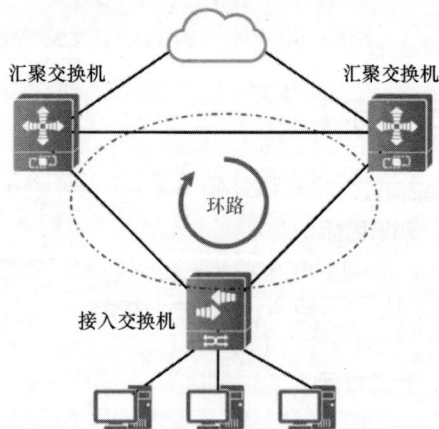

图 6-3　有冗余链路的环路

3. 冗余网络问题

在网络中部署冗余链路可以提高网络稳定性。但是冗余链路使物理网络形成了环路，而环路容易引起广播风暴、多帧复制和 MAC 地址表抖动等问题，导致网络不可用。

（1）广播风暴

默认情况下，交换机对收到的未知单播帧、广播帧都通过广播方式发送。如果网络存在环路，广播消息在网络中被循环转发，就会形成广播风暴。广播风暴形成过程如图 6-4 所示。广播风暴会导致交换机出现超负荷运转现象，如 CPU 过度使用、内存耗尽、带宽耗尽等）。

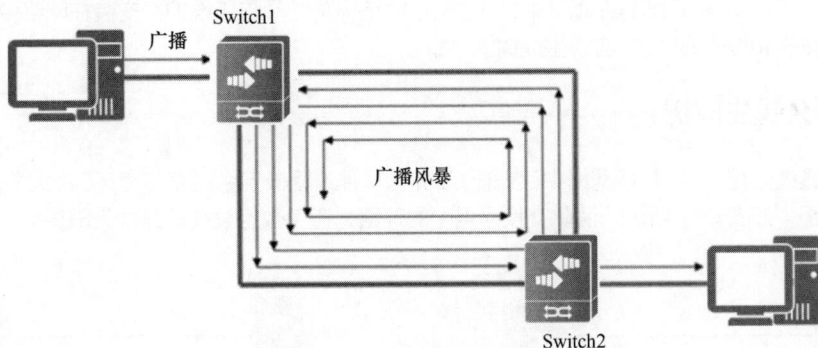

图 6-4　广播风暴形成过程

（2）多帧复制

多帧复制是指目的计算机收到某个数据帧的多个副本，这不仅浪费计算机资源，还导致计算机的上层协议会进行多次解析，增加网络时延。多帧复制形成过程如图 6-5 所示。

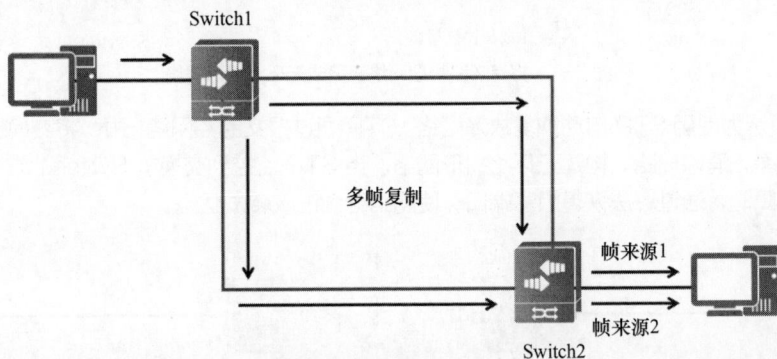

图 6-5　多帧复制形成过程

（3）MAC 地址表抖动

MAC 地址表抖动是 MAC 地址表不稳定的表现，其是由相同的帧副本在交换机的两个不同端口反复刷新 MAC 地址表引起的，其过程如图 6-6 所示。MAC 地址表抖动会导致交换机将资源消耗在处理不稳定的 MAC 地址表上，使数据转发功能被削弱。

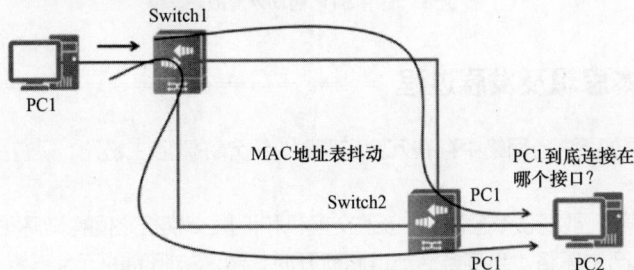

图 6-6　MAC 地址表抖动过程

6.2 了解生成树技术

安装在网络中的交换机默认启用生成树协议（Spanning-Tree Protocol，STP），STP通过算法把网络中的冗余端口阻塞（Blocking），将有环路物理网络修剪成无环路树形网络。通过桥接协议数据单元（Bridge Protocol Data Unit，BPDU）实现网络环路的预防和维护。安装在网络中的所有交换机都会通过发送和接收BPDU实现生成树的选举。

1. 什么是生成树

生成树通过运行STP判断网络中存在环路的位置，通过阻断冗余链路将有环路物理网络修剪成无环路树形网络，如图6-7所示，消除交换网络中的环路，避免数据帧在环路中无限循环。

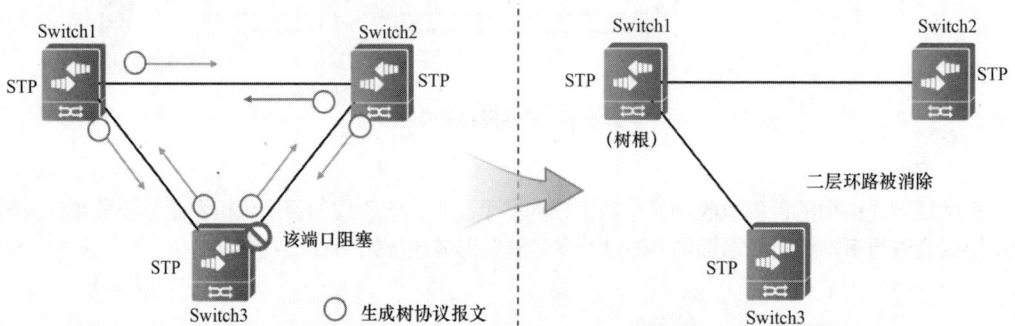

图 6-7 将有环路物理网络修剪成无环路树形网络

图6-8所示为使用STP自动恢复故障网络。STP通过报文监控网络拓扑，将交换机Switch3上的一个接口阻塞，消除环路，构建无环路树形网络。当STP监控到交换机Switch1与Switch3之间的链路出现故障时，通过算法恢复阻塞端口，使网络继续进入转发状态。

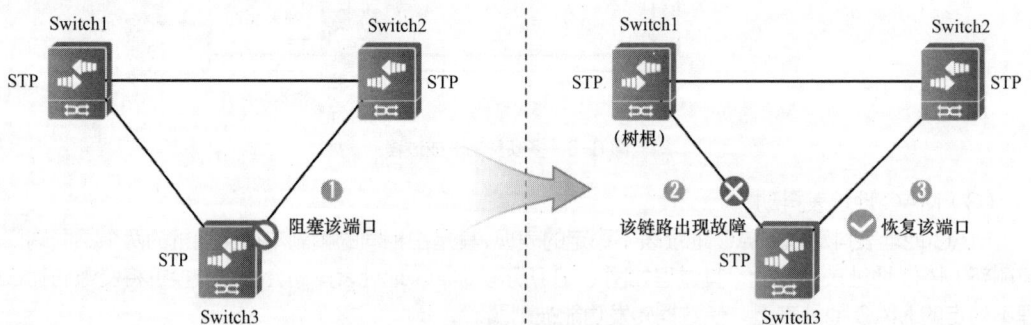

图 6-8 使用STP自动恢复故障网络

2. STP基本思想及发展过程

STP的基本思想如下：当网络中存在冗余链路时，只允许激活主链路；只有主链路因故障断开时，才会激活冗余链路。

图6-9所示为某校园网冗余链路，在接入交换机和汇聚交换机之间构建环形网络。通过STP将冗余链路阻断，避免产生环路。当某条活动链路断开时，激活被阻断的冗余链路，恢复网络的连通。

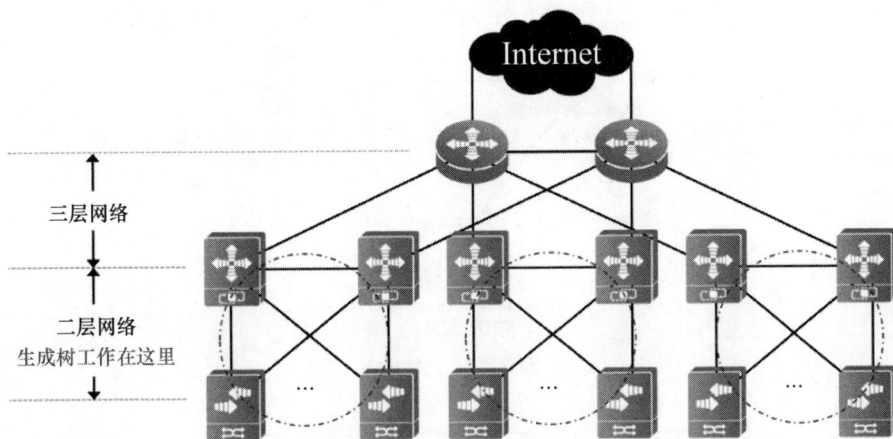

图 6-9 某校园网冗余链路

生成树经局域网/城域网标准委员会修订，现共有 3 代生成树协议，分别如下。

① 第 1 代生成树协议：STP/RSTP。

② 第 2 代生成树协议：PVST/PVST+协议（思科私有协议）。

③ 第 3 代生成树协议：MISTP/MSTP。

3. 生成树技术的基本概念

自然生长的树不会出现环路，如果网络也能像树一样生长（扩展），则不会出现环路。STP 通过定义桥 ID（Bridge ID，BID）、根桥（Root Bridge）、根端口（Root Port）、指定端口（Designated Port）、端口 ID（Port ID）、路径开销（Path Cost）等技术，构造一棵自然生长的树，消除网络中的冗余链路，实现环路消除效果。下面对生成树技术中的常用概念进行介绍。

（1）桥 ID

运行 STP 的交换机都有一个桥 ID。桥 ID 由 2 字节网桥优先级和 6 字节网桥 MAC 地址构成，如图 6-10 所示。

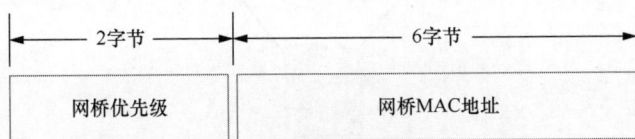

图 6-10 桥 ID 的构成

（2）根桥

STP 可在交换网络中计算出一个无环树形网络。树形网络必须有树根。根桥就是一个树形网络中的"树根"。根桥定期向外发送 BPDU 帧，其他设备仅对 BPDU 帧进行接收和处理，更新拓扑变化记录，保证拓扑的稳定。在桥 ID 比较的过程中，桥 ID 最小的设备被选举为根桥，如图 6-11 所示。

（3）端口 ID

端口 ID 也参与决定到达根桥的路径。由 1 字节的端口优先级和 1 字节的端口编号组成 2 字节的端口 ID，如图 6-12 所示。其中，端口优先级（取值范围为 0~255）默认值是 128，值越小表示端口优先级越高；如果端口优先级相同，则端口编号越小表示端口优先级越高。

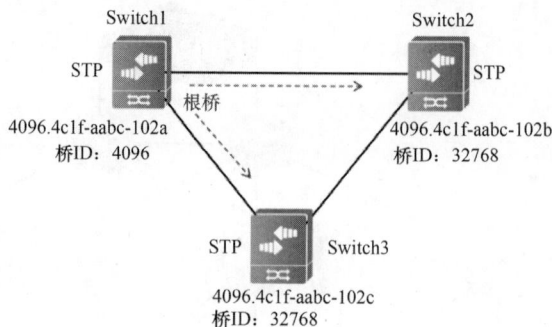

图6-11 选举根桥

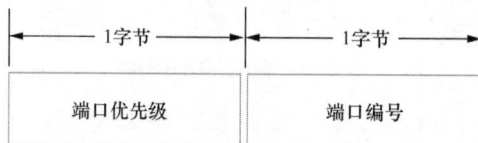

图6-12 端口ID

（4）路径开销

交换机端口都有一个端口开销（Port Cost），用于计算到达根桥的路径开销。路径开销与网络速率有关，带宽越大，路径开销就越小。图6-13所示为计算到达根桥的路径开销。其中，交换机 Switch3 从左侧链路出发到达根桥的路径开销为20000；从右侧链路出发到达根桥的路径开销为20000+500，因此，从右侧链路出发到达根桥的路径开销大。

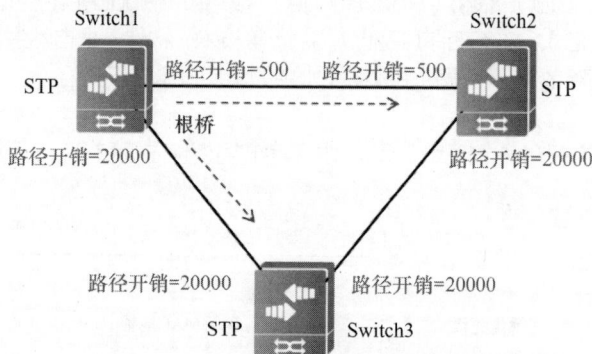

图6-13 计算到达根桥的路径开销

STP 的网络计算过程依赖路径开销。表6-1所示为修订前后的 IEEE 802.1D 路径开销，其和链路带宽相关。

表6-1 修订前后的 IEEE 802.1D 路径开销

链路带宽	IEEE 802.1D 路径开销（修订前）	IEEE 802.1D 路径开销（修订后）
10 Gbit/s	1	2
1000 Mbit/s	1	4
100 Mbit/s	10	19
10 Mbit/s	100	100

4. BPDU

STP 利用 BPDU 在交换机之间传递信息，动态调整网络拓扑，确保网络中没有环路，同时提供了路径冗余，以备不时之需。

（1）什么是 BPDU 帧

交换机之间会周期性（周期一般为 2s）地交换生成树消息，并将消息封装在 BPDU 中，该 BPDU 也称为配置 BPDU 帧。其中，网桥是早期的交换机。BPDU 帧是二层报文帧，其目的 MAC 地址是多播地址 01-80-C2-00-00-00，所有交换机都可以接收并处理 BPDU 帧。

（2）BPDU 帧类型

交换机之间通过传递 BPDU 消息完成生成树计算。其中，BPDU 帧消息分为两种：配置 BPDU（Configuration BPDU）和拓扑变更通知 BPDU（Topology Change Notification BPDU, TCN BPDU）。

① 配置 BPDU

交换机使用配置 BPDU 选举根桥和端口角色，图 6-14 所示为配置 BPDU 格式。

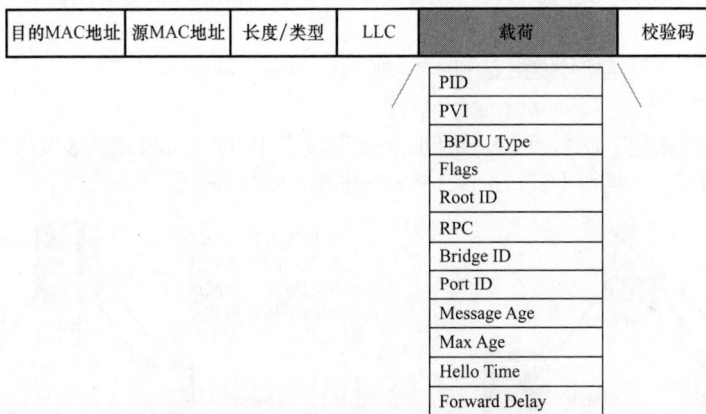

图 6-14　配置 BPDU 格式

其中，载荷（Payload）部分的各项字段说明如表 6-2 所示。

表 6-2　载荷部分的各项字段说明

字节	字段	说明
2	PID	协议 ID，对于 STP 而言，该字段值为 0
1	PVI	协议版本 ID，对于 STP 而言，该字段值为 0
1	BPDU Type	BPDU 类型，值为 0x00 时，表示配置 BPDU；值为 0x80 时，表示 TCN BPDU
1	Flags	标志位，STP 使用该字段的最高及最低 2 位，最低位是拓扑变更（Topology Change，TC）标志，最高位是拓扑变更确认（Topology Change Acknowledgment，TCA）标志
8	Root ID	根桥 ID
4	RPC	根路径开销（Root Path Cost），表示通向根桥的所有路径开销之和
8	Bridge ID	BPDU 发送的桥 ID
2	Port ID	BPDU 发送桥 ID 的端口 ID（端口优先级+接口编号）
2	Message Age	当前消息寿命，从根桥发出 BPDU 后的秒数，每经过一台网桥，秒数减 1
2	Max Age	最大寿命，默认为 20s。当一段时间未收到任何 BPDU，生存期达到最大寿命时，交换机认为该端口连接链路发生故障

续表

字节	字段	说明
2	Hello Time	根桥连续发送的 BPDU 之间的时间间隔，默认为 2s
2	Forward Delay	转发延迟，在侦听和学习状态所停留的时间间隔，默认为 15s，由延迟计时器控制

以下 3 种情况通常会需要配置 BPDU。

a. 启用生成树，配置 BPDU 按照 Hello Time 规定时间从指定端口发出。

b. 当根端口收到配置 BPDU 时，如果该配置 BPDU 的优先级比自己的 BPDU 的优先级高，将根据收到的 BPDU 帧消息更新配置 BPDU 内容并从指定端口向下游发送该配置 BPDU；否则，丢弃该配置 BPDU。

c. 当指定端口收到优先级低于自身配置 BPDU 的 BPDU 时，立刻向下游发送自己的 BPDU。

② TCN BPDU

在二层网络发生变化时，TCN BPDU 用来缩短 MAC 地址表的刷新时间（由默认的 300s 缩短为 15s）。TCN BPDU 报文格式与配置 BPDU 报文格式相同，但 TCN BPDU 报文格式中的载荷部分只有 Protocol Indentifier（协议 ID）、Protocol Version Indentifier（协议版本）和 BPDU Type（BPDU 类型）。

TCN BPDU 只在网络拓扑发生变化时才被触发，通常有如下两种情况。

a. 端口状态变为转发（Forwarding）状态。

b. 在下游拓扑发生变化时，TCN BPDU 向上游发送 TCN，TCN 最终被发送到根节点，即指定端口收到 TCN BPDU，复制 TCN BPDU 并发往根桥，如图 6-15 所示。

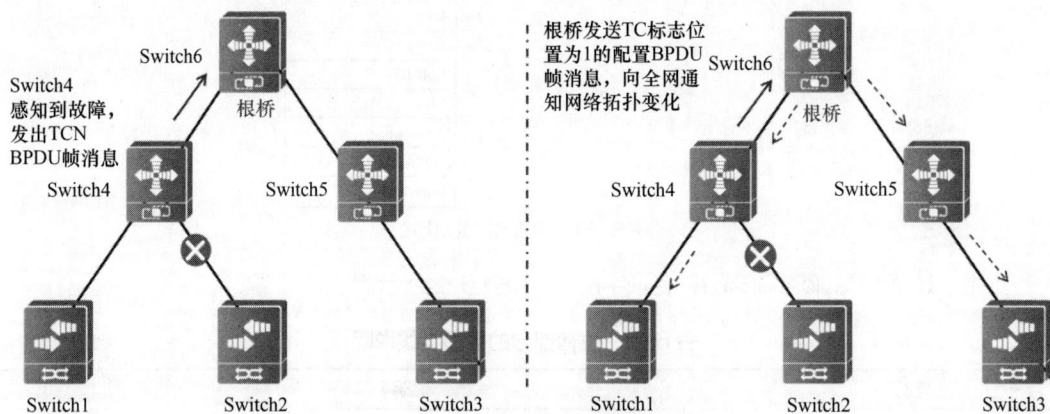

图 6-15　TCN BPDU 应用场景

（3）使用 BPDU 帧选举生成树

图 6-16 所示为配置 BPDU 消息交换过程。依据 BPDU 帧中最关键的字段，包括根桥 ID、根路径开销、桥 ID 和端口 ID，可以得到以下结果。

① 在本网中，选择一台交换机作为根桥，确定每台交换机上的根端口。

② 每台交换机都计算到达根桥的最短路径。

③ 除根桥外，每台交换机都有一个根端口，用于提供到达根桥端口的最短路径。

④ 每个局域网都有指定交换机（Designated Bridge），其位于该局域网与根交换机之间的最短路径上。指定交换机和局域网相连的端口称为指定端口。

⑤ 根端口和指定端口进入转发状态。

⑥ 其他冗余端口处于阻塞状态。

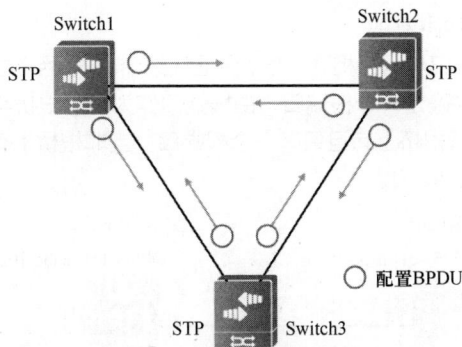

图 6-16　配置 BPDU 消息交换过程

6.3　了解 STP

安装在网络中的交换机默认启用 STP，以阻塞网络中的冗余端口，将有环路物理网络修剪成无环路树形网络。

1. 什么是 STP

为了解决环路网络带来的问题，局域网/城域网标准委员会制定了第一代 STP，被收录在 IEEE 802.1D 标准中。通过 STP 在有环路物理网络中建立树形拓扑结构，可以防止网络中的冗余链路形成环路。STP 在备份交换机之间传递 BPDU 消息，按照树的结构构造网络拓扑，消除网络中的环路，避免由于环路的存在而引起广播风暴问题。

2. STP 工作过程

在 IEEE 802.1D 标准中，STP 工作过程可以被归纳为以下步骤。

（1）选举一个根桥

STP 交换机在启动后，会在发送给其他交换机的 BPDU 中宣告自己为根桥。当交换机收到其他设备发来的 BPDU 时，会比较 BPDU 中的根桥 ID 和自己的桥 ID，选举桥 ID 最小的交换机为根桥，其他为非根桥。如图 6-17 所示，在交换机的优先级相等的情况下，通过比较，优选具有最小 MAC 地址的 Switch1 为根桥，其他为非根桥。

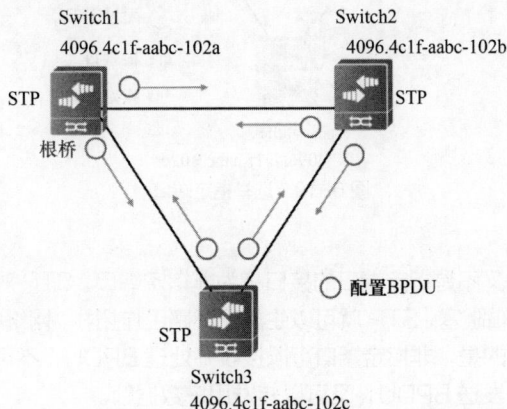

图 6-17　选举根桥

（2）在非根桥上选举一个根端口

一个非根桥上会有多个端口与网络相连，为了保证从某个非根桥到达根桥的工作路径最优且唯一，就必须从该非根桥上的端口中确定一个根端口，由根端口作为该非根桥与根桥之间进行报文交互的端口，如图 6-18 所示。每个非根桥上有且只有一个根端口。当非根桥上有多个口与网络相连时，根端口是其收到最优配置 BPDU 的接口。

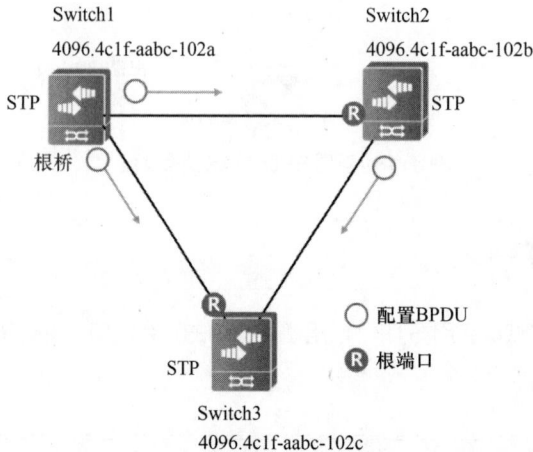

图 6-18　选举根端口

（3）在每条链路上选举一个指定端口

每条链路上都需要选举一个指定端口，用于向这条链路发送 BPDU 消息。其中，根桥的所有接口都是指定端口，如图 6-19 所示。根端口被选举出以后，非根桥使用根端口收到的最优 BPDU 来计算和更新生成树信息。对计算得到的配置 BPDU 与除根端口之外所有端口收到的配置 BPDU 进行比较：如果前者更优，则该接口为指定端口；如果后者更优，则该接口为非指定端口。

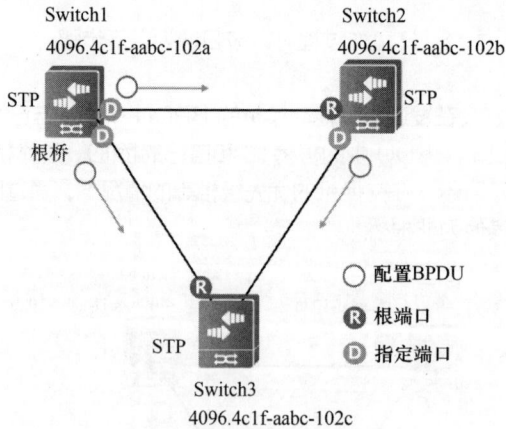

图 6-19　选举指定端口

（4）阻塞非指定端口

交换机上既不是根端口又不是指定端口的接口称为非指定端口。STP 对这些非指定端口进行逻辑阻塞。一旦非指定端口被逻辑阻塞，STP 就可以生成无环路工作拓扑，网络中的二层环路就此被消除，如图 6-20 所示。需要注意的是，非指定端口可以接收并处理 BPDU，不可以转发用户数据帧；根端口和指定端口既可以接收及发送 BPDU，又可以转发用户数据帧。

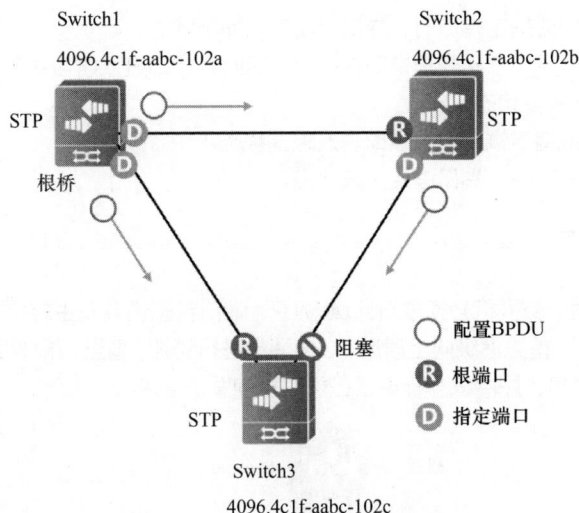

图 6-20　阻塞非指定端口

3. STP 端口状态

（1）两种 STP 端口角色

启用 STP 的设备存在两种 STP 端口角色：根端口和指定端口。所有设备启用 STP 后，都认为自己是根桥。通过交换配置 BPDU 消息比较桥 ID，桥 ID 最小的设备被选举为根桥。

非根桥将接收最优配置 BPDU 消息，在其上选举路径开销最小的端口为根端口。根交换机上的所有端口都是指定端口，非根桥根据根端口的配置 BPDU 消息和根端口路径开销选择开销最小的端口为指定端口。

（2）STP 端口状态

当交换机启动后，所有端口从初始化状态进入阻塞状态，侦听 BPDU 帧的到来。在 STP 计算中，端口具有 5 种状态，分别为阻塞（Blocking）、侦听（Listening）、学习（Learning）、转发（Forwarding）和失效（Disabled）。

在 STP 选举中实现端口状态转换，图 6-21 所示为每种端口状态转换内容。

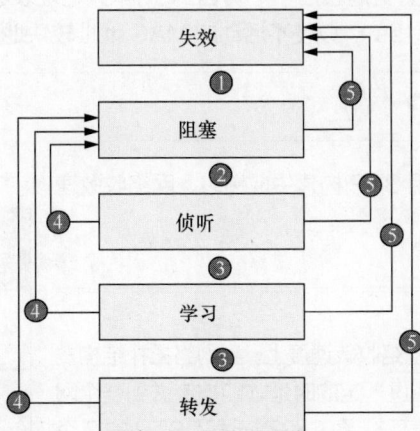

图 6-21　每种端口状态转换内容

① 端口被初始化或激活时，端口自动进入阻塞状态。

② 端口被选举为根端口或指定端口时，端口自动进入侦听状态。

③ 延迟计时器超时，且端口依然为根端口或指定端口时，端口进入学习状态。待网络拓扑稳定，端口正常工作时，端口进入转发状态。

④ 端口不再是根端口或指定端口时，端口进入阻塞状态。

⑤ 端口被禁用或链路失效时，端口进入失效状态。

4. STP 拓扑变更

当网络拓扑发生变更时，交换机必须重新计算 STP，端口状态也会发生转换。如图 6-22 所示，下游交换机发现拓扑改变时，首先逐级向上通过 TCN 消息进行通知，直至根桥收到 TCN 消息；此后，根桥向全网发出拓扑变更消息，图中编号标识了各类消息的发送顺序。

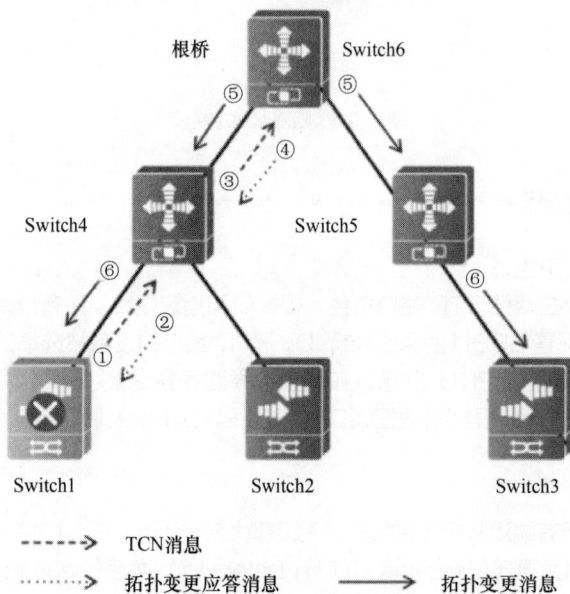

图 6-22　STP 拓扑变更

所有下游交换机得到拓扑变更消息后，把各自的 MAC 地址表老化时间从默认值 300s 降为 Forward Delay 时间（默认为 15s），以使不活动的 MAC 地址较快地从 MAC 地址表中删除。

6.4　了解 RSTP

随着网络规模的扩大，使用 STP 构建生成树时，网络收敛速度慢的问题逐渐凸显。

1. STP 的局限性

STP 的局限性主要表现在网络收敛速度上：当网络拓扑结构发生变化时，新的 BPDU 帧要经过一定的时延才能被传送到整个网络，导致网络中仍可能存在临时环路。图 6-23 描述了 STP 的 3 个计时器。在网络收敛的过程中，STP 至少需要 50s 才能使网络恢复正常，而这样的时长在网络应用中是不可忍受的。

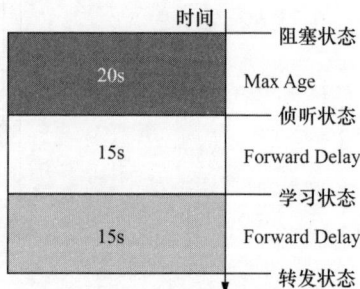

图 6-23　STP 的 3 个计时器

2. 什么是 RSTP

快速生成树协议（Rapid Spanning-Tree Protocol，RSTP）是 STP 的改进版本，被收录在 IEEE 802.1W 标准中。在网络拓扑发生变化时，RSTP 只需要 1s 即可完成网络收敛。RSTP 具有如下突出特点。

① 如果拓扑变化由根端口引起，且有一个备用端口被选举为新根端口，那么故障恢复时间就是根端口切换时间，无须时延。

② 如果拓扑变化由指定端口引起，且有一个备用端口被选举指定端口，那么故障恢复时间就是一次握手时间。

③ 如果拓扑变化由边缘端口（Edge Port，EP）引起，则无须时延。

3. RSTP 的改进之处

RSTP 在 STP 的基础上进行了 3 点改进，使得网络收敛在 1s 以内完成。

① 在物理拓扑结构或参数发生变化时，除根端口和指定端口外，RSTP 中新增了两种端口角色，即替换端口（Alternate Port，AP）和备份端口（Backup Port，BP），并用它们取代阻塞端口。当根端口或指定端口失效时，替换端口或备份端口立即无时延进入转发状态。

图 6-24 所示为 RSTP 中的端口角色，其中，替换端口为当前从根端口到根桥的连接提供了替代路径；备份端口提供了到达同段网络的备份路径，该路径是网段的冗余连接。

② 根据端口双工模式确定链路连接类型。在点对点链路中，指定端口与下游交换机进行一次握手，并立即进入转发状态。RSTP 将全双工端口当作点对点链路，以实现网络快速收敛。

③ 将直接与终端相连的端口定义为边缘端口，边缘端口直接进入转发状态。一旦边缘端口收到 BPDU 帧消息，其将立即转变为普通 RSTP 端口。由于交换机无法知道端口是否直接与终端相连，因此需要人工配置交换机端口角色。

当网络拓扑发生变化时，RSTP 通过 Proposal/Agreement（P/A）机制快速恢复网络连通。

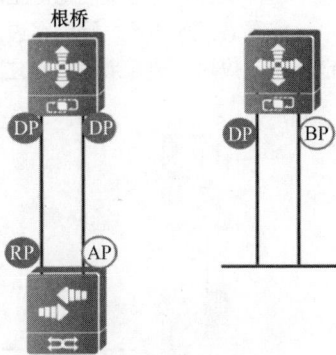

图 6-24 RSTP 中的端口角色

综上，RSTP 共有 4 种端口角色：根端口、指定端口、替换端口和备份端口。其中，备份端口是指定端口的备份，当交换机上有两个端口都连接在一个网段时，高优先级端口为指定端口，低优先级端口为备份端口。

4. RSTP 端口状态

STP 有 5 种端口状态，RSTP 将端口状态减为 3 种：丢弃、学习和转发。这 3 种状态实现的功能如下。

① 丢弃状态：端口既不转发用户流量，又不学习 MAC 地址。

② 学习状态：端口不转发用户流量，但是学习 MAC 地址。

③ 转发状态：端口既转发用户流量，又学习 MAC 地址。

表 6-3 所示为 RSTP 与 STP 中各种状态和端口角色的对应关系。

表6-3　RSTP 与 STP 中各种状态和端口角色的对应关系

STP 端口状态	RSTP 端口状态	端口在拓扑中的角色
转发	转发	包括根端口、指定端口
学习	学习	包括根端口、指定端口
侦听		包括根端口、指定端口
阻塞	丢弃	包括替换端口、备份端口
失效		包括失效端口

在 RSTP 中，根端口和指定端口具有重要作用。在网络稳定时，根端口和指定端口处于转发状态，而替换端口和备份端口处于丢弃状态。

RSTP 依赖于"桥握手"机制，而不是 STP 中根桥指定的计时器，因此 RSTP 可以实现整个网络的快速收敛。RSTP 利用交换机不断发送 BPDU 帧，保持本地连接，使得 STP 的 Forward Delay 和 Max Age 定时器变得多余。

RSTP 对 BPDU 帧的处理方式也和 STP 的不同，每台交换机周期性（周期默认为 2s）生成并发送 BPDU 帧，即使交换机没有从根桥收到任何 BPDU 帧。如果交换机连续 3 个周期都没有收到任何 BPDU 消息，则 BPDU 帧将超时，而不被予以信任，交换机认为其自身丢失到达相邻交换机的连接。这种快速老化方式使得链路故障能够被快速检测，进而快速排除故障。

如图 6-25 所示，网络经过 RSTP 收敛后形成无环网络，如果 Switch1 和 Switch2 之间的活动链路出现故障，则冗余链路会立即产生作用，形成图 6-26 所示的网络拓扑。

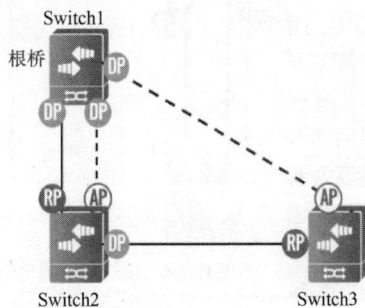

图 6-25　经过 RSTP 收敛的网络拓扑

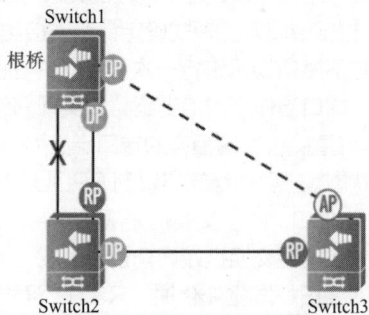

图 6-26　交换机之间的活动链路出现故障时的网络拓扑

如果 Switch2 和 Switch3 之间的活动链路也出现故障，Switch3 就会自动把替换端口变为根端口，进入转发状态，形成图 6-27 所示的网络拓扑。

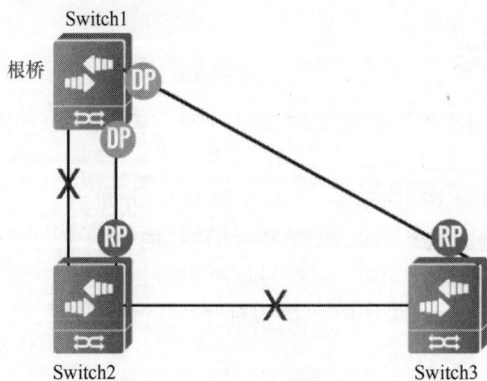

图 6-27　Switch2 和 Switch3 之间的活动链路也出现故障时的网络拓扑

此外,在 STP 中,TCN 先被单独传送给根桥,再被传送到其他交换机。通过接收 STP 的 TCN,交换机的 MAC 地址表条目会快速老化,不考虑交换机转发是否会被影响。RSTP 则恰恰相反,其明确通知交换机接收 TCN 端口学习到的条目。TCN 特性的这种改变,大大降低了在网络拓扑变化中丢失 MAC 地址的可能性。

6.5 配置生成树

交换机默认启用第三代生成树协议,通过配置如下参数,可以提高生成树的管理效率。

1. 生成树字段的默认配置

配置 STP 需要了解相关生成树字段,表 6-4 列出了生成树字段的默认配置。

表 6-4 生成树字段的默认配置

字段	默认配置
Enable State	Disable,不启用 STP
STP Priority	32768
STP Port Priority	128
STP Port Cost	根据端口速率自动判断
Hello Time	2s
Forward Delay	15s
Max Age	20s
Link Type	根据端口双工状态自动判断

2. 配置生成树

① 交换机默认启用生成树。用户可以使用如下命令启用生成树,使用"no"选项关闭生成树。
```
Switch(config)#spanning-tree
Switch(config)#no spanning-tree
```
② 交换机默认启用第三代生成树协议,使用如下命令修改生成树类型。
```
Switch(config)#spanning-tree mode { stp | rstp | mstp }
```
③ 配置交换机优先级。交换机优先级(0~61440)与根交换机选举有关,优先级值有 16 个,都为 4096 的倍数,默认值为 32768。在全局配置模式下,使用如下命令修改优先级。
```
Switch(config)#spanning-tree priority < 0 - 61440 >
```
通常把核心交换机优先级设置为最小值,使其被选举为根桥,这样有利于保障网络稳定。
④ 配置端口优先级。共享介质上有多个端口,交换机选择优先级高的端口进入转发状态,低优先级的端口进入丢弃状态。如果优先级相同,则选择编号小的端口进入转发状态。可配置的端口优先级值有 16 个,都为 16 的倍数,默认值为 128。在端口配置模式下,使用如下命令修改优先级。
```
Switch(config-if)#spanning-tree port-priority < 0-240 >
```
⑤ 配置 Port Fast 端口。如果交换机某端口接入终端,则该端口经过 2 个 Forward Delay 才能进入转发状态(侦听和学习状态,共计 30s)。用户可以将接入终端的端口配置为 Port Fast,这样该端口就会跳过 30s 等待时间,直接进入转发状态,具体命令如下。

```
Switch(config)#interface GigabitEthernet 0/1
Switch(config-if)#spanning-tree portfast
```

⑥ 配置 BPDU Guard 端口。如果一个不应该接收 BPDU 的端口（如 Port Fast 端口）收到了 BPDU，则表明可能有交换机被错误地接入该端口。此时，若该端口启用了 BPDU Guard，交换机会自动将该端口置为 Error-disabled 状态。在接口配置模式下，配置如下命令可以为端口启用 BPDU Guard。

```
Switch(config-if)#spanning-tree bpduguard enable
```

使用 "errdisable recovery interval 300s" 命令可以恢复被关闭的端口。

⑦ 查看生成树配置。

```
Switch#show spanning-tree                      ! 查看交换机上运行生成树实例的状态
Switch#show spanning-tree interface interface-id  ! 显示端口生成树信息
```

6.6 了解 MSTP

随着网络技术的发展，VLAN 技术得到了广泛应用。在传统的 STP 和 RSTP 中，所有的 VLAN 共享一个生成树实例，这意味着无法实现基于 VLAN 的流量负载均衡。多生成树协议（Multiple Spanning-Tree Protocol，MSTP）允许每个 VLAN 运行在不同的生成树实例上，从而实现了基于 VLAN 的流量负载均衡。

1. 单生成树的局限性

随着 VLAN 技术的大规模应用，早期开发的生成树协议逐渐暴露出其局限性。

（1）无法实现负载分担

网络中 VLAN 的存在造成了网络的隔离，其中骨干链路的左侧链路为主干链路，右侧链路处于备份状态，RSTP 无法实现负载分担，如图 6-28 所示。如果能让部分 VLAN 的流量全通过左侧链路转发，其余 VLAN 的流量全通过右侧链路转发，则可实现骨干链路的负载均衡，进而平衡网络流量。

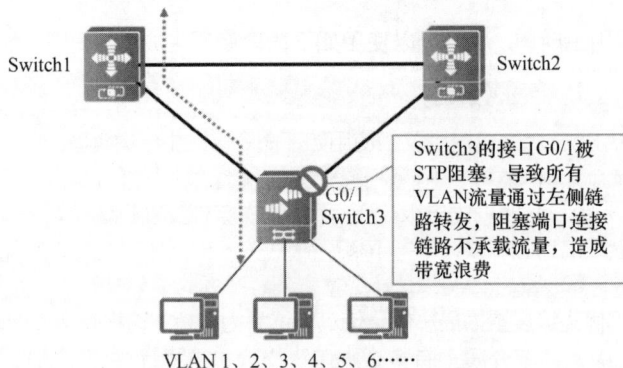

图 6-28　RSTP 无法实现负载分担

（2）造成 VLAN 网络不通

如图 6-29 所示，由于 RSTP 不能在 VLAN 之间传递 BPDU 消息，造成图中位于下方的交换机上的不同 VLAN 的所有上联端口都进入丢弃状态，导致这不同 VLAN 内的所有设备都无法与上联设备通信。

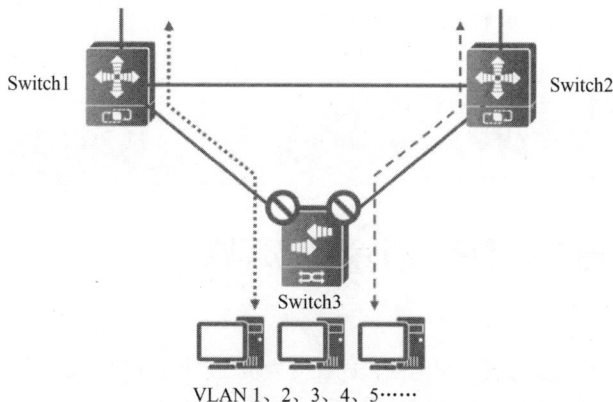

VLAN 1、2、3、4、5……
图 6-29　RSTP 造成 VLAN 不能通信

由于第一代生成树协议 IEEE 802.1D 和 IEEE 802.1W 中的 STP 和 RSTP 的生成树都是单生成树（Mono Spanning Tree，MST），即与 VLAN 技术无关，整个网络只根据网络拓扑结构生成单一树结构，因此当网络中出现 VLAN 技术时，就会造成无法传递生成树消息的网络出现故障。

2. MSTP 特点

MSTP 是在 IEEE 802.1S 标准中被定义的一种新型生成树协议，其提出了 VLAN 和生成树之间的"映射"思想，通过引入实例（Instance）技术，对 VLAN 与生成树进行映射。

实例是指由多个 VLAN 组成的集合，一个或若干个 VLAN 可以被映射到同一棵生成树中，但每个 VLAN 只能在单生成树中传播消息。通过把多个 VLAN 捆绑到一个实例中，可以降低在多生成树（Multiple Spanning Tree，MST）环境中传播 BPDU 消息的通信开销和资源占用率。

MSTP 中的各个实例拓扑结构需要独立计算，在这些实例上实现负载均衡。在使用时，用户可以把多个相同拓扑结构的 VLAN 映射到一个实例上，这些 VLAN 在端口上的转发状态取决于对应实例在 MSTP 中的状态。

相比第一代生成树协议 STP 和 RSTP，MSTP 既能像 RSTP 一样快速收敛，又能实现基于 VLAN 的流量负载均衡，其优势非常明显。MSTP 的主要目的是减少与网络拓扑结构相匹配的生成树实例的总数，进而缩短交换机 CPU 周期，既发挥单生成树具有的计算简单的优点，又减少网络设备的消耗，并且可以拥有多棵生成树。

3. 配置 MSTP

① 交换机默认启用生成树协议，如果生成树协议被关闭，则可以使用如下命令将其启用。

```
Switch(config)#spanning-tree                    ! 启用生成树
Switch(config)#spanning-tree mode mstp          ! 选择生成树模式为 MSTP
```

② 进入 MSTP 配置模式，配置 MSTP 字段。

```
Switch(config)#spanning-tree mst configuration  ! 进入配置模式
Switch(config-mst)#instance instance-id vlan vlan-range
! 配置 VLAN 与生成树实例映射
Switch(config-mst)#name ABC                     ! 配置 MST 域的名称
Switch(config-mst)#revision 1                   ! 配置 MST 域的修正号，默认值为 0
Switch(config)#spanning-tree mst instance priority 0
! 配置 MST 实例的优先级
```

③ 使用如下命令，查看 MSTP 生成树的配置信息。

```
Switch#show spanning-tree                          ! 查看生成树配置信息
Switch#show spanning-tree mst configuration        ! 查看 MSTP 配置信息
Switch#show spanning-tree mst instance             ! 查看特定实例信息
Switch#show spanning-tree mst instance interface   ! 查看实例状态
```

【项目实训】配置 RSTP，消除网络环路

【项目规划】

根据初期规划和实际施工需要，某电商公司在交换机 Switch1、Switch2、Switch3 互联的基础上增加备份设备 Switch4，实现核心网络备份。该公司还通过配置 RSTP 实现全网防环，并且将部分边缘端口阻塞，配置根桥保护，以优化生成树效率。

【实训过程】

1. 组建网络场景

图 6-30 所示为某电商公司核心网络增加备份设备后的拓扑，按该拓扑组建网络。推荐使用锐捷 EVE 模拟器完成以下实训。

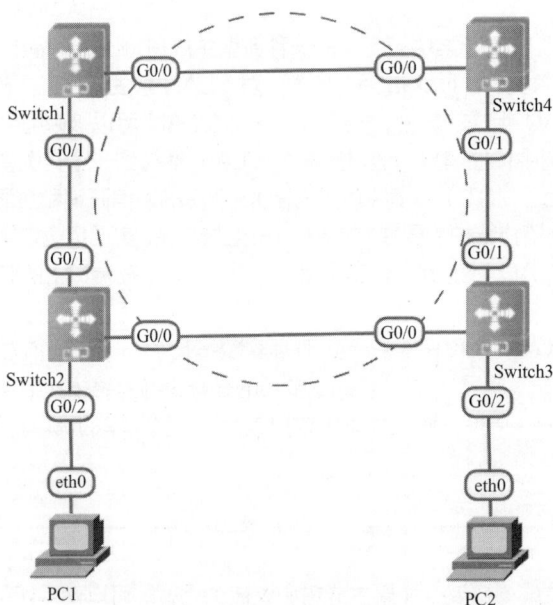

图6-30　某电商公司核心网络增加备份设备后的拓扑

2. 配置全部交换机的 RSTP 模式

① 配置核心交换机 Switch1 的 RSTP 工作模式。

```
Ruijie>enable                                  ! 进入用户模式，默认密码为 ruijie
Ruijie#configure                               ! 进入全局配置模式
Ruijie(config)#hostname Switch1                ! 修改设备名称为 Switch1
Switch1(config)#spanning-tree                  ! 启用生成树协议（默认启用）
Switch1(config)#spanning-tree mode rstp        ! 设置交换机为 RSTP 模式
Switch1(config)#spanning-tree priority 4096    ! 配置优先级
```

② 配置汇聚交换机 Switch2 的 RSTP 工作模式。

```
Ruijie>enable                          ! 进入用户模式，默认密码为 ruijie
Ruijie#configure                       ! 进入全局配置模式
Ruijie(config)#hostname Switch2        ! 修改设备名称为 Switch2
Switch2(config)#spanning-tree          ! 启用生成树协议（默认启用）
Switch2(config)#spanning-tree mode rstp  ! 设置交换机为 RSTP 模式
```

③ 配置汇聚交换机 Switch3 的 RSTP 工作模式。

```
Ruijie>enable                          ! 进入用户模式，默认密码为 ruijie
Ruijie#configure                       ! 进入全局配置模式
Ruijie(config)#hostname Switch3        ! 修改设备名称为 Switch3
Switch3(config)#spanning-tree          ! 启用生成树协议（默认启用）
Switch3(config)#spanning-tree mode rstp  ! 设置交换机为 RSTP 模式
```

④ 配置核心交换机 Switch4 的 RSTP 工作模式。

```
Ruijie>enable                          ! 进入用户模式，默认密码为 ruijie
Ruijie#configure                       ! 进入全局配置模式
Ruijie(config)#hostname Switch4        ! 修改设备名称为 Switch4
Switch4(config)#spanning-tree          ! 启用生成树协议（默认启用）
Switch4(config)#spanning-tree mode rstp  ! 设置交换机为 RSTP 模式
```

3. 查看交换机的 RSTP 状态

① 查看核心交换机 Switch1 的 RSTP 工作状态。

```
Switch1#show spanning-tree      ! 查看生成树信息。限于篇幅，此处省略相关信息
StpVersion : RSTP               ! 启用的生成树，默认为 MSTP 模式
......
Priority: 4096                  ! 生成树的优先级
......
```

② 查看汇聚交换机 Switch2 的 RSTP 工作状态。

```
Switch2#show spanning-tree      ! 查看生成树信息。限于篇幅，此处省略相关信息
StpVersion : RSTP               ! 启用的生成树，默认为 MSTP 模式
......
Priority: 32768                 ! 生成树默认优先级
RootPort : GigabitEthernet 0/1  ! 根端口
......
```

③ 查看汇聚交换机 Switch3 的 RSTP 工作状态。

```
Switch3#show spanning-tree   ! 查看生成树信息。限于篇幅，此处省略相关信息
......
```

④ 查看核心交换机 Switch4 的 RSTP 工作状态。

```
Switch4#show spanning-tree   ! 查看生成树信息。限于篇幅，此处省略相关信息
......
```

4. 配置边缘端口

① 配置汇聚交换机 Switch2 的边缘端口（快速端口）。

```
Switch2#configure
Switch2(config)#interface GigabitEthernet 0/2
```

```
Switch2(config-if)#spanning-tree portfast              ! 启用边缘端口
Switch2(config-if)#spanning-tree bpduguard enable      ! 启用BPDU防护功能
Switch2(config-if)#end
Switch2#show spanning-tree interface G0/2              ! 查看边缘端口状态
……
```

说明：对于直接与终端相连的端口，需要将该端口设置为边缘端口，使该端口的状态可以快速转换为转发状态；同时，启用BPDU防护功能，即BPDU Guard，以便检测并禁用接收到BPDU报文的端口。如果交换机的端口接收到BPDU报文，则BPDU Guard将禁用该端口，以防止形成潜在的网络环路，这样可以保证网络的安全。

② 在边缘端口上配置BPDU过滤。

```
Switch3#configure
Switch3(config)#interface GigabitEthernet 0/2
Switch3(config-if)#spanning-tree portfast             ! 配置边缘端口
Switch3(config-if)#spanning-tree bpdufilter enable
! 配置BPDU过滤，防止在启用的Port Fast端口上接收和发送BPDU帧
Switch3(config-if)#spanning-tree bpduguard enable
! 启用BPDU防护功能，该端口不再接收BPDU帧
Switch3(config-if)#end
Switch3#show spanning-tree interface G0/2             ! 查看边缘端口状态
……
```

5. 配置根桥保护功能

在根交换机上配置根桥保护（Guard Root）功能，当指定端口收到一个比当前根桥更优的BPDU报文时，就把此端口的状态转换为Error-disable状态（在指定端口上），实现对根桥的保护。

```
Switch1#configure
Switch1(config)#int range GigabitEthernet 0/0-1
Switch1(config-if-range)#spanning-tree guard root     ! 启用根桥保护功能
Switch1(config-if-range)#end
Switch1#show spanning-tree int G0/0                   ! 查看端口上的生成树消息
……
PortGuardmode : Guard root                            ! 根桥保护功能生效
……
```

【项目小结】

本项目结合网络工程师工作岗位要求，系统讲解了生成树技术及其原理、BPDU相关知识。本项目介绍了STP/RSTP计算过程、STP/RSTP端口状态、MSTP组网技术，以及STP/RSTP/MSTP这3种生成树技术的特点。本项目还介绍了如何配置RSTP，消除核心网络环路；如何配置MSTP，实现核心网络负载均衡。

【素质提升】高效的团队协作

团队协作是现代职场中的基本工作方式。在团队中，每个成员都需要发挥自己的特长，同时与其他成员紧密协作，共同实现目标。其中，团队精神是大局意识、协作精神和服务精神的集中体现，其核心是协同合作，反映的是个体利益和整体利益的统一，进而保证组织的高效运转。高效的团队协作

并不要求团队成员牺牲自我，相反，挥洒个性、发挥特长有助于成员共同实现目标，明确的协作意愿和协作方式才会产生真正的内核力。

【认证测试】

单选题：下列每道试题都有多个选项，请选择一个最优的选项。

1. 生成树协议的主要目的是（　　）。
    A. 防止网络中的广播风暴　　　　　　　　B. 提高网络带宽
    C. 优化路由选择　　　　　　　　　　　　D. 增强网络安全

2. 使用 STP 时，拥有最小桥 ID 的交换机被选举为根桥。桥 ID 由（　　）组成。
    A. 2 字节端口 ID 和 6 字节网桥 MAC 地址
    B. 2 字节网桥优先级和 6 字节网桥 MAC 地址
    C. 6 字节端口 ID 和 2 字节网桥 MAC 地址
    D. 6 字节网桥优先级和 2 字节网桥 MAC 地址

3. 在一个网络中，如果存在环路，则可能会导致（　　）。
    A. 数据传输速率下降　　　　　　　　　　B. 网络延迟增加
    C. 广播风暴　　　　　　　　　　　　　　D. 数据包丢失

4. RSTP 定义的两种新增加的端口角色是（　　）。
    A. 指定端口、根端口　　　　　　　　　　B. 替换端口、备份端口
    C. 转发端口、阻塞端口　　　　　　　　　D. 阻塞端口、备份端口

5. 生成树协议通常在（　　）运行。
    A. 物理层　　　　　B. 数据链路层　　　　C. 网络层　　　　D. 传输层

6. 与 STP 相比，RSTP 的主要优势是（　　）。
    A. 更高的网络带宽　　　　　　　　　　　B. 更快的收敛速度
    C. 更强的安全性　　　　　　　　　　　　D. 更简单的配置

7. 在 RSTP 中，（　　）端口角色表示端口处于转发状态并且可以学习 MAC 地址。
    A. Discarded　　　　B. Learning　　　　C. Forwarding　　　　D. Blocking

8. RSTP 通过（　　）加快网络收敛速度。
    A. 引入边缘端口的概念　　　　　　　　　B. 缩短端口状态转换时间
    C. 增加端口角色类型　　　　　　　　　　D. 优化 BPDU 处理过程

9. MSTP 消除了 STP 和 RSTP 的（　　）局限性。
    A. 只能有一棵活动生成树　　　　　　　　B. 收敛速度较慢
    C. 无法消除环路　　　　　　　　　　　　D. 无法被扩展到大型网络

10. 在 STP 或 RSTP 中，（　　）会被选举为根端口。
    A. 具有最低优先级的端口　　　　　　　　B. 具有最高优先级的端口
    C. 到达根桥的路径开销最低的端口　　　　D. 到达根桥的路径开销最高的端口

项目7
聚合端口技术

07

【项目情景】

为了保障"双 11"顺利开展，某电商公司决定进一步加强对公司核心网络稳定性的保障，实现用户高速访问公司服务器。为此，公司网络工程师在核心交换机互联的骨干链路中增加了两条冗余链路，初期规划如图 7-1 所示，并配置了聚合端口，实施了基于源 MAC 地址的流量负载高速通信。

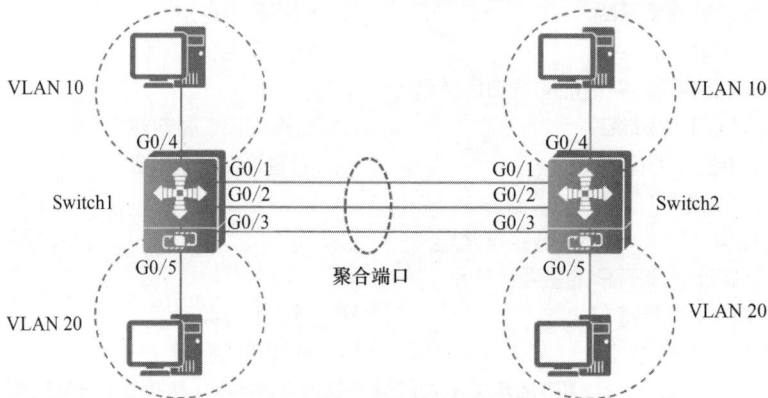

图 7-1 某电商公司核心交换机冗余链路初期规划

【项目目标】

本项目针对网络工程师工作岗位的岗位要求介绍聚合端口技术，实现以下项目目标。

1. 知识目标
（1）了解聚合端口技术，掌握端口聚合条件。
（2）区分静态聚合端口和动态聚合端口模式。
（3）了解聚合端口流量平衡。

2. 技能目标
（1）能够配置聚合端口。
（2）能够配置动态聚合端口。

3. 素质目标
（1）通过对核心带宽扩充知识的学习，让学生了解我国的"宽带中国"战略的发展历程，确立道路自信、理论自信、制度自信和文化自信。
（2）培养学生遵守教学秩序的意识，帮助学生养成按规范要求使用工具及仪器设备，实训中有序摆放线缆及设备，实训完成后及时整理现场等的习惯。

（3）培养学生友好沟通的能力，懂得团队协作；在小组实训中，做到项目明确、分工合理、落实到位、工作有序。

（4）培养学生在实训现场的安全意识，懂得安全操作知识，严格按照安全标准流程进行操作。

【知识准备】

以太网聚合端口（Aggregate Port，AP）技术简称聚合端口技术或者链路聚合技术，该技术用于将多个物理端口（指接口，行业内在表示端口聚合技术时常称端口）捆绑为一个逻辑端口，在不进行硬件升级的条件下，实现增加链路带宽的目的。

7.1 聚合端口技术

在骨干网络的建设中，通过大规模使用光纤技术可以提升骨干网络传输效率。但是，在很多无法布置光纤的环境中多采用冗余链路连接，实施聚合端口技术，进而实现传输链路上的带宽扩充。聚合端口如图 7-2 所示。

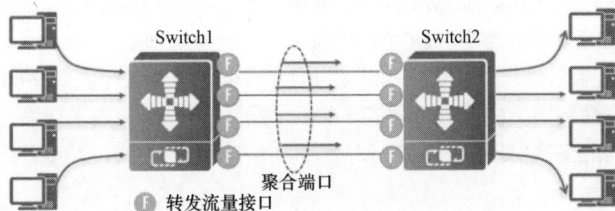

图 7-2　聚合端口

1. 什么是聚合端口

聚合端口技术把多个物理端口捆绑在一起，形成一个逻辑端口，该逻辑端口称为聚合端口。如图 7-3 所示，聚合端口由多个成员端口聚合而成，聚合端口的带宽最大可以达到 8 Gbit/s。

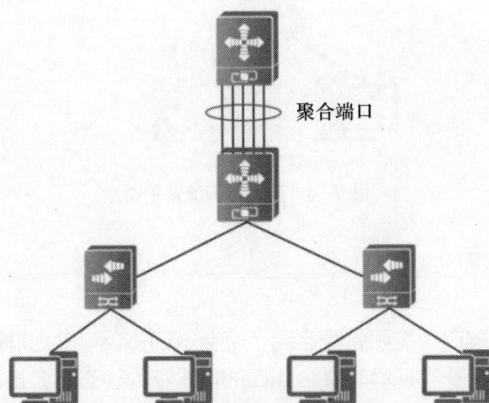

图 7-3　骨干链路的聚合端口

IEEE 于 1999 年制定了 IEEE 802.3ad 标准，该标准定义了将多条以太网链路的端口聚合为一个逻辑端口的技术，从而实现带宽叠加的效果。当某条活动链路出现故障时，流量自动切换到其他可用成员端口，通信不会中断，增强了网络的可靠性。

2. 端口聚合的条件

在使用以太网的聚合端口技术时，需满足以下条件。

① 聚合端口中各个成员端口的速率必须一致。

② 聚合端口中各个成员端口必须属于同一个 VLAN。

③ 聚合端口中各个成员端口的传输介质应相同。

④ 默认情况下，创建的聚合端口是二层聚合端口。

⑤ 一个二层物理接口只能加入二层聚合端口，一个三层物理接口只能加入三层聚合端口。

⑥ 在聚合端口上不能配置端口安全功能。

⑦ 当把端口加入一个不存在的聚合端口时，将自动创建该聚合端口。

⑧ 当一个二层物理端口加入聚合端口后，不能在该二层物理端口上进行任何配置，直到该二层物理端口退出聚合端口。

3. 聚合端口流量平衡

多个同类型端口聚合后，需要配置聚合端口流量平衡，实现传输过程中的流量平衡，即把流量平均地分配到聚合端口内的成员链路中。通常依据源 MAC 地址、目的 MAC 地址、源 MAC 地址和目的 MAC 地址的组合、源 IP 地址和目的 IP 地址的组合等多种方式进行流量平衡。如图 7-4 所示，在两台交换机之间设置聚合端口，由于服务器的 MAC 地址只有一个，为了在客户机与服务器之间实现流量平衡，连接服务器的交换机应依据目的 MAC 地址进行流量平衡，连接客户机的交换机应依据源 MAC 地址进行流量平衡。

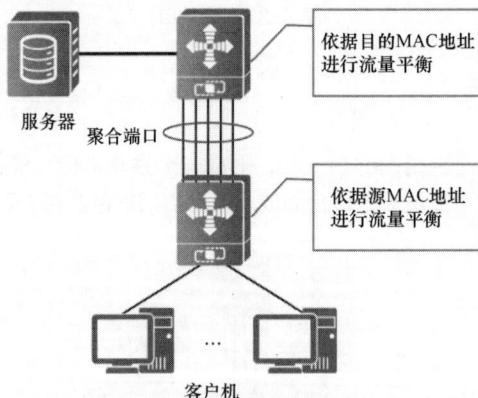

图 7-4　聚合端口流量平衡

4. 聚合端口模式

多条冗余链路上的聚合端口，按照是否启用了聚合端口协议可分为静态聚合端口和动态聚合端口两种模式。其中，通过手动配置实现静态聚合端口的技术称为静态聚合技术，而通过链路聚合控制协议（Link Aggregation Control Protocol，LACP）实现动态聚合端口的技术称为动态聚合技术。

7.2　静态聚合技术

在某些网络环境中，需要预先根据特定的需求和标准配置链路。通过手动配置多条链路提供冗余链路，可以防止单点故障。静态聚合技术允许网络工程师手动选择特定的链路进行聚合，从而实现固定的网络配置。

1. 什么是静态聚合

在静态聚合模式下配置的聚合组称为静态聚合组。在静态聚合模式下，由网络工程师手动建立聚合端口和加入成员端口。处于静态聚合模式下的聚合端口称为静态聚合端口。在静态聚合模式下，聚合端口组一旦配置完成，端口的选中/非选中状态都不受网络环境影响，聚合端口组状态稳定，如图7-5所示。

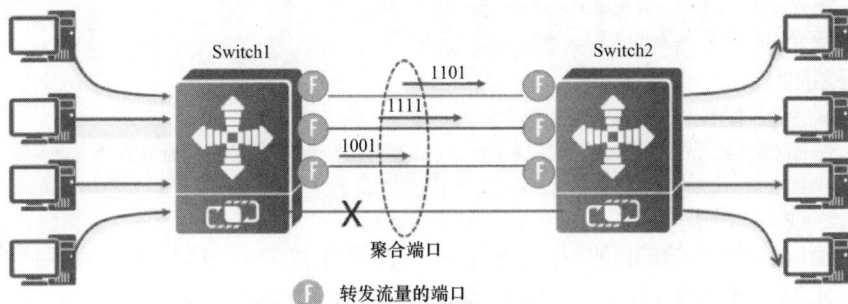

图 7-5　静态聚合模式

2. 静态聚合缺陷

配置静态聚合端口时，只有保证静态聚合组中的所有成员端口、对端链路上的成员端口都属于同一台设备，这些端口才可以加入同一静态聚合组。在静态聚合模式下，只能采用手动方式确认聚合端口的工作状态（根据亮灯情况进行确认），判断对端设备是否正常工作，这不仅带来了巨大的网络管理工作量，还无法实现准确判断，如图 7-6 所示。

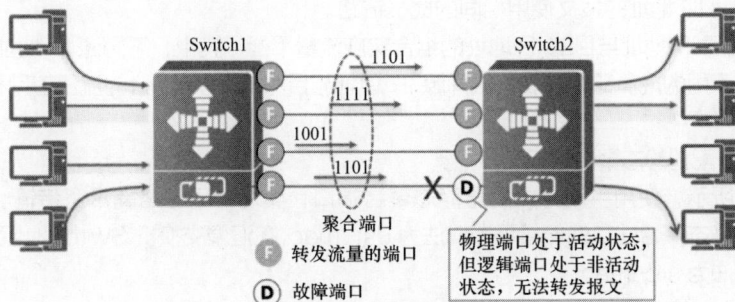

图 7-6　静态聚合缺陷

3. 配置静态聚合

通过如下命令配置静态聚合。
（1）配置二层静态聚合
在全局配置模式下，使用以下命令创建一个静态聚合端口。

```
Switch(config)#interface aggregateport n        ！n为静态聚合端口号
```

在接口配置模式下，使用"port-group"命令配置成员端口。

```
Switch(config)#interface range {port-range}    ! 指定加入静态聚合端口
Switch(config-if-range)#port-group port-group-number
```
! 将一组端口加入一个静态聚合端口。如果静态聚合端口不存在，则同时创建静态聚合端口

使用"no"命令，可以删除静态聚合端口中的一个或一组成员端口。

（2）配置三层静态聚合

可以使用"no switchport"命令设置三层静态聚合端口上的 IP 地址和子网掩码。

```
Switch(config)#interface aggregateport aggregate-port-number
```
! 进入聚合端口配置模式，如果静态聚合端口不存在，则创建该静态聚合端口

```
Switch(config-if)#no switchport                ! 将该接口设置为三层模式
Switch(config-if)#ip address ip-address mask
```
! 给静态聚合端口配置 IP 地址和子网掩码

（3）配置静态聚合端口流量平衡

使用如下命令，配置静态聚合端口流量平衡。

```
Switch(config)#aggregateport load-balance { dst-mac | src-mac | src-dst-mac | dst-ip
| src-ip | ip  }
```

其中，各项参数说明如下。

① dst-mac：依据报文的目的 MAC 地址实施流量平衡。其中，目的 MAC 地址相同的报文使用相同的成员链路，目的 MAC 地址不同的报文被分配不同的成员链路。

② src-mac：依据报文的源 MAC 地址实施流量平衡。其中，来自不同 MAC 地址的报文被分配不同的成员链路，来自相同 MAC 地址的报文使用相同的成员链路。

③ src-dst-mac：依据报文的源 MAC 地址与目的 MAC 地址的组合实施流量平衡。其中，不同源 MAC 地址与目的 MAC 地址组合的流量通过不同的成员链路转发，相同源 MAC 地址与目的 MAC 地址组合的流量使用相同的成员链路转发。

④ dst-ip：依据报文的目的 IP 地址实施流量平衡。其中，目的 IP 地址相同的报文使用相同的成员链路，目的 IP 地址不同的报文被分配不同的成员链路。

⑤ src-ip：依据报文的源 IP 地址实施流量平衡。其中，来自不同 IP 地址的报文被分配不同的成员链路，来自相同 IP 地址的报文使用相同的成员链路。

⑥ ip：依据源 IP 地址与目的 IP 地址的组合实施流量平衡。其中，不同源 IP 地址与目的 IP 地址组合的流量通过不同的成员链路转发，相同源 IP 地址与目的 IP 地址组合的流量使用相同的成员链路转发。

【配置案例】配置静态聚合端口。

如图 7-7 所示，使用手动方式配置静态聚合端口，实现骨干链路高带宽传输。在核心交换机 Switch1 上配置静态聚合端口的流量平衡算法为 dst-mac，在汇聚交换机 Switch2 上配置静态聚合端口的流量平衡算法为 src-mac。

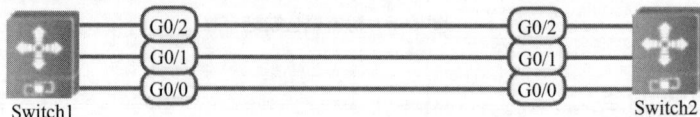

图 7-7　静态聚合端口配置拓扑结构

组建网络，如图 7-7 所示。使用真机实训，推荐使用锐捷 EVE 模拟器。

① 配置核心交换机 Switch1 的静态聚合端口。

```
Ruijie>enable            ! 进入特权模式，默认密码为 ruijie
Ruijie#configure         ! 进入全局配置模式
```

```
Ruijie(config)#hostname Switch1              ！修改交换机名称为 Switch1
Switch1(config)#interface range GigabitEthernet 0/0-2
！同时打开多个指定的端口
Switch1(config-if-range)#port-group 1        ！把这些端口接入聚合组 1
Switch1(config-if-range)#exit                ！返回上一级模式
Switch1(config)#interface ag1                ！打开创建的聚合组 1
Switch1(config-if-AggregatePort 1)#switchport mode trunk  ！配置为 Trunk
Switch1(config-if-AggregatePort 1)#exit
Switch1(config)#aggregateport load-balance dst-mac
！配置静态聚合端口的流量平衡算法为 dst-mac
Switch1(config)#end
Switch1#show vlan                      ！查看 VLAN 1 的聚合端口信息
……

Switch1#show interface ag 1            ！查看聚合端口 ag1 的状态。限于篇幅，此处省略显示内容
……

Switch1#show ag 1 summary             ！查看聚合端口 ag1 的摘要信息。限于篇幅，此处省略显示内容
……
```

② 配置汇聚交换机 Switch2 的静态聚合端口。

```
Ruijie>enable                   ！进入特权模式，默认密码为 ruijie
Ruijie#configure                ！进入全局配置模式
Ruijie(config)#hostname Switch2              ！修改交换机名称为 Switch2
Switch2(config)#interface range GigabitEthernet 0/0-2
！同时打开多个指定的端口
Switch2(config-if-range)#port-group 1        ！把这些端口接入聚合组 1
Switch2(config-if-range)#exit
Switch2(config)#interface ag1                ！打开创建的聚合组 1
Switch2(config-if-AggregatePort 1)#switchport mode trunk   ！配置为 Trunk
Switch2(config-if-AggregatePort 1)#exit
Switch2(config)#aggregateport load-balance src-mac
！配置静态聚合端口的流量平衡算法为 src-mac
Switch2(config)#end
Switch2#show vlan                 ！查看 VLAN 信息。限于篇幅，此处省略显示内容
……

Switch2#show interfaces ag 1    ！查看聚合端口 ag1 的状态。限于篇幅，此处省略显示内容
……

Switch2#show ag 1 summary       ！查看聚合端口 ag1 的摘要信息。限于篇幅，此处省略显示内容
……
```

7.3 动态聚合技术

在大型企业网或云服务提供商等复杂网络环境中，网络拓扑结构可能经常变化，负载情况也可能波动较大。动态聚合技术能够根据网络变化实时调整链路带宽分配，提高网络的灵活性和可靠性。

1. 什么是动态聚合

动态聚合模式使用 LACP，可使选中的物理端口自动进行动态聚合。处于动态聚合模式下的聚合组称为动态聚合组。一端设备根据收到的由对端设备发来的 LACP 报文中的系统 ID 信息比较两端系统优先级，系统优先级较高的一端首先按照端口优先级从高到低的顺序设置聚合组内端口的聚合状态；然后发出更新 LACP 报文，对端设备收到更新 LACP 报文后，也把相应端口设置成聚合状态；最后使用聚合完成的逻辑端口进行数据转发。动态聚合模式如图 7-8 所示。

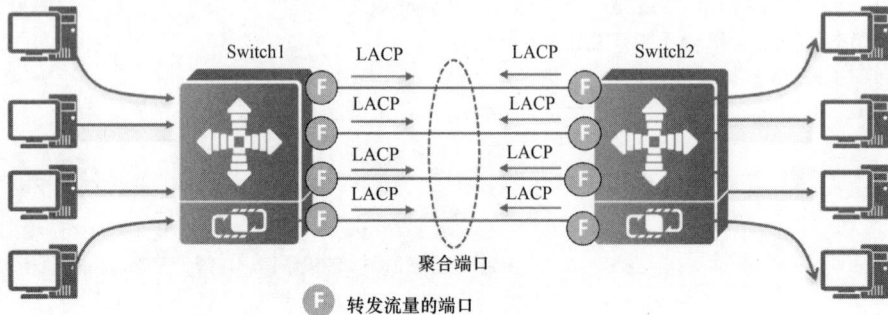

图 7-8　动态聚合模式

2. LACP 聚合

在启用 LACP 的设备上，通过链路聚合控制协议数据单元（Link Aggregation Control Protocol Data Unit，LACPDU）与对端设备在交互链路上聚合信息，协商聚合参数并确定活动端口和非活动端口，自动形成聚合链路，如图 7-9 所示。

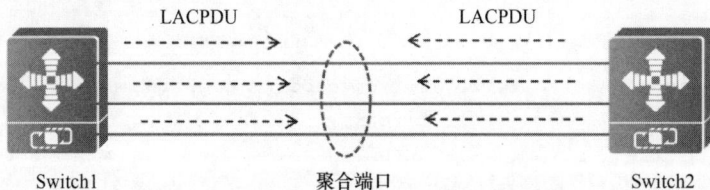

图 7-9　LACP 聚合使用 LACPDU 交换信息

3. 动态聚合过程

通过在物理端口上启用 LACP，该端口可以自动发送 LACPDU 报文，通告链路消息，其中包括系统优先级、系统 MAC 地址、端口优先级、端口 ID 和操作 KEY 等。如果一个聚合端口在很长时间之内都没有收到对端设备发来的 LACPDU 报文，则会产生超时现象。超时会让聚合组中的成员链路自动解除绑定，因此聚合端口处于不可转发状态。

聚合链路上出现的超时现象有两种模式：长超时模式和短超时模式。在长超时模式下，成员端口每隔 30s 发送一个报文，若 90s 内没有收到对端发送的报文，则发生超时现象；在短超时模式下，成员端口每隔 1s 发送一个报文，若 3s 内没有收到对端发送的报文，则发生超时现象。

如图 7-10 所示，交换机 Switch1、Switch2 通过 3 个千兆端口互联。设置交换机 Switch1 的系统优先级为 61440，交换机 Switch2 的系统优先级为 4096。在交换机之间互联的 3 个端口上启用 LACP，实现动态聚合。

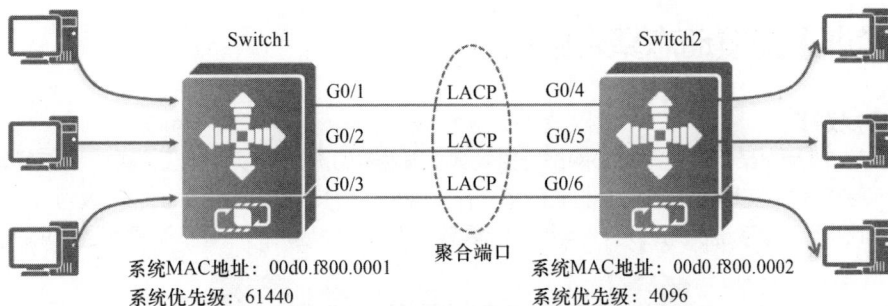

图 7-10 LACP 聚合端口协商

当交换机 Switch2 收到对端设备发来的 LACP 报文时，如果发现自己的系统优先级（4096）高于对端设备的系统优先级，则在端口优先级相同（默认为 32768）的情况下，它会根据端口 ID 从小到大的顺序将 G0/4、G0/5、G0/6 这 3 个端口自动加入聚合组；如果端口优先级不同，则按照端口优先级顺序从高到低的顺序进行聚合。

交换机 Switch1 收到交换机 Switch2 发出的更新 LACP 报文后，发现对端系统优先级比较高，也按端口 ID 从小到大的顺序把相应端口 G0/1、G0/2、G0/3 设置为聚合状态，实现动态聚合端口。

4. 配置动态聚合

通过如下步骤完成动态聚合配置过程。

（1）配置为 LACP 成员端口

在接口配置模式下，使用如下命令将指定端口配置为 LACP 成员端口。

```
Switch(config-if)#port-group key-number mode { active | passive }
```

其中，key-number 表示聚合组的管理 key，对应 AP 号；active 表示以主动模式加入动态聚合组；passive 表示以被动模式加入动态聚合组。

（2）配置系统优先级

在全局配置模式下，使用以下命令配置系统优先级。

```
Switch(config)#lacp system-priority
```

其中，system-priority 表示系统优先级（可选范围为 0~65535），默认值为 32768。

（3）调整端口优先级

在全局配置模式下，使用如下命令配置端口优先级。

```
Switch(config)#lacp port-priority
```

其中，port-priority 表示端口优先级（可选范围为 0~65535），默认值为 32768。

（4）配置端口的超时模式

在接口配置模式下，使用如下命令配置端口为短超时模式。默认情况下，LACP 成员端口的超时模式为长超时模式。

```
Switch(config-if)#lacp short-timeout
```

配置短超时模式后，若端口 3s 内没有收到对端发送的报文，则发生超时现象。

（5）配置 LinkTrap 通告功能

在全局配置模式下，使用如下命令在成员端口上发送 LinkTrap 通告。

```
Switch(config)#aggregateport member linktrap
```

（6）查看 LACP 链路状态

```
Switch#show lacp summary
```

【项目实训】配置动态聚合端口

【项目规划】

图 7-11 所示为某电商公司核心网络连接场景，根据初期规划和实际施工需要，在该场景中实施动态链路聚合模式，实现骨干链路上的高带宽。在交换机 Switch1 上设置系统优先级为 4096，在交换机 Switch2 上设置系统优先级为 61440，配置基于源 MAC 地址的流量负载高速通信解决方案。

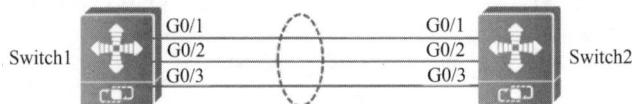

图 7-11　某电商公司核心网络连接场景

【实训过程】

① 组建网络场景。如图 7-11 所示，组建网络场景。推荐使用锐捷 EVE 模拟器进行实训。

② 在核心交换机 Switch1 上配置动态聚合端口。

```
Ruijie>enable                        ! 进入特权模式，默认密码为 ruijie
Ruijie#configure                     ! 进入全局配置模式
Ruijie(config)#hostname Switch1      ! 修改交换机名称为 Switch1
Switch1(config)#lacp system-priority 4096        ! 配置 LACP 系统优先级
Switch1(config)#interface range G0/0-2           ! 同时打开多个接口
Switch1(config-if-range)#port-group 1 mode active
! 创建聚合端口，并将其配置为 LACP 动态聚合模式
Switch1(config-if-range)#lacp short-timeout      ! 配置聚合端口的超时模式为短超时模式
Switch1(config-if-range)#exit
Switch1(config)#interface ag1                    ! 打开聚合端口 ag1
Switch1(config-if-AggregatePort 1)#switchport mode trunk  ! 配置为 Trunk
Switch1(config-if-AggregatePort 1)#exit
Switch1(config)#aggregateport load-balance src-mac
! 配置聚合端口的流量平衡算法为 src-mac
Switch1(config)#aggregateport member linktrap
! 成员端口发送 LinkTrap 通告
Switch1(config)#end
```

③ 在核心交换机 Switch2 上配置动态聚合端口。

```
Ruijie>enable                        ! 进入特权模式，默认密码为 ruijie
Ruijie#configure                     ! 进入全局配置模式
Ruijie(config)#hostname Switch2
Switch2(config)#lacp system-priority 61440       ! 配置系统优先级
Switch2(config)#interface range G0/0-2
Switch2(config-if-range)#port-group 1 mode active
Switch2(config-if-range)#lacp short-timeout
Switch2(config-if-range)#exit
Switch2(config)#interface ag1
Switch2(config-if-AggregatePort 1)#switchport mode trunk
Switch2(config-if-AggregatePort 1)#exit
Switch2(config)#aggregateport load-balance src-mac
Switch2(config)#aggregateport member linktrap
```

```
Switch2(config)#end
```

④ 在核心交换机 Switch1 上查看动态聚合端口的状态信息。

```
Switch1#show vlan          ！查看 VLAN 1 的信息。限于篇幅，此处省略显示内容
Switch1#show ag 1 Summary ！查看聚合端口的摘要信息。限于篇幅，此处省略显示内容
Switch1#show interface ag1! 查看聚合端口的状态信息。限于篇幅，此处省略显示内容
Switch1#show lacp summary ！查看 LACP 和成员端口的对应关系。限于篇幅，此处省略显示内容
```

【项目小结】

本项目结合网络工程师工作岗位要求，系统讲解了聚合端口技术。首先，本项目介绍了聚合端口技术、端口聚合的条件、聚合端口流量平衡及聚合端口模式；其次，本项目介绍了静态聚合技术；再次，本项目介绍了动态聚合技术；最后，本项目通过实训介绍了如何配置动态聚合端口。

【素质提升】细节决定成败

2003 年 2 月 1 日，"哥伦比亚"号航天飞机重返大气层时遭遇解体，机上 7 名宇航员遇难。调查结果表明，造成这一灾难的"凶手"竟是一小块脱落的泡沫，该泡沫击中了飞机左翼前缘的热保护部件，引发了一系列连锁反应。航天飞机整体性能等许多技术指标是一流的，但是一小块脱落的泡沫就毁灭了价值高昂的航天飞机和 7 条无法用金钱衡量的生命。

成也细节，败也细节。什么是细节？细节就是细小的事物、环节或情节。我们可以形象地认为，细节是转动链条上的扣环，是千里钢轨上的铆钉，是太空飞船上的螺钉……古人说：失之毫厘，谬以千里。无论做人、做事，都要注重细节，从小事做起。古人还说：不积跬步，无以至千里；不积小流，无以成江海。这些话都精准地指出要成就一番大事业，要获得胜利果实，就要从身边的小事做起，只有聚集一个个小的胜利果实，才能获得大的胜利果实。

【认证测试】

单选题：下列每道试题都有多个选项，请选择一个最优的选项。

1. 链路聚合的主要目的是（　　）。
   A. 增加网络带宽　　B. 提供网络备份　　C. 减少网络延迟　　D. 增强网络安全

2. 链路聚合通过（　　）方式实现其目的。
   A. 使多个物理端口独立工作　　　　　　B. 将多个物理端口捆绑成一个逻辑端口
   C. 减少网络中的传输错误　　　　　　　D. 增加网络中的冗余设备

3. 将交换机之间的链路配置为聚合端口的技术遵循的标准是（　　）。
   A. IEEE 802.1D　B. IEEE 802.3ad　C. IEEE 802.1w　D. IEEE 802.3z

4. 在交换机上配置聚合端口时，用户往往会根据网络实际情况配置聚合组的负载均衡模式。以下模式中，不属于聚合端口流量平衡模式的是（　　）。
   A. 基于源 MAC 地址　　　　　　　　　　B. 基于源端口 ID
   C. 基于源 MAC 地址+目的 MAC 地址　　D. 基于源 IP 地址

5. 关于交换机启用聚合端口，以下描述不正确的是（　　）。
   A. 端口聚合的成员端口的双工、速率必须一致
   B. 千兆的光口和电口可以绑定在一起使用

    C. 设备端口使用的聚合模式必须一致，要么使用静态聚合，要么使用动态聚合

    D. 端口聚合后，成员端口不能再单独进行配置

6. 在聚合端口中，如果一个成员端口出现故障，则（　　　）。

    A. 当前使用该成员端口转发的流量将被丢弃

    B. 当前所有流量的 50% 将被丢弃

    C. 当前使用该成员端口转发的流量将切换到其他成员端口继续转发

    D. 聚合端口将会消失，恢复为加入之前的状态

7. 两台交换机使用千兆端口组成静态聚合组，形成的聚合端口的速率为（　　　）Kbit/s。

    A. 1000000   B. 2000000   C. 100000   D. 200000

8. LACP 依据的标准是（　　　）。

    A. IEEE 802.1t   B. IEEE 802.3ad   C. IEEE 802.2   D. IEEE 802.1F

9. 关于交换机 LACP 功能，下列说法不正确的是（　　　）。

    A. 两端设备的介质类型配置需要一致

    B. 当两端设备 LACP 端口模式都为被动模式时，无法建立聚合关系

    C. 当一端设备 LACP 端口模式为主动模式，另一端设备 LACP 端口模式为被动模式时，无法建立聚合关系

    D. 主动模式的端口会主动发起 LACP 报文协商，被动模式的端口只会对收到的 LACP 报文进行应答

项目8

IP子网规划

08

【项目情景】

　　某学院新建了 2 个实训机房，给定网络地址空间为 192.168.10.0/24，现需要规划子网段，形成 IP 子网，并将其分配给 2 个实训机房中的计算机使用。小明在网络中心兼职网络工程师，按照网络中心主任林老师的要求，他需要完成 2 个实训机房的 IP 子网规划和计算机 IP 地址分配。图 8-1 所示为网络中子网划分场景。

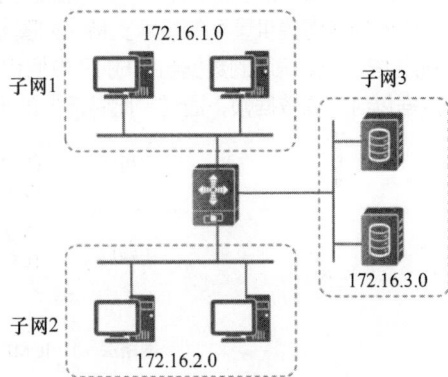

图 8-1　网络中子网划分场景

【项目目标】

　　本项目针对网络工程师工作岗位的岗位要求介绍 IP 子网规划知识，实现以下项目目标。

1. 知识目标

（1）了解 IP 知识和 IP 地址类型。

（2）了解 IP 子网划分。

2. 技能目标

　　能够划分 IP 子网。

3. 素质目标

（1）通过对 IP 知识的学习，培养学生的数据意识，使其具备良好的信息素养。

（2）通过对 IP 地址的规划和设计，让学生了解生活中的 IP 地址以及下一代互联网技术，使其对网络技术产生兴趣，消除畏惧感。

（3）培养学生按照学习内容进行资料收集、整理的习惯，及时做好总结和反馈。

【知识准备】

　　互联网是由许多小型网络构成的。每个小型网络内部都有很多计算机，无数个独立的小型网络互相连接，便构成一个有层次的网络结构，其中每一个小型网络都是一个子网。

8.1　了解 IP

　　IP 是 TCP/IP 通信标准中重要的协议之一，在网络通信中，IP 用于提供无连接的数据包传输服务。

利用 IP 可以实现各种类型的网络之间的互联互通，如图 8-2 所示。

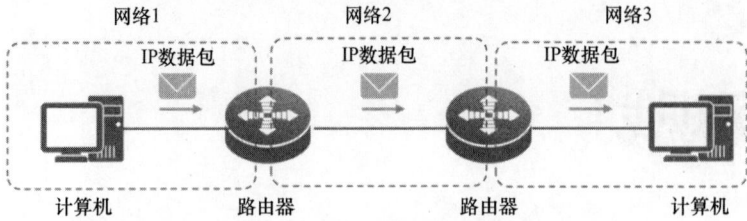

图 8-2　IP 实现各种类型的网络之间的互联互通

1. IP 功能

IP 是 TCP/IP 通信标准中的网络层协议，通过 IP 可以实现大规模、异构网络之间的互联互通，为互联网的通信提供重要的技术支持。如图 8-3 所示，IP 在 TCP/IP 通信标准中处于承上启下的位置。利用 IP，把传输层的数据封装成 IP 数据包，并传输给网络接口层。再通过网络接口层提供服务，把 IP 数据包封装成数据帧，通过"比特流"的形式在物理网络中传输。

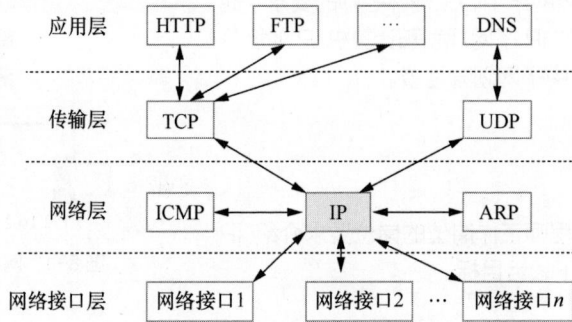

图 8-3　IP 的重要位置

2. IP 通信特点

在 IP 路由过程中，IP 为网络中的数据包提供传送服务，这种服务是"不可靠"（Unreliable）和"无连接"（Connectionless）的，可以减轻 IP 的工作负载。"不可靠"和"无连接"服务实现的功能说明如下。

① "不可靠"服务：IP 仅提供传输服务，不保证 IP 数据包是否成功到达目的地，网络传输的可靠性及通信质量由传输层的 TCP 保障。

② "无连接"服务：IP 不维护任何后续数据包的状态。IP 使用无连接传输，提高了网络的传输速度。

3. IP 数据包

对于在互联网中传输的信息，使用 IP 将其封装成 IP 数据包。封装完成的 IP 数据包由首部和数据报文组成，其格式如图 8-4 所示。其中，IP 数据包首部固定长度为 20 字节，所有 IP 数据包必须具有首部；首部后面携带数据报文。

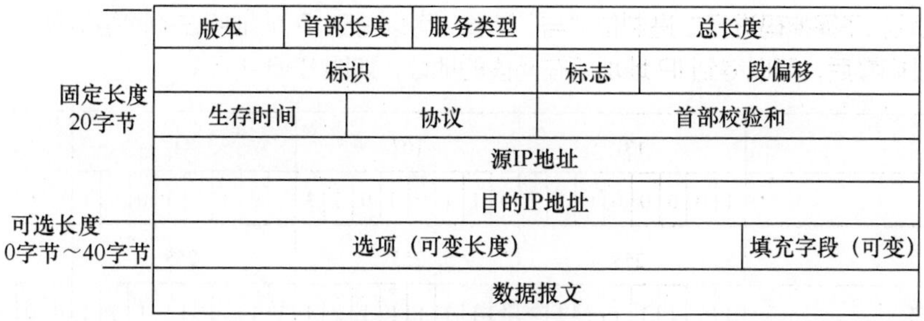

图 8-4　IP 数据包的格式

8.2　了解 IPv4 地址

IPv4 是 IP 的第 4 个版本，也是被广泛部署和使用的版本之一。IPv4 地址用于标识互联网上的每台设备，包括计算机、服务器、路由器等。每台设备在网络上都有一个唯一的 IPv4 地址，这使得数据包能够被准确地发送到目的地。

1.　IPv4 地址表示

IP 规定接入互联网中的每台设备都必须有一个全球唯一的 IPv4 地址（简称 IP 地址），以实现在互联网中的通信。IP 地址是由互联网名称与数字地址分配机构（Internet Corporation for Assigned Names and Numbers，ICANN）统一分配的 32 位二进制数字，包含网络地址（网络号）和主机地址（计算机号）两部分，如图 8-5 所示。

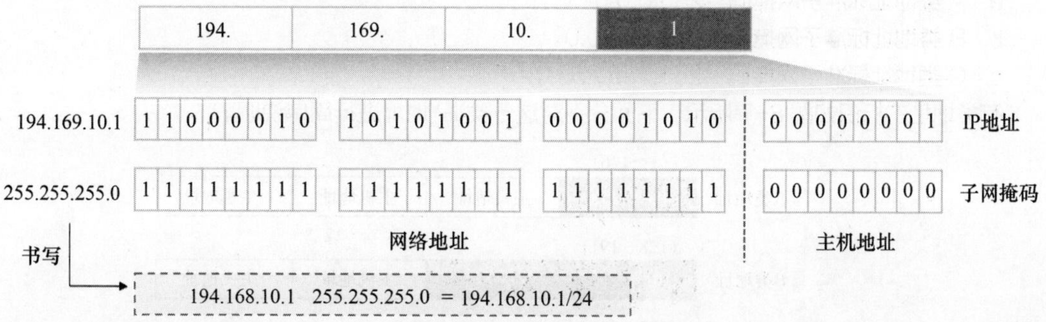

图 8-5　IP 地址表示

为了提高 IP 地址的可读性，人们通常将 IP 地址（32 位二进制数字）按 8 位分为一组，使用等效十进制数字表示（取值范围为 0～255），每组之间用"."分隔，这种表示方法称为点分十进制。

2.　子网掩码

子网掩码也称网络掩码，是一组 32 位二进制数字，和 IP 地址配对，用于标识 IP 地址中哪些是网络地址，哪些是主机地址。从左端开始，子网掩码使用连续二进制"1"表示 IP 地址中的网络地址，使用连续二进制"0"表示 IP 地址中的主机地址，因此不会出现 1 与 0 交替的情况。错误和正确的子网掩码如下。

错误的子网掩码：11111111.10101010.00000000.00000000。

正确的子网掩码：11111111.11110000.00000000.00000000。

将 IP 地址和子网掩码进行二进制位"与"运算，可以得到 IP 地址所在的网络地址，即将 IP 地址中的主机地址归零后，可以得到 IP 地址所在网段的地址，如图 8-6 所示。

IP地址	131								107								41								6							
二进制IP地址	1	0	0	0	0	0	1	1	0	1	1	0	1	0	1	1	0	0	1	0	1	0	0	1	0	0	0	0	0	1	1	0
子网掩码	255								255								255								0							
二进制子网掩码	1	1	1	1	1	1	1	1	1	1	1	1	1	1	1	1	1	1	1	1	1	1	1	1	0	0	0	0	0	0	0	0
将IP地址和子网掩码进行位"与"运算																																
网络地址	131								107								41								0							
二进制网络地址	1	0	0	0	0	0	1	1	0	1	1	0	1	0	1	1	0	0	1	0	1	0	0	1	0	0	0	0	0	0	0	0

图 8-6　将 IP 地址和子网掩码进行运算可以得到网络地址

3. IP 地址分类

在 IPv4 中，IP 地址分为公有 IP 地址（又称公有地址）和私有 IP 地址（又称私有地址），其中公有地址包括有类地址和无类地址。下面分别对这几类 IP 地址进行介绍。

（1）公有地址

① 有类地址

早期的网络使用标准的有类地址，即使用 IP 地址中第 1 字节的十进制数字标识 IP 地址类型。人们把有类地址分成标准的 A 类地址、B 类地址、C 类地址、D 类地址和 E 类地址。在有类地址中，网络地址和主机地址长度固定，使用标准子网掩码。

a. A 类地址标准子网掩码：255.0.0.0。

b. B 类地址标准子网掩码：255.255.0.0。

c. C 类地址标准子网掩码：255.255.255.0。

有类地址的标识如图 8-7 所示。下面分别对这 5 类 IP 地址进行简单说明。

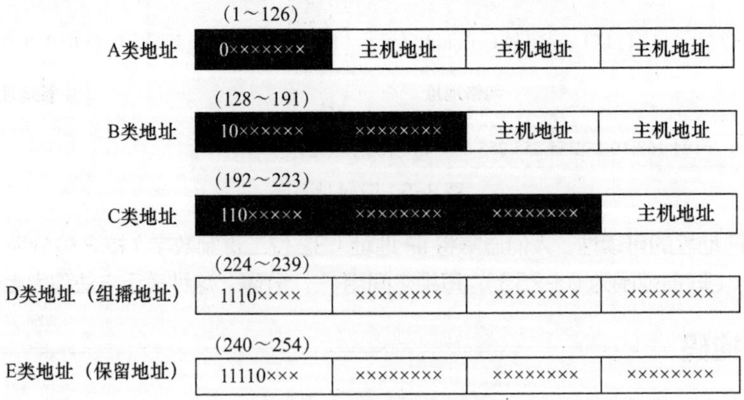

图 8-7　有类地址的标识

- A 类地址的最高位是 0，第 1 字节的十进制数字取值范围为 1～126。
- B 类地址的最高位是 10，第 1 字节的十进制数字取值范围为 128～191。
- C 类地址的最高位是 110，第 1 字节的十进制数字取值范围为 192～223。
- D 类地址的最高位是 1110，第 1 字节的十进制数字取值范围为 224～239。D 类地址是组播（也称为多播）地址，没有子网掩码，只能作为目的地址。

● E 类地址的最高位是 11110，第 1 字节的十进制数字取值范围为 240～254。E 类地址不区分网络地址和主机地址，作为保留地址使用。

注意：127 被保留为环回地址，不属于任何类别。

② 无类地址

随着互联网应用的发展，20 世纪 90 年代出现了无类别域间路由（Classless Inter-Domain Routing，CIDR）技术。CIDR 技术使用任意长度的子网掩码标注 IP 地址中的网络地址，形成无类地址，无类地址允许网络工程师根据需要灵活地划分网络地址和主机地址。此外，通过 CIDR 技术中的路由聚合技术对多个 IP 地址进行块聚合，可以生成一个更大的网络，限制路由表规模，优化互联网的通信效率，如图 8-8 所示。

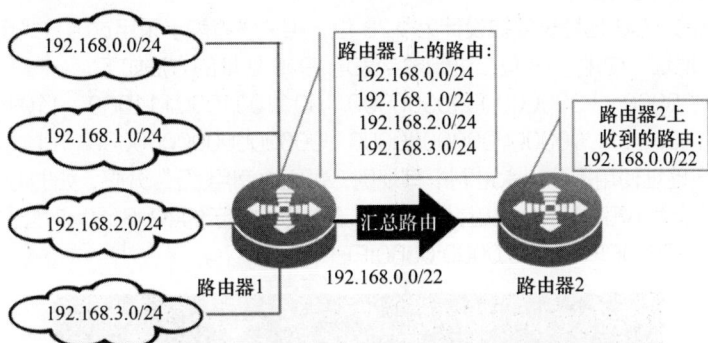

图 8-8　通过 CIDR 技术中的路由聚合技术优化互联网的通信效率

（2）私有地址

接入互联网中的设备必须具有唯一的 IP 地址，随着接入互联网中的设备增多，为了解决 IP 地址使用枯竭的危机，ICANN 在 IP 地址中规划出了一些能够在内网中重复使用的 IP 地址段，称为私有地址。私有地址具有重复性，只能被用于实现一个机构内部的通信，互联网中的路由设备不转发带有私有地址的 IP 包。ICANN 规划的私有地址范围如表 8-1 所示。

表 8-1　ICANN 规划的私有地址范围

A 类地址	10.0.0.0 ～ 10.255.255.255
B 类地址	172.10.0.0 ～ 172.31.255.255
C 类地址	192.168.0.0 ～ 192.168.255.255

在企业网、校园网等内网中，通常使用私有地址组网，如果想要通过内网的计算机设备访问外网，则需要在出口路由器上配置网络地址转换（Network Address Translation，NAT）技术，将私有地址转换成公有地址，满足通过内网的计算机设备访问外网的需求，如图 8-9 所示。

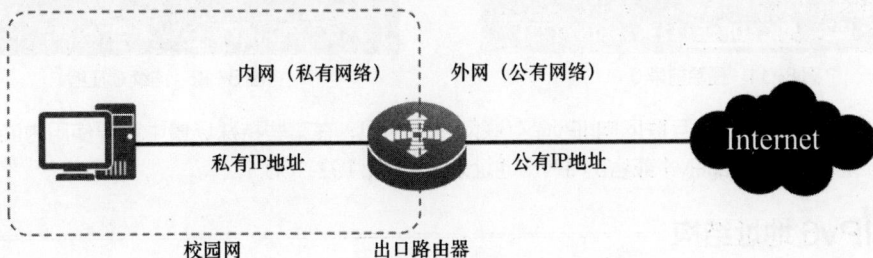

图 8-9　NAT 技术

8.3　了解 IPv6 地址

随着互联网的快速发展，基于 IPv4 的网络地址资源面临耗尽的危机，且全球互联网用户和设备数量的增长加剧了这一危机。为了解决该问题，第 6 版互联网协议（Internet Protocol version 6，IPv6）地址被提出并逐渐推广应用，以提供更多的地址空间。

1. IPv6 地址表示

（1）IPv6 地址表示方法

下一代互联网的 IPv6 地址长度被设计为 128 位，相关学者表示采用这种方式足够为地球上的每一粒沙子分配一个地址。使用 128 位二进制数字表示 IPv6 地址的方法如下。

0010000000000001　0000000000000000　0011001000111000　1101111111100001
0000000001100011　0000000000000000　0000000000000000　1111111011111011

生活中，IPv6 地址使用冒分十六进制书写规则，每组之间用"："分隔，如图 8-10 所示。其中，十六进制字符不区分大小写。因此，以上 128 位二进制数字表示的 IPv6 地址对应的冒分十六进制表示为 2001:0000:3238:DFE1:0063:0000:0000:FEFB。

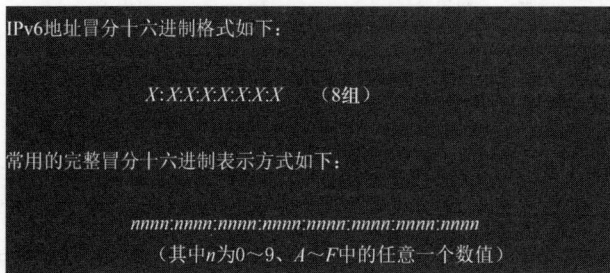

IPv6地址冒分十六进制格式如下：

X:X:X:X:X:X:X:X　　（8组）

常用的完整冒分十六进制表示方式如下：

nnnn:nnnn:nnnn:nnnn:nnnn:nnnn:nnnn:nnnn
（其中*n*为0～9、*A*～*F*中的任意一个数值）

图 8-10　冒分十六进制的 IPv6 地址书写规则

（2）IPv6 地址压缩格式

IPv6 地址中经常包含一长串 0，为了便于书写，IPv6 提供了一些方法用于压缩 IPv6 地址长度。

① 删除前导 0 方法，但每个 IPv6 地址组中至少保留一个数字或字符，如图 8-11 所示。

② 连续 0 压缩方法，即当 IPv6 地址中存在多个连续的 0 时，使用"::"进行压缩，但在一个 IPv6 地址中只能使用一次"::"，如图 8-12 所示。

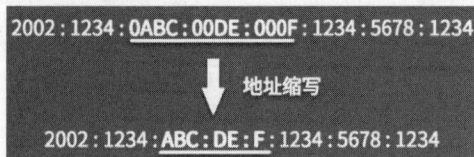

2002：1234：**0ABC**：**00DE**：**000F**：1234：5678：1234
↓　地址缩写
2002：1234：**ABC**：**DE**：**F**：1234：5678：1234

图 8-11　删除前导 0

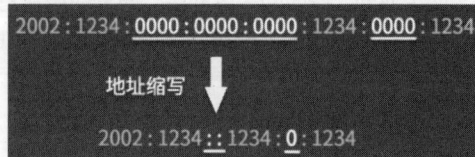

2002：1234：**0000**：**0000**：**0000**：1234：**0000**：1234
↓　地址缩写
2002：1234：**::**：**0**：1234

图 8-12　连续 0 压缩

此外，在传统的 IPv4 互联网向 IPv6 互联网过渡期间，在某些特殊场景中需要使用内嵌 IPv4 地址的 IPv6 地址类型，如 IPv4 兼容的 IPv6 地址表示为"::192.168.1.2"。

2. IPv6 地址结构

IPv4 地址由网络地址 + 主机地址组成，IPv6 地址由网络前缀 + 接口标识组成，如图 8-13 所示。

其中，网络前缀相当于 IPv4 地址中的网络地址，接口标识相当于 IPv4 地址中的主机地址。

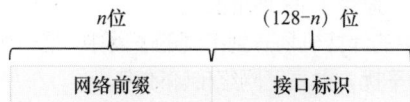

图 8-13　IPv6 地址结构

按照寻址方式的不同，IPv4 地址分为单播地址、组播地址（Multicast Address）和广播地址（Broadcast Address）3 种类型，IPv6 地址分为单播地址、组播地址和任播地址（Anycast Address）3 种类型。其中，IPv6 单播地址又分为可聚合全球唯一单播地址（Aggregatable Global Unicast Address）、链路本地地址（Link-Local Address）、唯一本地地址（Unique Local Address）和站点本地地址（Site-Local Address）等。图 8-14 所示为多种 IPv6 地址类型。

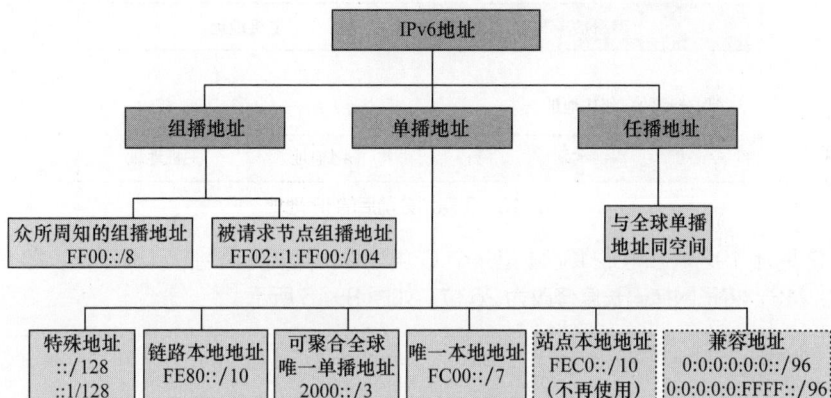

图 8-14　多种 IPv6 地址类型

① 可聚合全球唯一单播地址类似于 IPv4 中的公有地址，用于在全球范围内的 IPv6 网络中实现计算机之间的通信和互访。这类地址的典型代表为"2001::1/64"。

② 链路本地地址使用固定前缀"FE80::/10"，是每个接口自动生成的地址，仅用于实现链路上的本地通信，不能在网络中实现路由。这类地址的典型代表为"FE80::529b:df86:5737:7f0d/10"。

③ 唯一本地地址是企业内网中不对外的设备通信地址，如打印机地址。其使用固定前缀"FC00::/7"，通信范围被限制为组织内网，类似于 IPv4 中的私有地址。

④ 站点本地地址使用固定前缀"FEC0::/10"，具有和唯一本地地址一样的功能，目前已不再使用。

需要注意的是，IPv6 地址中没有定义广播地址，因此在 IPv6 网络中所有广播场景都采用 IPv6 组播地址。

IPv6 任播地址是 IPv6 中设计的特有地址。一个 IPv6 任播地址与一个 IPv6 单播地址一样，可以识别多个接口，但是只和一个接口通信，目前只在运营商网络中被使用。

8.4　了解 IP 子网划分

随着互联网的大规模应用，为了解决 IPv4 地址应用危机，相关组织启用了子网技术。

1. 什么是子网划分

子网划分就是把一个大型网络划分为若干个小型网络，形成独立子网的过程。在大型网络中划分子网的好处如下。

① 使 IP 地址应用更加有效，避免了 IP 地址浪费。

② 将原来同处于一个网络中的计算机划分到不同的子网中，把一个大的广播域划分成若干小的广播域，减少了大型网络中的广播干扰，提高了网络传输效率。

2. 子网划分方法

在 IP 子网划分中，通过借用原有 IP 地址中高位的主机地址作为子网地址，把该部分主机地址对应的子网掩码标识（0）变为子网地址标识（1），实现子网划分。如图 8-15 所示，子网划分后的 IP 地址分为 3 部分：网络地址、子网地址和主机地址。

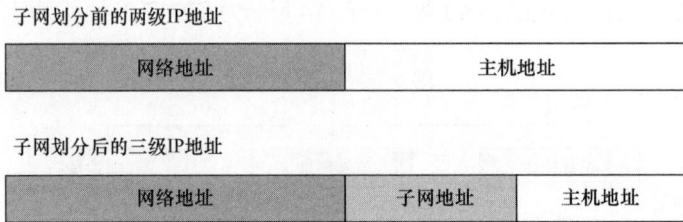

子网划分前的两级IP地址

网络地址	主机地址

子网划分后的三级IP地址

网络地址	子网地址	主机地址

图 8-15　子网划分前后的 IP 地址

例如，IP 地址 192.168.10.213/24 是一个 C 类地址，需要为其划分 4 个子网，即 IP 地址变为 192.168.10.213，将子网掩码长度修改为 26 位，如图 8-16 所示。

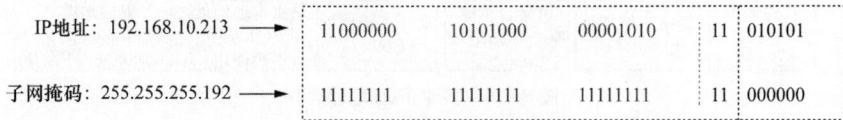

IP地址：192.168.10.213 →　11000000　10101000　00001010　11│010101

子网掩码：255.255.255.192 →　11111111　11111111　11111111　11│000000

图 8-16　修改子网掩码长度

划分完成的子网如图 8-17 所示。

子网	第1个子网	第2个子网	第3个子网	第4个子网
网络地址	192.168.10.0	192.168.10.64	192.168.10.128	192.168.10.192
广播地址	192.168.10.63	192.168.10.127	192.168.10.191	192.168.10.255

图 8-17　划分完成的子网

【项目实训】划分 IP 子网

【项目规划】

某学院使用的网络地址空间为 192.168.10.0/24，将其分配给 2 个新建的实训机房使用。本实训需要完成两个子网的划分，即实训机房中的子网划分。

【实训过程】

现有网段 192.168.10.0/24，需要为其划分 2 个子网，让每个子网中能提供至少 100 个有用的 IP 地址，具体操作步骤如下。

1. 原网段地址分析

某学院新建实训机房使用 C 类 IP 地址 192.168.10.0，默认子网掩码为 255.255.255.0。子网划分需要使用主机地址借位方法，即使用该地址的最高位主机地址作为划分的子网地址。原始的 IP 地址结构如图 8-18 所示。

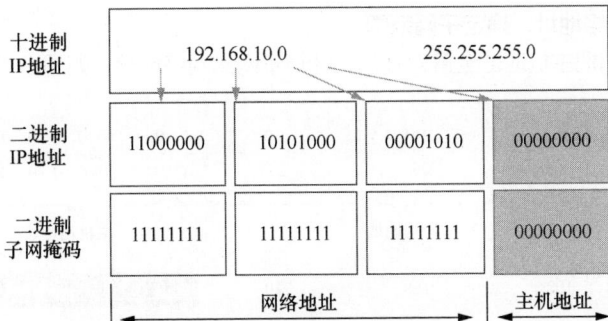

图 8-18　原始的 IP 地址结构

通过分析可知，只能对 8 位主机地址进行子网划分。通过计算可知，共有 256 个 IP 地址可进行子网划分，如图 8-19 所示。

2. 向计算机借位

计算子网位数时可以使用公式 2^n，确定子网借位，其中 n 为子网位数。要实现 2 个实训机房的子网划分，即 $n=1$，也就是向主机地址高位借 1 位。

确定好子网借位后，向主机地址高位借 1 位，24 位网络地址不变，新增加 1 位子网地址，原有子网掩码编码长度由 24 位扩充到 25 位，即 255.255.255.128。而主机地址编码长度由 8 位缩减到 7 位，即划分 2 个新的子网，每个子网有 128 个 IP 地址，如图 8-20 所示。

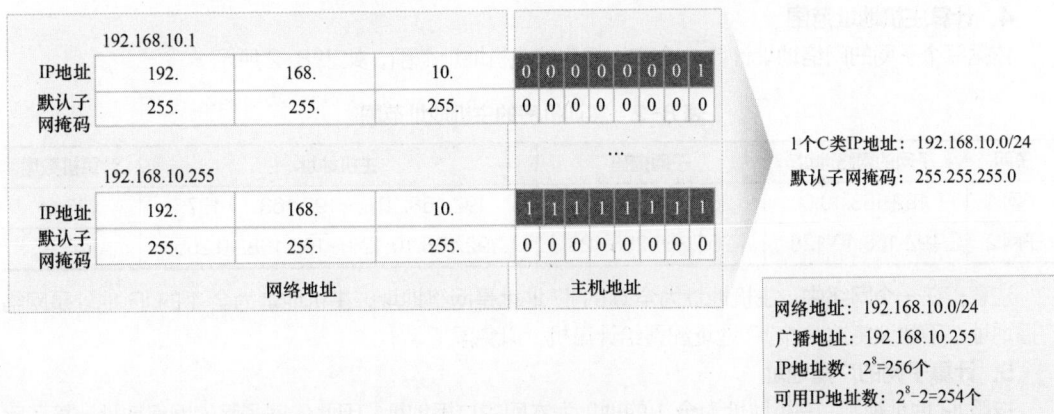

图 8-19　网段分析

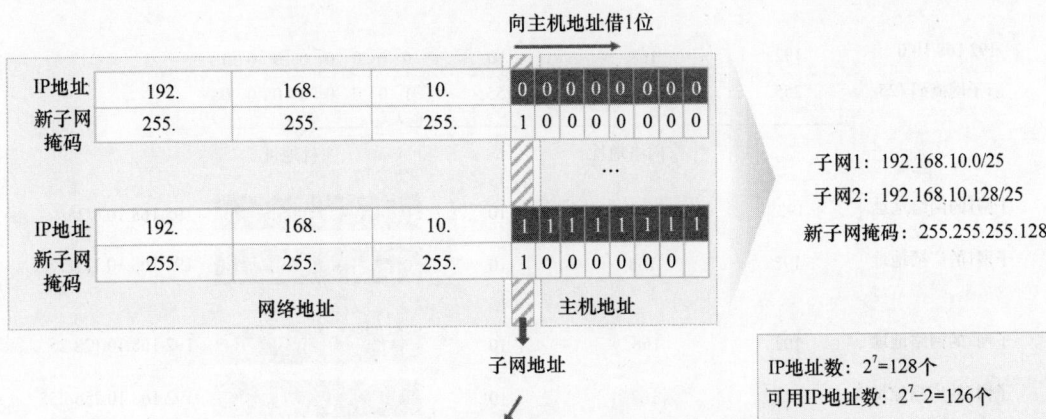

图 8-20　新子网需要向主机地址高位借位

3. 计算子网的网络地址，确定子网范围

按照网络地址规则把主机地址全置为 0 后，计算子网的网络地址，如图 8-21 所示。

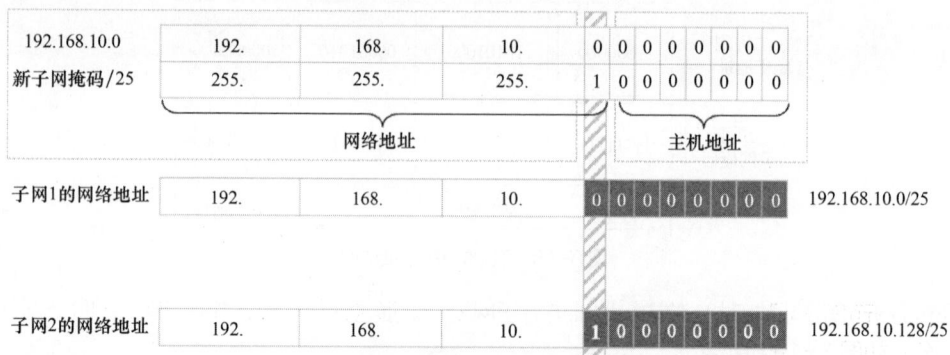

图 8-21　计算子网的网络地址

由此，得到 2 个有效的网络地址，其子网掩码为 11111111 11111111 11111111 10000000。该子网掩码的长度为 25 位，将其转换为点分十进制，即 255.255.255.128。2 个有效的网络地址表示如下。

11000000 10101000 00001010 00000000 = 192.168.10.0/25
11000000 10101000 00001010 10000000 = 192.168.10.128/25

4. 计算主机地址范围

依据每个子网的网络地址计算 2 个实训机房的主机地址范围，如表 8-2 所示。

表 8-2　实训机房的主机地址范围

子网	子网的网络地址	子网掩码	主机地址	计算机数量
子网 1	192.168.10.0	255.255.255.128	192.168.10.0~192.168.10.127	126 台
子网 2	192.168.10.128	255.255.255.128	192.168.10.128~192.168.10.255	126 台

注意：在一个网络中，主机地址为全 0 的 IP 地址是网络地址，主机地址为全 1 的 IP 地址是网络广播地址，不建议将这 2 个 IP 地址配置给计算机，以免混淆。

5. 计算子网的广播地址

按照 IP 地址规则，主机地址为全 1 的地址为本网的广播地址，因此依据子网的网络地址计算子网的广播地址，如图 8-22 所示。

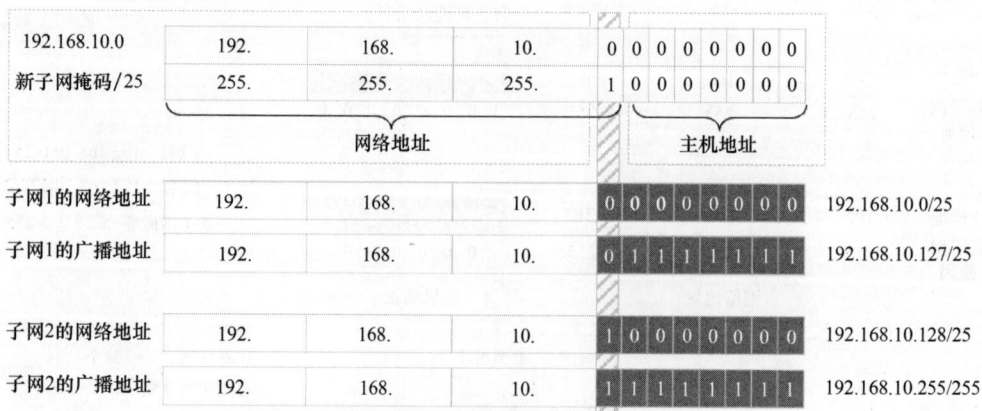

图 8-22　计算子网的广播地址

【项目小结】

本项目结合网络工程师工作岗位要求，系统讲解了 IP 子网规划知识。首先，本项目介绍了 IP 知识和 IP 地址类型；其次，本项目介绍了各种 IP 地址及其特点，特别是 IPv6 地址；最后，本项目重点介绍了 IP 子网知识，以及如何划分 IP 子网。

【素质提升】日清日毕，日清日高

日清日毕和日清日高是两个紧密相关的管理概念，它们都源自海尔公司的管理哲学。其中，日清日毕意味着当天的工作必须当天完成，这是一种强调执行力和责任感的管理原则。日清日高则指在完成工作的同时，今天完成的工作质量必须比昨天的工作质量有所提高，明天完成的工作质量必须比今天的工作质量更高，这是一种持续改善和不断提升的管理目标。日清日毕和日清日高的配合使用，构成了海尔公司的全面设备效率管理法的核心，强调了企业的持续改进和自我提升的重要性。

【认证测试】

单选题：下列每道试题都有多个选项，请选择一个最优的选项。

1. 划分 IP 子网的最主要的好处是（　　）。
   A. 可以隔离广播流量　　　　　　　　B. 可减少网络管理员分配 IP 地址的工作量
   C. 可增加网络中的计算机数量　　　　D. 合理利用 IP 地址进行网络规划

2. 某公司申请到一个 C 类 IP 网段，用于连接 6 个子公司，最大的子公司有 26 台计算机，在这种情况下划分子网后应用的子网掩码是（　　）。
   A. 255.255.255.0　　　　　　　　　　B. 255.255.255.192
   C. 255.255.255.224　　　　　　　　　D. 255.255.255.240

3. 一个 C 类 IP 地址有 8 个子网，每个子网最多可以有（　　）台计算机。
   A. 254　　　　　　B. 128　　　　　　C. 62　　　　　　D. 30

4. 下一代互联网中使用的 IPv6 地址长度为（　　）。
   A. 32 位　　　　　B. 64 位　　　　　C. 96 位　　　　　D. 128 位

5. IPv4 地址中不包含（　　）。
   A. 单播地址　　　　B. 多播地址　　　　C. 任播地址　　　　D. 广播地址

6. IPv4 地址由（　　）二进制数字组成。
   A. 16 位　　　　　B. 32 位　　　　　C. 64 位　　　　　D. 128 位

7. 在 IPv4 中，私有地址范围不包括（　　）。
   A. 10.0.0.0/8　　　　　　　　　　　　B. 172.16.0.0/12
   C. 192.168.0.0/16　　　　　　　　　　D. 224.0.0.0/8

8. 子网掩码 255.255.255.192 代表的网络有（　　）个子网。
   A. 2　　　　　　　B. 4　　　　　　　C. 6　　　　　　　D. 8

9. 一台计算机的 IP 地址是 192.168.1.100，子网掩码是 255.255.255.0，它的网络地址是（　　）。
   A. 192.168.0.0　　B. 192.168.1.0　　C. 192.168.1.1　　D. 192.168.1.255

10. 下列地址中，（　　）是合法的链路本地地址。
    A. FE80::11　　　　　　　　　　　　B. FEC0::2
    C. FF02::A001　　　　　　　　　　　D. FF02::1:FF00:0101:0202

项目9
三层交换技术

09

【项目情景】

某学院新建了 2 个实训机房，并将这 2 个实训机房的网络通过交换机连接到网络中心。对于这种情况，不仅需要通过子网划分技术实现网络隔离，避免网络干扰，还需要使所有机房中的计算机都能访问网络中心服务器，以便师生下载教学资源包。网络工程师通过实施三层交换技术，实现了 2 个实训机房的网络和网络中心服务器的互联互通。本项目的初期规划如图 9-1 所示。

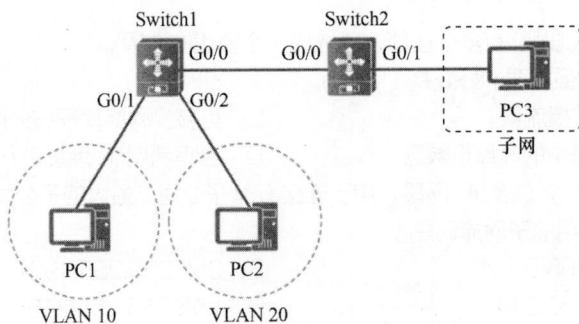

图 9-1 配置三层交换网络初期规划

【项目目标】

本项目针对网络工程师工作岗位的岗位要求介绍三层交换技术，实现以下项目目标。

1. 知识目标

（1）了解三层交换技术，认识三层交换技术应用需求。

（2）使用三层交换技术，实现不同 VLAN 之间的通信。

2. 技能目标

能够配置三层交换，实现子网通信。

3. 素质目标

（1）通过在交换机上配置三层交换技术，并体验信创产品的使用过程，增强学生对中国制造的认同感。

（2）培养学生在实训现场的安全意识，能保持工作环境干净，实现整洁的物料放置，遵守 6S 管理规范。

（3）培养学生按照学习内容进行资料收集、整理的习惯，及时做好总结和反馈。

【知识准备】

三层交换技术（也称为多层交换技术或 IP 交换技术）的出现，解决了局域网中业务流跨越子网引起的低转发速率、高时延等网络性能的瓶颈问题。使用三层交换技术，有助于摆脱 IP 子网之间的通信高度依赖路由器的困境。

9.1 了解三层交换技术

随着互联网和企业网的快速发展，传统的二层交换机在处理跨 VLAN 的数据流时需要通过路由器对数据包进行转发，这会导致出现网络性能的瓶颈问题。三层交换技术通过在数据链路层和网络层实现数据包的高速转发，有效解决了这一问题，提高了网络的整体性能。

1. VLAN 隔离广播

早期的以太网在共享介质上通过广播方式传输信息，使用 CSMA/CD 机制避免冲突。但是，以太网独有的广播和冲突检测特性使得以太网内部仍然充满广播和冲突现象，对传输效率造成了影响，如图 9-2 所示。VLAN 技术有效地抑制了局域网内的广播现象，可以隔离二层广播域，使得不同 VLAN 内的用户不能通信，如图 9-3 所示。

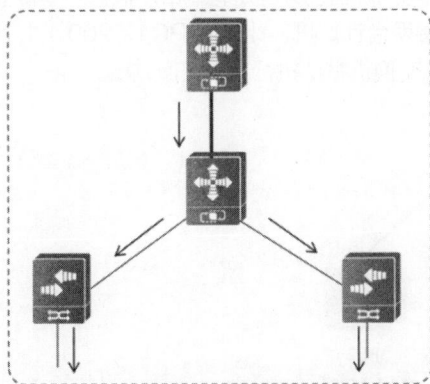

图 9-2　以太网内部仍然充满广播和冲突现象　　图 9-3　VLAN 抑制局域网内的广播现象

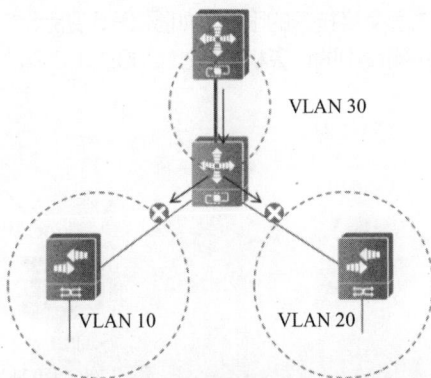

2. 不同 VLAN 之间的通信

VLAN 技术虽然可以隔离二层广播域，但因为不同 VLAN 流量不能跨越 VLAN 边界，导致不同 VLAN 之间产生了通信故障。三层交换技术的出现，实现了不同 VLAN 之间的通信。通过三层交换技术，先将 IP 数据包从一个 VLAN 转发到三层交换设备（默认网关），再利用三层交换设备上的路由表将 IP 数据包转发到另一个 VLAN 网关，实现了不同 VLAN 之间的通信，如图 9-4 所示。

三层交换技术在实现不同 VLAN 之间的通信方面提供了一种高效方案。VLAN 技术允许一个物理网络被划分为多个逻辑上的分段，每个分段就像一个独立的网络一样。然而，不同 VLAN 之间的通信需要通过路由器实现，这会导致出现网络性能的瓶颈问题。三层交换机结合了二层交换和路由功能，其能够识别和处理不同 VLAN 之间的 IP 数据包。通过在三层交换机上配置 VLAN 接口（也称为 SVI），每个 VLAN 都可以被分配一个唯一的 IP 子网，从而实现不同 VLAN 之间的通信。

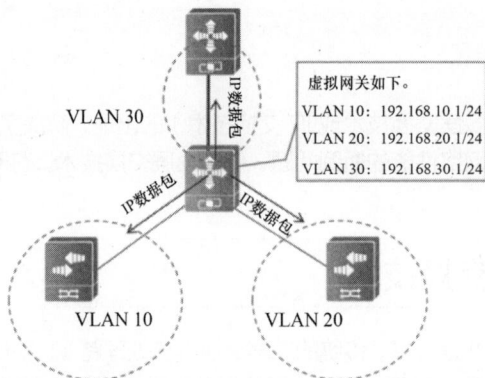

图 9-4　三层交换技术实现了不同 VLAN 之间的通信

9.2　区分二层与三层交换技术

1. 二层交换技术限制

　　交换机默认是二层交换设备，依据 MAC 地址表转发信息。如果 MAC 地址匹配不成功，即目的 MAC 地址不在 MAC 地址表中，则交换机会把该信息向除自己外的所有端口广播。广播传输暴露出了二层交换技术的限制。如图 9-5 所示，交换机连接两台计算机，计算机 PC1（200.1.1.1/24）与同一网段中的计算机 PC2（200.1.1.2/24）通信时，交换机默认执行二层交换过程。

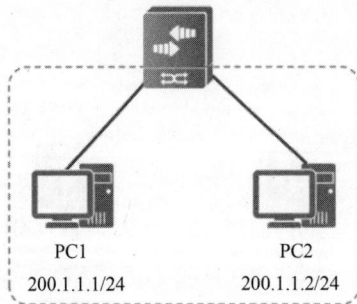

图 9-5　二层交换网络拓扑结构

　　（1）完成 MAC 地址解析过程

　　对于新上线设备，首先完成 MAC 地址解析过程。

　　① 计算机 PC1 封装 IP 数据包，检查目的 IP 地址（PC2 的 MAC 地址）所在的网段。

　　② 计算机 PC1 在本网段寻址，并发送 ARP 报文，请求目的计算机 PC2 的 MAC 地址。

　　③ 交换机收到 ARP 报文，更新自己的 MAC 地址表，并向所有端口广播 ARP 报文。

　　④ 目的计算机 PC2 收到该 ARP 报文，了解到计算机 PC1 正在寻找自己的 MAC 地址，立即向 PC1 回应一个 ARP 报文。

　　⑤ 交换机收到回应的 ARP 报文，更新自己的 MAC 地址表后，再匹配 MAC 地址表，通过二层交换方式将回应的 ARP 报文转发给计算机 PC1。

　　⑥ 计算机 PC1 通过以上过程，学习到目的计算机 PC2 的 MAC 地址，完成 MAC 地址解析。

　　（2）完成二层交换过程

　　① 计算机 PC1 封装 IP 数据包（源 IP 地址为 PC1，目的 IP 地址为 PC2）。

② 计算机 PC1 把封装完成的 IP 数据包交给网卡，使用之前解析得到的 MAC 地址封装数据帧（目的 MAC 地址为 PC1，源 MAC 地址为 PC2）。

③ 计算机 PC1 把封装完成的数据帧通过网卡上的物理接口向外发送。

④ 交换机收到计算机 PC1 发送的数据帧后，匹配自己的 MAC 地址表，并将数据帧转发给目的计算机 PC2。

⑤ 计算机 PC2 按照同样的方式封装一个回送报文，用于确认。

⑥ 计算机 PC1 收到计算机 PC2 发来的用于确认的回送报文，二层交换过程结束。

2. 三层交换技术应用需求

三层交换技术被应用在网络层，依靠路由表转发 IP 数据包。三层交换和二层交换场景如图 9-6 所示。因此，三层交换技术是相对于二层交换技术提出的，是 "二层交换技术+三层路由转发" 的综合功能实现。

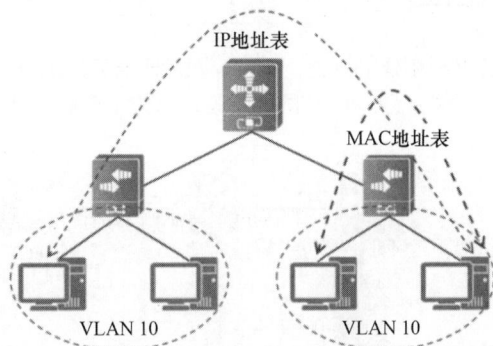

图 9-6　三层交换和二层交换场景

为了实现三层交换技术，需要一台三层交换机。交换机的发展经历了网桥→二层交换机→三层交换机这 3 个发展阶段，现在市面上的新交换机默认都是三层交换机。其中，三层交换机的二层交换功能默认启用，三层交换功能需要由网络工程师手动启用。

图 9-7 所示为一台三层交换机，通过把路由硬件叠加在交换芯片上，实现交换网络的高速通信。三层交换机通过维护 MAC 地址表、路由表和转发表（Forwarding Table），实现三层交换通信。三层交换技术的发展，推动了局域网从过去的 10Mbit/s 带宽飞速发展到如今的 100Gbit/s 高速带宽。

图 9-7　三层交换机

当三层交换机收到一个 IP 数据包时，首先解析 IP 数据包中的目的 IP 地址，然后根据目的 IP 地址查询转发表，并根据转发表的匹配结果对该 IP 数据包进行转发。这种采用硬件芯片或高速缓存支持的转发技术可以实现线速交换效果。

三层交换机启用三层交换功能后，通过学习生成路由表和转发表。其中，交换机的转发表也称为路由转发表，是三层交换机指导 IP 数据包转发的关键数据结构，其记录了不同目的 IP 地址和端口映射关系。当 IP 数据包到达三层交换机时，三层交换机解析出 IP 数据包中的目的 IP 地址，并匹配转发表，一旦匹配到相应下一跳信息，就将 IP 数据包直接转发到相应的接口上，实现从三层到二层的线速交换。交换机的三层交换过程如图 9-8 所示。

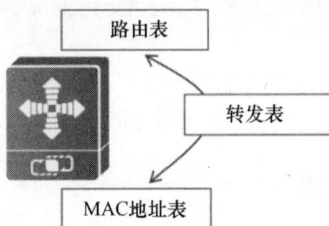

图 9-8　交换机的三层交换过程

9.3　三层交换过程

图 9-9 所示为由三层交换机组建的网络。其中，两台三层交换机互联两个子网络，计算机 PC1（200.1.1.1/24）和 PC2（200.1.1.2/24）在同一网段，PC3（60.1.1.1/24）在另一网段。

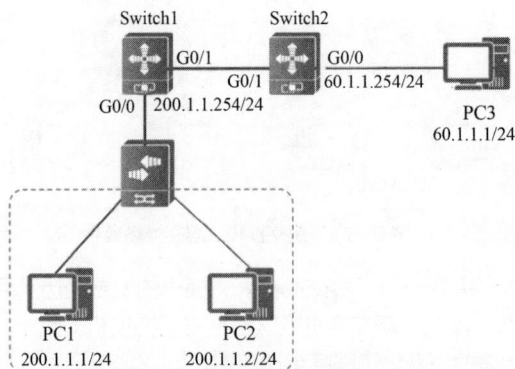

图 9-9　由三层交换机组建的网络

如果计算机 PC1 要和同一网段中的 PC2 通信，则直接执行二层交换即可。如果计算机 PC1 要和另一网段中的 PC3 通信，则需要执行三层交换。通过三层交换机执行三层交换的过程如下。

（1）计算机 PC1 完成网关通信

① 计算机 PC1 封装 IP 数据包（源 IP 地址为 200.1.1.1，目的 IP 地址为 60.1.1.1），检查发现源 IP 地址和目的 IP 地址不在同一网段。

② 计算机 PC1 请求自己的网关（Switch1 的接口 G0/0）以转发 IP 数据包。

③ 计算机 PC1 把 IP 数据包转发给网卡，完成帧封装（目的 MAC 地址为网关 Switch1 的接口 G0/0，源 MAC 地址为计算机 PC1）。

④ 计算机 PC1 把封装完成的数据帧通过物理网络传送给三层交换机。

（2）三层交换机完成三层交换

① 三层交换机收到计算机 PC1 传来的数据帧，检测到目的 MAC 地址是网关接口（Switch1 的接口 G0/0），接收、拆除帧，发给 CPU 解析 IP 数据包，使用目的 IP 地址匹配路由表，并将 IP 数据包转发到另一个子网网关接口（Switch1 的接口 G0/1），完成三层交换过程。

② 网关接口（Switch1 的接口 G0/1）收到 CPU 转发的 IP 数据包，使用 ASIC 芯片完成帧封装（目的 MAC 地址为计算机 PC3，源 MAC 地址为网关 Switch1 的接口 G0/1）。

③ 三层交换机把封装完成的数据帧通过物理网络传送给计算机 PC3。

（3）计算机 PC3 接收数据帧

① 计算机 PC3 收到一个数据帧，通过校验、拆除帧，把内部的 IP 数据包提交给 CPU 处理。

② 计算机 PC3 的 CPU 处理收到的 IP 数据包，通过校验、解析、拆除，完成 IP 数据包处理过程。

（4）计算机 PC3 完成通信确认

计算机 PC3 按同样的方式，封装一个用于确认的 IP 数据包（源 IP 地址为 60.1.1.1，目的 IP 地址为 200.1.1.1）的报文。

需要说明的是，三层交换机进行第一次三层交换过程时，会自动启用智能学习功能，建立目的计算机 PC3 的 IP 地址和转发接口的映射关系，并将其存储在转发表中。后续转发类似的 IP 数据包时（转发路径为 PC1→PC3）不再需要匹配路由表，而是使用转发表进行转发，实现线速交换。

9.4 认识三层交换机

三层交换技术通过三层交换机实现，三层交换机是工作在网络层的设备，和路由器一样用于实现不同子网之间的通信。三层交换机和路由器的区别是三层交换机使用 ASIC 芯片解析传输信号，可提供远远高于路由器的网络传输性能。例如，三层交换机每秒可传输 4000 万个数据包，而路由器每秒只能传输 30 万个数据包。

在大型企业园区网络的构建过程中，为了满足日益增长的数据传输需求和复杂的网络结构管理，通常会大规模部署三层交换机。这类设备不仅具备传统二层交换的功能，还支持基于 IP 地址的路由转发，能够有效减少广播域规模，提升网络性能与安全性。

通过部署高性能的三层交换机，可以构建起万兆级别的骨干网络架构，为整个园区网提供高速、稳定的三层交换能力。这种架构特别适用于带宽密集型的应用场景，如视频会议、数据中心互联、大规模数据交换等。因此，三层交换机因其强大的路由处理能力和高带宽转发性能，已成为现代企业园区网中不可或缺的核心设备。图 9-10 所示为一款典型的万兆核心交换机。

图 9-10 典型的万兆核心交换机

9.5 配置三层交换

在全局配置模式下，通过以下命令启用交换机上的 SVI 三层交换功能。

```
Switch#configure terminal              ！进入全局配置模式
Switch(config)#interface vlan 1        ！进入 SVI 配置模式
Switch(config-if)#ip address ip-address mask
！给 VLAN 1 配置 IP 地址，启用 SVI 三层交换功能
Switch(config)#interface interface-id   ！进入接口配置模式
```

```
Switch(config-if)#no switch                    ! 启用三层交换功能
Switch(config-if)#ip address ip-address mask
! 给指定接口配置 IP 地址，作为各子网内计算机的网关
Switch#show ip route                          ! 查看三层交换机的路由表
```

使用"no"选项清除三层接口 IP 地址。

```
Switch(config)#interface GigabitEthernet 0/0
Switch(config-if)#no ip address               ! 使用"no"选项清除三层接口 IP 地址
Switch(config-if)#switch                       ! 清除接口三层交换，回到二层状态
```

【项目实训】配置三层交换机，实现子网通信

【项目规划】

某学院新建了 2 个实训机房，为这 2 个实训机房网络分配的 IP 地址处于 172.16.1.0/24 和 172.16.2.0/24 网段，通过交换机将这 2 个网段连接到网络中心的服务器（IP 地址为 10.10.10.254/24）。实施三层交换技术，实现 2 个实训机房和网络中心服务器之间的互联互通。

【实训过程】

1. 组建网络场景

根据项目初期规划及实际施工需要组建简单网络，如图 9-11 所示。推荐使用真机实训，本项目使用锐捷 EVE 模拟器。

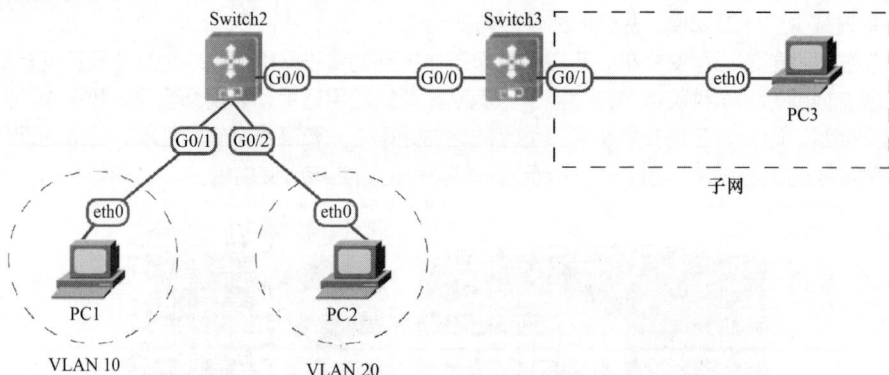

图 9-11 简单网络

2. 规划网络地址

如表 9-1 所示，规划实训机房的网络地址。

表 9-1 网络地址规划

设备名称	IP 地址/子网掩码	网关	备注
Switch3 的 G0/0	—	—	Trunk 端口
Switch3 的 G0/1	10.10.10.1/24	—	服务器网关
Switch3 的 VLAN 10	172.16.1.1/24	—	实训机房 1 的网关
Switch3 的 VLAN 20	172.16.2.1/24	—	实训机房 2 的网关
PC1	172.16.1.2/24	172.16.1.1/24	实训机房 1 的计算机
PC2	172.16.2.2/24	172.16.2.1/24	实训机房 2 的计算机
PC3	10.10.10.254/24	10.10.10.1/24	网络中心服务器

3. 配置网络设备，实现网络通信

① 配置交换机 Switch3 的三层交换功能。

```
Ruijie>enable
Ruijie#configure
Ruijie(config)#hostname Switch3
Switch3(config)#interface GigabitEthernet 0/1
Switch3(config-if)#no switchport                ! 将接口设置为三层模式
Switch3(config-if)#ip address 10.10.10.1 24     ! 在接口上配置 IP 地址
Switch3(config-if)#exit
Switch3(config)#interface GigabitEthernet 0/0
Switch3(config-if)#switchport mode trunk        ! 配置 Trunk 功能
Switch3(config-if)#exit
Switch3(config)#vlan 10                          ! 创建 VLAN 10
Switch3(config-vlan)#vlan 20                     ! 创建 VLAN 20
Switch3(config-vlan)#exit
Switch3(config)#interface vlan 10               ! 启用 VLAN SVI
Switch3(config-if-VLAN 10)#ip address 172.16.1.1 24    ! 配置 IP 地址
Switch3(config-if-VLAN 10)#exit
Switch3(config)#interface vlan 20               ! 启用 VLAN SVI
Switch3(config-if-VLAN 20)#ip address 172.16.2.1 24    ! 配置 IP 地址
Switch3(config-if-VLAN 20)#end
Switch3#show ip route                           ! 查看交换机的路由表
……
Switch3#show mac-address-table                  ! 查看交换机的 MAC 地址表
……
```

② 配置交换机 Switch2 的 VLAN 信息。

```
Ruijie>enable
Ruijie#configure
Ruijie(config)#hostname Switch2
Switch2(config)#interface GigabitEthernet 0/0
Switch2(config-if)#switchport mode trunk        ! 配置 Trunk 功能
Switch2(config-if)#exit
Switch2(config)#vlan range 10,20                ! 一次性创建多个 VLAN
Switch2(config-vlan-range)#exit
Switch2(config)#interface GigabitEthernet 0/1
Switch2(config-if)#switchport access vlan 10    ! 把接口分配给 VLAN 10
Switch2(config-if)#exit
Switch2(config)#interface GigabitEthernet 0/2
Switch2(config-if)#switchport access vlan 20    ! 把接口分配给 VLAN 10
Switch2(config-if)#end
Switch2#show vlan        ! 在交换机上查看 VLAN 信息
……
```

③ 测试网络连通状况。

首先，打开计算机 PC1，按照要求配置 IP 地址、子网掩码和网关。

```
VPCS> ip 172.16.1.2 24 172.16.1.1        ! 配置计算机 PC1 的 IP 地址、子网掩码和网关
```

按照同样的方式配置计算机 PC2 的 IP 地址、子网掩码和网关。限于篇幅，此处省略相关内容。其次，使用"ping"命令测试网络连通状况。

```
VPCS> ping 172.16.1.1                    ! 在计算机 PC1 上测试与本网网关的连通状况
……! 连通正常
VPCS> ping 172.16.2.2                    ! 在计算机 PC1 上测试与计算机 PC2 的连通状况
……! 连通正常
VPCS> ping 10.10.10.1                    ! 在计算机 PC1 上测试与网络中心服务器区网关的连通状况
……! 连通正常
VPCS> ping 10.10.10.254                  ! 在计算机 PC1 上测试与网络中心服务器的连通状况
……! 连通正常
```

【项目小结】

本项目结合网络工程师工作岗位要求，系统讲解了三层交换技术。首先，本项目介绍了三层交换技术；其次，本项目介绍了如何区分二层与三层交换技术；再次，本项目介绍了三层交换过程；最后，本项目介绍了三层交换机，以及如何使用三层交换技术实现不同 VLAN 之间的通信、如何配置三层交换实现互联的子网通信。

【素质提升】要事第一

要事第一，就是要先做最重要的事情。首先，要明确什么是最重要的事情；其次，要使最重要的事情优先得到安排和执行。要确保有独立的意志，在特定情况下始终坚持自己的使命和价值观，不屈服于一时的冲动和欲望。

要事第一经常利用柯维的四象限法则（见图 9-12）这一实用工具，以帮助确定事情的优先级。四象限法则将事情分为 4 个象限：第一象限为重要且紧急的事情，第二象限为重要但不紧急的事情，第三象限为紧急但不重要的事情，第四象限为不紧急也不重要的事情。

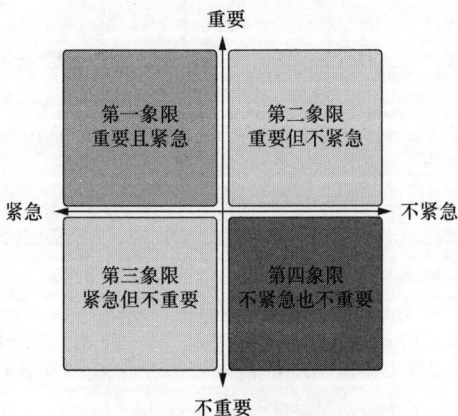

图 9-12　柯维的四象限法则

柯维建议首先处理第一象限的事情，然后将主要精力和时间投入第二象限的事情中。第二象限的事情是对人们的成功和幸福来说非常重要的事情，但是由于它们不紧急，因此人们通常会忽视它们。

应该尽可能地减少或者消除第三象限和第四象限的事情。

通过使用柯维的四象限法则，人们可以更清晰地看到需要处理的事情，以及应该如何分配时间。这使人们能够更有效地管理时间，从而可以专注于真正重要的事情，从被时间管理的被动状态转变为主动管理时间的主动状态，最终实现自己的目标和理想。

【认证测试】

单选题：下列每道试题都有多个选项，请选择一个最优的选项。

1. 已知同一网段内一台计算机的 IP 地址，通过（　　　）的方式可获取其 MAC 地址。

    A. 发送 ARP 请求　　　　　　　　　B. 发送 RARP 请求

    C. ARP 代理　　　　　　　　　　　D. 路由表

2. 三层交换机在收到一个流量的首个数据包后首先进行的操作是（　　　）。

    A. 发送 ARP 请求

    B. 由 CPU 查找路由表，获取下一跳信息

    C. 根据报文中的目的 MAC 地址查找 MAC 地址表

    D. 以自己的 MAC 地址替换报文中的目的 MAC 地址

3. 在三层交换机上配置"Switch(config-if)#no switchport"命令的作用是（　　　）。

    A. 将该接口配置为 Trunk 端口　　　　B. 将该接口配置为二层交换接口

    C. 将该接口配置为三层路由接口　　　D. 将该接口关闭

4. 三层交换机与传统二层交换机的主要区别是（　　　）。

    A. 三层交换机只能工作在 OSI-RM 通信标准的第 3 层

    B. 三层交换机可以工作在 OSI-RM 通信标准的第 1、2、3 层

    C. 三层交换机具有路由功能，可以转发不同网络层的数据包

    D. 三层交换机不支持划分 VLAN

5. 三层交换机在处理数据包时，在数据链路层进行的操作是（　　　）。

    A. 根据目的 MAC 地址转发数据包　　B. 根据目的 IP 地址转发数据包

    C. 进行路由表查找　　　　　　　　　D. 执行 NAT

6. 三层交换机和路由器的主要区别是（　　　）。

    A. 三层交换机速度更快，但功能较少

    B. 路由器支持更多的网络协议

    C. 三层交换机只能处理 IPv4 地址，而路由器可以处理 IPv6 地址

    D. 三层交换机通常用于企业网的核心层，而路由器用于广域网连接

7. 在三层交换机中，不是由硬件实现的功能是（　　　）。

    A. 快速交换数据包　　　　　　　　　B. 路由表查找

    C. 执行安全策略（如访问控制列表）　D. 执行复杂的网络协议（如 OSPF）

8. 三层交换和二层交换的主要区别在于（　　　）。

    A. 二层交换更快，但功能较少

    B. 三层交换具有路由功能，而二层交换没有

    C. 二层交换适用于广域网连接，而三层交换适用于局域网连接

    D. 二层交换和三层交换在性能上没有明显区别

项目10
DHCP自动分配地址

10

【项目情景】

某学院新学期新建了两个实训机房，小明需要在实训机房中配置 DHCP，实现计算机自动获取 IP 地址，初期规划如图 10-1 所示。其中，机房 1 网段 10.1.1.0/24 分配的 IP 地址租期为 30 天，机房 2 网段 10.1.2.0/24 分配的 IP 地址租期为 2 天。由于教学需要，在机房 1 搭建教学服务器时，使用固定 IP 地址 10.1.1.100/24。

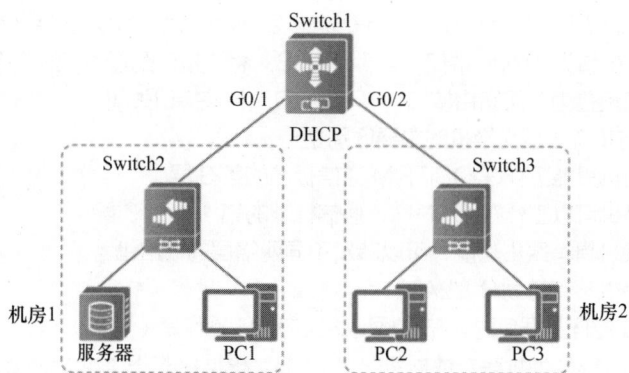

图 10-1　在实训机房中配置 DHCP 初期规划

【项目目标】

本项目针对网络工程师工作岗位的岗位要求介绍 DHCP 自动分配地址知识，实现以下项目目标。

1. 知识目标

（1）了解 DHCP。

（2）了解 DHCP 工作流程。

（3）了解 DHCP 中继过程。

2. 技能目标

（1）能够配置 DHCP 服务器，实现地址自动分配。

（2）能够配置 DHCP 中继，实现跨子网地址自动分配。

3. 素质目标

（1）随着网络通信技术的发展，我国的网络通信产品积极创新。本项目通过配置国产交换机，激发学生的爱国情怀和民族自豪感。

（2）培养学生的信息共享和网络强国意识，树立数字时代互联互通的理念。

（3）培养学生保持工作环境干净的习惯，实现整洁的物料放置，遵守 6S 管理规范。

【知识准备】

因特网工程项目组（Internet Engineering Task Force，IETF）设计了动态计算机配置协议（Dynamic Host Configuration Protocol，DHCP），实现了网络中客户机自动分配 IP 地址，减少了网络管理的工作量。

10.1 了解 DHCP

搭建 DHCP 服务器后，该服务器可以自动为连接到网络的设备（如计算机、打印机、手机等）分配 IP 地址、子网掩码、默认网关和 DNS 服务器地址等配置信息。这样，局域网中的设备在连接到网络时无须手动配置 IP 地址，大大简化了网络设备的管理过程，提高了网络的可管理性和安全性。

1. 什么是 DHCP

DHCP 是一种网络协议，其使用客户机/服务器（Client/Server，C/S）工作模式（见图 10-2，将交换机配置为 DHCP 服务器）给网络中的客户机自动分配动态、可用的 IP 地址、子网掩码以及其他网络参数，指定 IP 地址租期，实现即插即用，降低了客户机的配置和维护成本，大大减少了网络管理的工作量。DHCP 的主要功能有 IP 地址分配、网络配置信息分配和地址回收等。

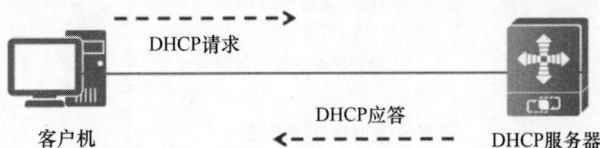

图 10-2　C/S 工作模式

2. DHCP 服务环境角色

搭建完成的 DHCP 服务环境有 3 种角色，分别为 DHCP 服务器、DHCP 客户机（简称客户机）和 DHCP 中继（可选），如图 10-3 所示（将交换机配置为 DHCP 中继和 DHCP 服务器）。

图 10-3　DHCP 服务环境角色

（1）DHCP 服务器

DHCP 服务器从地址池中选择 IP 地址并将其分配至客户机，同时为客户机提供其他网络参数，如默认网关、DNS 服务器地址等。

（2）客户机

客户机发送 DHCP 请求报文，通过该 DHCP 请求报文获取 IP 地址等参数。客户机包括 PC、手机、无盘工作站等。

（3）DHCP 中继

DHCP 中继允许 DHCP 服务器为不同网段上的客户机提供服务，即使这些客户机与 DHCP 服务器不在同一个广播域内。这对于大型网络或具有多个逻辑分割的网络环境尤为重要。通过使用 DHCP 中继，网络工程师可以将分配 IP 地址的项目集中到一台或几台 DHCP 服务器上，而不是在每个子网中都配置一台 DHCP 服务器。这样可以简化 IP 地址的管理和分配过程，降低配置错误和地址冲突的可能性。

10.2 了解 DHCP 工作流程

DHCP 可以自动为网络中的设备分配 IP 地址和其他网络配置信息，简化了管理网络地址的工作量。

1. DHCP 分配地址的方式

DHCP 采用了 C/S 工作模式，任何启用 DHCP 的客户机接入网络时，都可以向 DHCP 服务器提出分配地址请求，由 DHCP 服务器为其分配 IP 地址及其他网络参数，从而完成从 DHCP 服务器上租借 IP 地址的过程。客户机不再使用的 IP 地址会自动返回 IP 地址池，以便实现再分配，如图 10-4 所示。

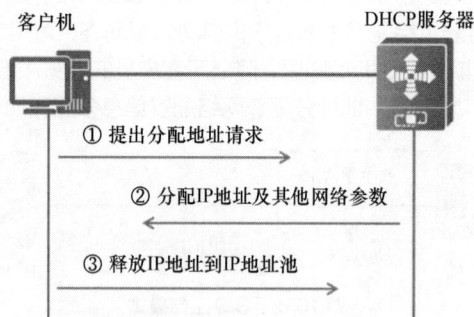

图 10-4　DHCP 的 C/S 工作模式

DHCP 提供两种分配机制：动态分配机制和静态分配机制。网络工程师可以根据网络需求为计算机选择不同的分配机制。

2. DHCP 分配地址的过程

DHCP 分配地址的过程包括 4 个阶段，即发现阶段、提供阶段、选择阶段和确认阶段，如图 10-5 所示。

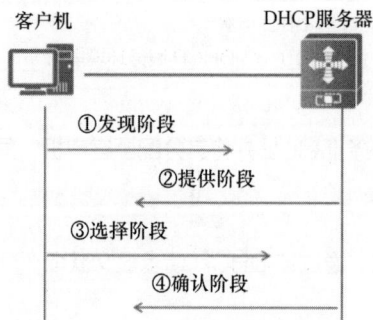

图 10-5　DHCP 分配地址的过程

其中，客户机与 DHCP 服务器交互过程中需要使用 4 种不同类型的 DHCP 报文进行通信，这 4 种 DHCP 报文类型分别是 DHCP DISCOVER、DHCP OFFER、DHCP REQUEST 和 DHCP ACK，如表 10-1 所示。

表 10-1　4 种 DHCP 报文类型

DHCP 报文类型	用途
DHCP DISCOVER	客户机广播查找可用服务器
DHCP OFFER	DHCP 服务器响应 DHCP DISCOVER 报文，分配相应的配置参数
DHCP REQUEST	客户机请求配置参数、请求配置确认、请求续租约
DHCP ACK	DHCP 服务器确认 DHCP REQUEST 报文

（1）发现阶段

当客户机接入网络，发现没有 IP 地址时，客户机通过广播方式发出 DHCP DISCOVER 报文，寻找网络中的 DHCP 服务器。该报文的源 IP 地址为 0.0.0.0，目的 IP 地址为 255.255.255.255，其中附带 DHCP DISCOVER 信息。这个阶段是发现阶段，在此阶段中，只有 DHCP 服务器会对该报文做出响应，如图 10-6 所示。

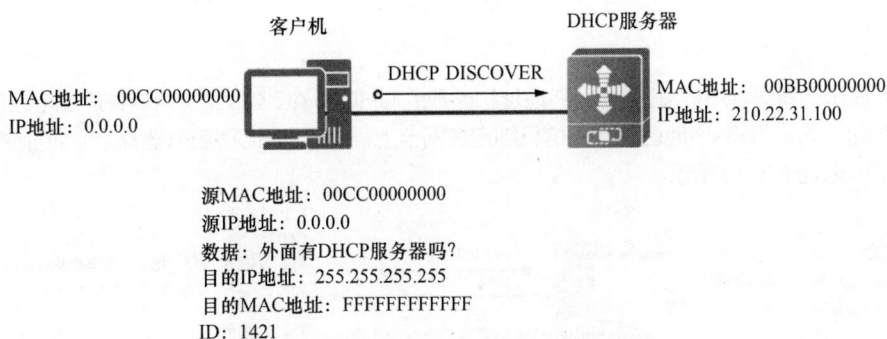

图 10-6　发现阶段

（2）提供阶段

DHCP 服务器收到客户机发送的 DHCP DISCOVER 报文后，及时做出响应，发出 DHCP OFFER 报文，从没有被出租的 IP 地址池内选择位于最前面、闲置的 IP 地址，连同配置参数信息，利用单播方式提供给客户机。这个阶段是提供阶段，即 DHCP 服务器提供 IP 地址的阶段，如图 10-7 所示。

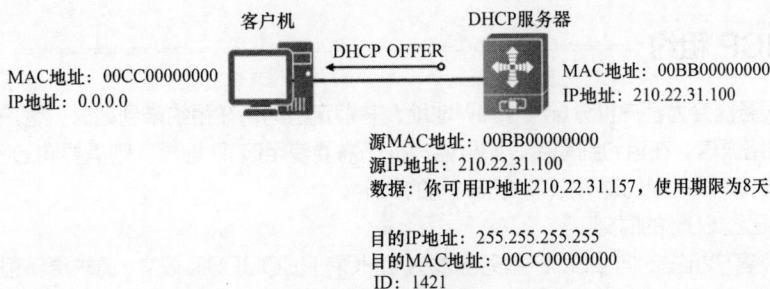

图 10-7　提供阶段

（3）选择阶段

客户机收到 DHCP OFFER 报文后，再次利用广播方式发送一个 DHCP REQUEST 报文，作为对 DHCP 服务器的响应。这个阶段是选择阶段，即客户机选择某台 DHCP 服务器提供的 IP 地址的阶段，如图 10-8 所示。

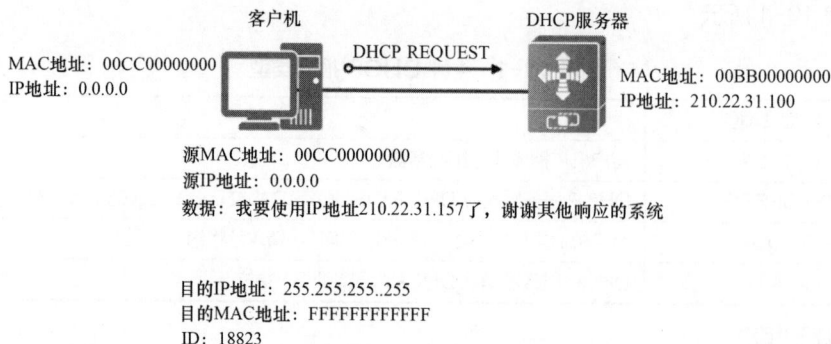

客户机
MAC地址：00CC00000000
IP地址：0.0.0.0

DHCP REQUEST

DHCP服务器
MAC地址：00BB00000000
IP地址：210.22.31.100

源MAC地址：00CC00000000
源IP地址：0.0.0.0
数据：我要使用IP地址210.22.31.157了，谢谢其他响应的系统

目的IP地址：255.255.255..255
目的MAC地址：FFFFFFFFFFFF
ID：18823

图 10-8　选择阶段

如果网络中有多台 DHCP 服务器同时向客户机发送 DHCP OFFER 报文，则客户机只接收第一条到达的 IP 地址信息。此后，客户机以广播方式回复一个 DHCP REQUEST 报文，携带客户机选定 DHCP 服务器提供的 IP 地址信息，通知其他 DHCP 服务器，客户机已经选择某台 DHCP 服务器提供的 IP 地址。

（4）确认阶段

DHCP 服务器向客户机发送包含 IP 地址和参数的 DHCP ACK 报文，告诉客户机可以使用其提供的 IP 地址。客户机将 IP 地址和参数信息绑定在网卡上。其他 DHCP 服务器都收回曾提供的 IP 地址。确认阶段如图 10-9 所示。

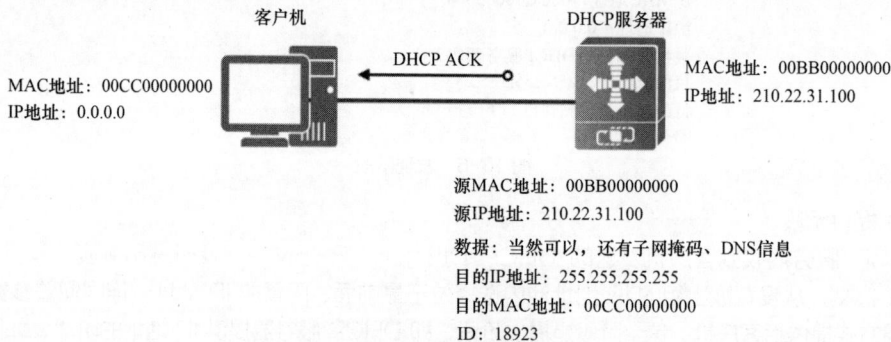

客户机
MAC地址：00CC00000000
IP地址：0.0.0.0

DHCP ACK

DHCP服务器
MAC地址：00BB00000000
IP地址：210.22.31.100

源MAC地址：00BB00000000
源IP地址：210.22.31.100
数据：当然可以，还有子网掩码、DNS信息
目的IP地址：255.255.255.255
目的MAC地址：00CC00000000
ID：18923

图 10-9　确认阶段

3. DHCP 租约

DHCP 服务器会为客户机分配一个 IP 地址，并指定租期。在租约未到期时，客户机可以使用该 IP 地址进行网络通信。在租约到期后，如果客户机仍需要使用该 IP 地址，则需要向 DHCP 服务器申请续约。其中，DHCP 租约遵守以下关于时间的约定。

（1）租期已过 50%的时刻

在此时刻，客户机主动向 DHCP 服务器发送 DHCP REQUEST 报文，请求更新租期：若 DHCP 服务器提供的 IP 地址可以继续使用，则回复 DHCP ACK 报文，更新租期；若 DHCP 服务器提供的 IP 地址不可以继续使用，则回复 DHCP NAK 报文，不更新租期。

（2）租期已过 87.5%的时刻

在此时刻，客户机主动向 DHCP 服务器发送 DHCP REQUEST 报文，请求更新租期：若 DHCP

服务器提供的 IP 地址可以继续使用，则回复 DHCP ACK 报文，更新租期；若 DHCP 服务器提供的 IP 地址不可以继续使用，则回复 DHCP NAK 报文，不更新租期。

租约到期后，客户机会重新发送 DHCP DISCOVER 报文，重新开始 DHCP 分配地址的过程。

10.3　认识 DHCP 报文

部署在同一网段中的客户机和 DHCP 服务器通过交换 DHCP 报文，实现 DHCP 服务过程。其中，DHCP 是基于 UDP 的典型应用：客户机采用端口号 68，服务器采用端口号 67，实现面向无连接的通信服务。

DHCP 报文使用 IP 数据包进行封装，其完整的 DHCP 报文内容如图 10-10 所示。

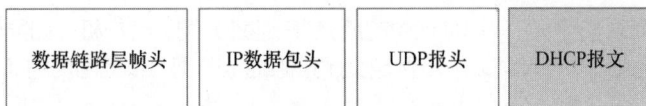

数据链路层帧头	IP数据包头	UDP报头	DHCP报文

图 10-10　完整的 DHCP 报文内容

其中，各部分内容介绍如下。
① 数据链路层帧头：常见格式有 Ethernet_II、IEEE 802.1Q、IEEE 802.3 等。
② IP 数据包头：标准 IP 数据包头，长度为 20 字节。
③ UDP 报头：标准 UDP 报头，长度为 8 字节。
④ DHCP 报文：承载具体的 DHCP 报文内容。

10.4　配置 DHCP 服务

先完成网关地址配置，再配置以下 DHCP 服务。

1. 配置地址池

在全局配置模式下，使用以下命令配置地址池、子网掩码及默认网关。

```
Switch(config)#server DHCP                        ！启用 DHCP 服务
Switch(config)#ip dhcp pool VLAN-10               ！定义地址池名称为 VLAN-10
Switch(dhcp-config)#network 10.1.1.0 255.255.255.0
！配置地址池和子网掩码
Switch(dhcp-config)#default-router 10.1.1.1       ！配置默认网关
```

2. 配置租约

IP 地址默认租期[以天（day）为单位]为 1 天，使用以下命令可以配置租约。

```
Switch(dhcp-config)#lease { days [ hours ] [ minutes ] |[ infinite ] }
```
以下示例为配置租约过程。
```
Switch(config)#server DHCP
Switch(config)#ip dhcp pool VLAN-10
Switch(dhcp-config)#network 10.1.1.0 255.255.255.0
Switch(dhcp-config)#default-router 10.1.1.1       ！配置默认网关
Switch(dhcp-config)#lease 8 0 0                   ！配置租约的租期为 8 天 0 小时 0 分钟
```

3. 配置域名和域名服务器

可以指定客户机的域名，当客户机访问网络时，自动完成域名地址解析。以下示例为给客户机分配域名 ruijie.com.cn。

```
Switch(config)#ip dhcp pool VLAN-10
Switch(dhcp-config)#network 10.1.1.0 255.255.255.0
Switch(dhcp-config)#default-router 10.1.1.1
Switch(dhcp-config)#domain-name ruijie.com.cn    ! 给客户机分配域名
```

4. 配置排除地址

DHCP 服务器默认把 DHCP 地址池中的所有 IP 地址分配给客户机。如果想要保留一些 IP 地址不分配，则需要定义排除地址。以下示例定义了排除地址范围，该范围内的 IP 地址不会被分配给客户机。

```
Switch(config)#ip dhcp pool VLAN-10
Switch(dhcp-config)#ip dhcp excluded-address 10.1.1.150 10.1.1.200
! 定义排除地址范围：10.1.1.150～10.1.1.200
```

5. 配置设备接口，自动获取 IP 地址

使用以下命令配置设备接口，自动获取 IP 地址。

```
Switch(config)#interface GigabitEthernet 0/1
Switch(config-if)#no switchport              ! 将接口设置为三层模式
Switch(config-if)#ip address dhcp            ! 配置通过接口方式获取 IP 地址
```

6. DHCP 手动分配固定的 IP 地址

假设配置 MAC 地址为 f0de.f17f.cb4c 的客户机自动获取 IP 地址 10.1.1.88/24，根据客户机发送的 DHCP DISCOVER 报文中的客户机 MAC 地址进行 IP 地址分配时，有以下两种方式。

① 使用 client-identifier 命令实现。

```
Switch(config)#ip dhcp pool VLAN-10
Switch(dhcp-config)#client-identifier 01f0.def1.7fcb.4c
! 根据客户机标识分配地址，客户机标识通过 "01+MAC 地址" 的组合方式实现，注意组合的方式。其中，01
! 代表网络类型为以太网，建议采用这种方式
Switch(dhcp-config)#host 10.1.1.88 255.255.255.0    ! 分配固定的 IP 地址
```

② 使用 hardware-address 命令实现（推荐）。

```
Switch(config)#ip dhcp pool VLAN-10
Switch(dhcp-config)#hardware-address f0de.f17f.cb4c
! 当使用 client-identifier 命令动态手动分配 IP 地址失败时，可以尝试使用此命令。推荐根据客户机
! MAC 地址分配 IP 地址
Switch(dhcp-config)#host 10.1.1.88 255.255.255.0    ! 分配固定的 IP 地址
```

7. 查看 DHCP 信息

使用以下命令查看 DHCP 信息。

```
Switch#show ip dhcp server statistics     ! 查看 DHCP 服务器统计信息
Switch#show ip dhcp binding               ! 查看 DHCP 服务器绑定信息
Switch#show ip dhcp conflict              ! 查看 IP 地址冲突信息
Switch#show dhcp lease                    ! 查看 DHCP 租约信息
```

10.5 配置 DHCP 中继

在大型企业或校园中可能有多个建筑物或楼层，其中每个区域都有自己的网段。在这种情况下，为了便于管理和降低每个区域都需要部署 DHCP 服务器的复杂性，可以在中心区域部署一台或几台 DHCP 服务器，并使用 DHCP 中继转发这些区域的 DHCP 请求，实现通过 DHCP 进行 IP 地址的自动分配。

1. 什么是 DHCP 中继

在 DHCP 通信机制中，如果客户机和 DHCP 服务器不在同一网段，则必须部署 DHCP 中继，因为此时 DHCP DISCOVER 报文会被子网屏蔽，如图 10-11 所示。

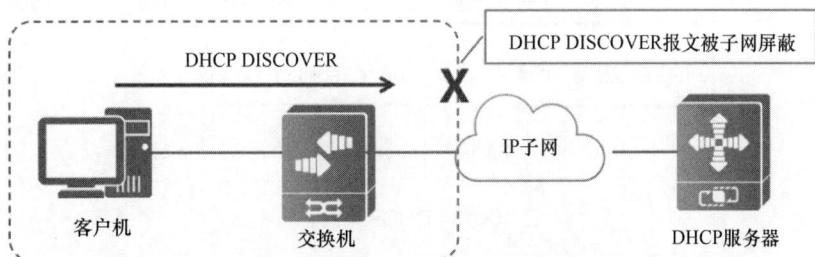

图 10-11 DHCP DISCOVER 报文被子网屏蔽

DHCP 中继也称 DHCP 中继代理，用于将一个子网中的客户机发来的 DHCP DISCOVER 报文通过单播方式转发到另一子网中的 DHCP 服务器上，满足 DHCP DISCOVER 报文跨网段通信需要。同时，DHCP 中继可用于将其他子网中的 DHCP 服务器发出的消息转发给不在同一子网中的客户机上，如图 10-12 所示。

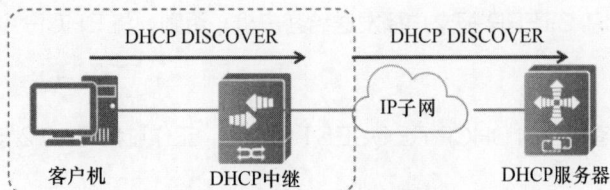

图 10-12 DHCP 中继场景

2. DHCP 中继工作过程

如图 10-13 所示，在 DHCP 中继场景中，客户机、DHCP 中继和 DHCP 服务器之间的交互过程与无 DHCP 中继场景中的交互过程基本相同，二者的差异为是否通过 DHCP 中继在 DHCP 服务器和客户机之间转发 DHCP 报文。

（1）发现阶段

DHCP 中继收到客户机发送的 DHCP DISCOVER 报文后，进行以下处理。

147

① 检查 DHCP 报文中的 hops 字段：如果大于 16，则丢弃 DHCP 报文；否则将 hops 字段加 1，表示经过一次 DHCP 中继。

② 检查 DHCP 报文中的 giaddr 字段：如果是 0，则将 giaddr 字段修改为接收 DHCP DISCOVER 报文的接口 IP 地址；如果不是 0，则不修改该字段。

③ 将 DHCP 报文中的目的 IP 地址修改为 DHCP 服务器或下一跳 DHCP 中继的 IP 地址，将源 IP 地址修改为 DHCP 中继连接客户机的接口 IP 地址。

④ 将 DHCP 报文通过单播方式发送给 DHCP 服务器或下一跳 DHCP 中继。如果客户机与 DHCP 服务器之间存在多台 DHCP 中继，则 DHCP 中继工作过程同上。

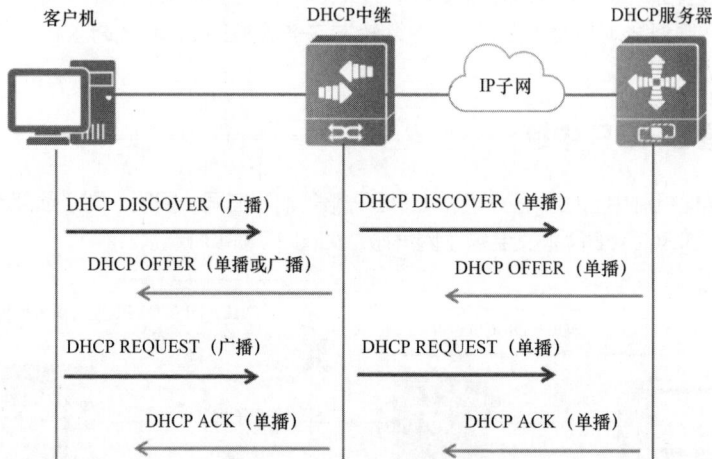

图 10-13　DHCP 中继场景

（2）提供阶段

不在同一网段的 DHCP 服务器收到 DHCP DISCOVER 报文后，会先选择与报文中的 giaddr 字段为同一网段的 IP 地址，并将其分配给客户机；再向 giaddr 字段标识的 DHCP 中继单播发送 DHCP OFFER 报文。

DHCP 中继收到 DHCP OFFER 报文后，会检查报文中的 giaddr 字段，当其不是接口 IP 地址时，丢弃该报文，当其是接口 IP 地址时，DHCP 中继会检查报文中的广播标志位：如果广播标志位为 1，则将 DHCP OFFER 报文广播发送给客户机；否则，将 DHCP OFFER 报文单播发送给客户机。

（3）选择阶段

DHCP 中继接收客户机的 DHCP REQUEST 报文后，工作过程同 10.2 节的"选择阶段"。

（4）确认阶段

DHCP 中继接收 DHCP 服务器的 DHCP ACK 报文后，工作过程同 10.2 节的"确认阶段"。

3. 配置 DHCP 中继

在全局配置模式下，使用以下命令配置 DHCP 中继。

```
Switch(config)#service dhcp        ! DHCP 中继必须启用 DHCP 服务
Switch(config)#ip helper-address <IP 地址>
! 指定 DHCP 服务器的 IP 地址，也可以在接口下请求指定 DHCP 服务器的 IP 地址
Switch(config-if)#ip helper-address <IP 地址>
```

【配置案例】 配置 DHCP 中继。

如图 10-14 所示，为实现客户机自动获取 IP 地址的功能，某企业网络拟在三层交换机上部署 DHCP 服务器，在二层交换机上启用 DHCP 中继，使接入终端能够自动获取 IP 地址。

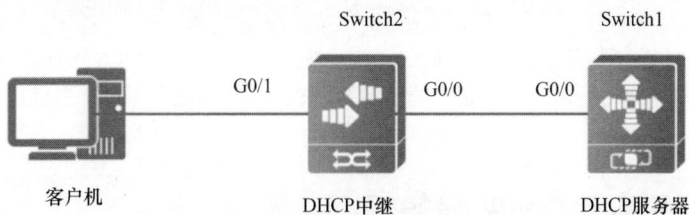

图 10-14　配置 DHCP 中继的组网拓扑

① 在核心交换机 Switch1 上配置接口信息及 IP 地址。

```
Ruijie#configure terminal
Ruijie(config)#hostname Switch1
Switch1(config)#interface GigabitEthernet 0/0
Switch1(config-if)#no switchport
Switch1(config-if)#ip address 172.16.1.1 255.255.255.252
Switch1(config-if)#exit
Switch1(config)#ip route 192.168.1.0 255.255.255.0 172.16.1.2
! 配置指向用户网络的静态路由
```

② 在核心交换机 Switch1 上配置交换机管理地址。

```
Switch1(config)#interface VLAN 1              ! 打开交换机管理中心
Switch1(config-if-VLAN 1)#ip address 192.168.1.254 255.255.255.0
Switch1(config-if-VLAN 1)#exit
```

③ 在核心交换机 Switch1 上启用 DHCP 服务，配置地址池。

```
Switch1(config)#service dhcp                    ! 启用 DHCP 服务
Switch1(config)#ip dhcp pool test            ! 配置地址池名称为 test
Switch1(dhcp-config)#network 192.168.1.0 255.255.255.0
! 配置地址池中可分配 IP 地址的范围
Switch1(dhcp-config)#dns-server 8.8.8.8       ! 配置域名服务器的 IP 地址
Switch1(dhcp-config)#default-router 192.168.1.254   ! 配置网关
Switch1(dhcp-config)#exit
```

④ 在接入交换机 Switch2 上配置用户 SVI 网关。

```
Ruijie#configure terminal
Ruijie(config)#hostname Switch2
Switch2(config)#interface GigabitEthernet 0/0
Switch2(config-if)#no switchport
Switch2(config-if)#ip address 172.16.1.2 24
Switch2(config-if)#exit
```

⑤ 在接入交换机 Switch2 上实现与核心交换机 Switch1 的互联。

```
Switch2(config)#ip route 0.0.0.0 0.0.0.0 172.16.1.1
! 配置指向 DHCP 服务器的默认路由
```

⑥ 在接入交换机 Switch2 上启用 DHCP 中继。

```
Switch2(config)#service dhcp                     ! 启用 DHCP 服务
Switch2(config)#ip helper-address 172.16.1.1     ! 启用 DHCP 中继
```

⑦ 在客户机上启用使用 DHCP 方式自动获取 IP 地址的功能，并查看获取的 IP 地址。

```
Host1#ip dhcp        ！启用使用 DHCP 方式自动获取 IP 地址的功能
Host1#show ip        ！查看获取的 IP 地址。限于篇幅，此处省略显示内容
......
```

注意：使用锐捷 EVE 模拟器进行实训时，由于虚拟机（Virtual PC，VPC）存在缺陷，因此无法实现 DHCP 功能。此时既可以使用路由器模拟客户机，又可以使用真机，并使用云桥实现计算机自动获取 IP 地址。

【项目实训】配置 DCHP 服务器

【项目规划】

某学院为新建的实训机房配置 DHCP 时，使用的 IP 地址网段是 10.1.1.0/24 和 10.1.2.0/24。其中，实训机房 1 作为高年级实训机房（10.1.1.0/24），配置 IP 地址租期为 30 天；实训机房 2 作为日常教学机房（10.1.2.0/24），配置 IP 地址租期为 2 天。

【实训过程】

① 组建网络场景。根据初期规划和实际施工需要，在两个实训机房配置 DHCP，如图 10-15 所示。推荐使用锐捷 EVE 模拟器进行实训。

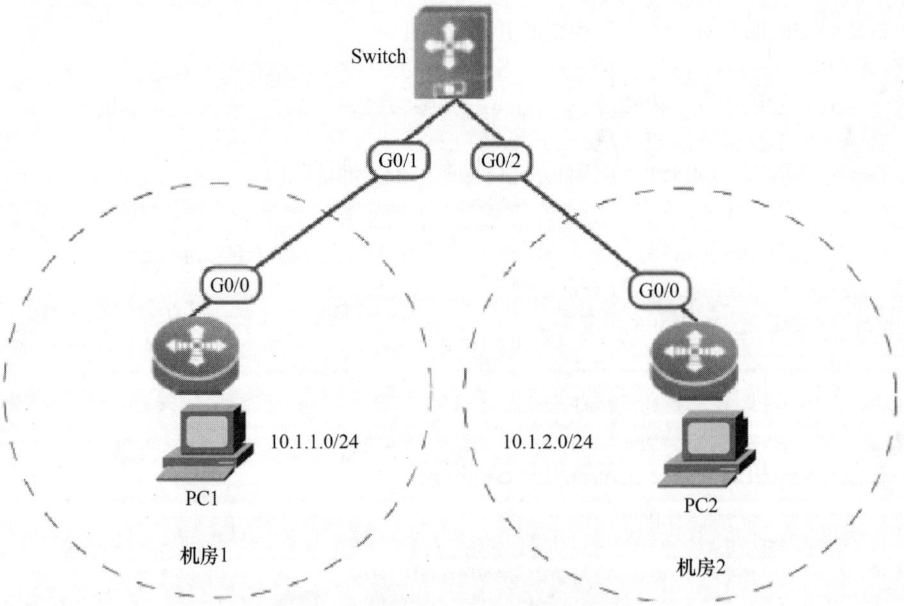

图 10-15　在两个实训机房配置 DHCP

② 在客户机（使用路由器代替）上启用其接口使用 DHCP 方式自动获取 IP 地址的功能。

```
Ruijie#configure
Ruijie(config)#hostname PC1        ！修改设备名称为 PC1
PC1(config)#interface GigabitEthernet 0/0
PC1(config-if)#no switchport        ！启用三层接口功能
PC1(config-if)#ip address dhcp      ！为客户机的接口启用使用 DHCP 方式自动获取 IP 地址的功能
PC1(config-if)#end
```

按照同样的方式，完成另一台客户机的该功能的启用。限于篇幅，此处省略相关内容。

③ 在 Switch 上配置接口地址信息。

```
Ruijie#configure terminal
Ruijie(config)#hostname Switch
Switch(config)#interface GigabitEthernet 0/1
Switch(config-if)#no switchport
Switch(config-if)#ip address 10.1.1.1 24
Switch(config-if)#exit
Switch(config)#interface GigabitEthernet 0/2
Switch(config-if)#no switchport
Switch(config-if)#ip address 10.1.2.1 24
Switch(config-if)#exit
```

④ 在 Switch 上配置 DHCP 服务器。

```
Switch(config)#service dhcp
Switch(config)#ip dhcp pool test1
Switch(dhcp-config)#network 10.1.1.0 255.255.255.0
Switch(dhcp-config)#default-router 10.1.1.1
Switch(dhcp-config)#lease 8 0 0
Switch(dhcp-config)#exit
Switch(config)#ip dhcp pool test2
Switch(dhcp-config)#network 10.1.2.0 255.255.255.0
Switch(dhcp-config)#default-router 10.1.2.1
Switch(dhcp-config)#lease 2 0 0
Switch(dhcp-config)#end
```

⑤ 查看 DHCP 服务器配置结果。

```
Switch#show ip dhcp binding                    ! 查看下联主机地址绑定信息
IP address  Hardware address  Lease expiration          Type
10.1.1.2    5000.0010.0001    000 days 23 hours 57 mins  Automatic
10.1.2.2    5000.0011.0001    000 days 23 hours 59 mins  Automatic
```

⑥ 查看客户机地址自动获取信息。

```
PC1#show interface GigabitEthernet 0/0        ! 查看接口获得的 IP 地址
......
```

⑦ 测试不同子网中客户机之间的网络连通状况。

```
PC1#ping 10.1.2.2        ! 测试是否可以与其他子网成功连通，测试结果为可以成功连通
......
```

【项目小结】

本项目结合网络工程师工作岗位要求，系统讲解了 DHCP 自动分配地址知识。首先，本项目介绍了 DHCP 相关知识；其次，本项目介绍了 DHCP 工作流程；再次，本项目介绍了 DHCP 报文；最后，本项目介绍了如何配置 DHCP 服务以及如何配置 DHCP 中继，实现自动分配地址。

【素质提升】没有任何借口

"没有任何借口"早期是部队中执行的重要行为准则，强调的是每一名士兵都应该想尽办法完成任何一项项目，而不是为没有完成项目寻找借口，即使这些借口看似合理。其核心是敬业、负责、服从、

诚实。这一准则被引入企业后，成为提升企业凝聚力、建设企业文化的重要准则之一。企业引入这一准则的目的是让员工学会适应压力，培养他们不达目的不罢休的毅力。

"没有任何借口"可以让每一个员工懂得：工作中是没有任何借口的，失败是没有任何借口的，人生也是没有任何借口的。没有做好一件事情，没有完成一项项目时，有成千上万条借口在响应你、声援你、支持你，抱怨、推诿、迁怒、愤世嫉俗成了最好的解脱。此时，借口就是一块用于敷衍别人、原谅自己的"挡箭牌"，是推卸责任的"万能器"。"没有任何借口"体现的是一种完美的执行能力，一种服从、诚实的态度，一种负责、敬业的精神。

【认证测试】

单选题：下列每道试题都有多个选项，请选择一个最优的选项。

1. DHCP 的主要功能是（　　）。
   A. 为客户机自动进行网络配置
   B. 为客户机提供路由服务
   C. 为客户机自动进行注册
   D. 为 WINS 提供路由

2. 以下关于 DHCP 的描述中错误的是（　　）。
   A. DHCP 客户机可以从外网获取 IP 地址
   B. DHCP 客户机只能接收一个 DHCP OFFER 报文
   C. DHCP 不会同时租借相同的 IP 地址给两台计算机
   D. DHCP 分配的 IP 地址默认租期为 8 天

3. DHCP 服务器分配给 DHCP 客户机的 IP 地址是（　　）。
   A. 静态的　　　　　　　　　　　B. 永久的
   C. 暂时的　　　　　　　　　　　D. 永久的还是暂时的取决于配置

4. 下列关于 DHCP 配置的描述中错误的是（　　）。
   A. DHCP 服务器不需要配置固定的 IP 地址
   B. 网络中有较多可用 IP 地址，只有很少的 IP 地址会对配置进行更改，因此可以适当延长租约
   C. 释放租约的命令是"ipconfig/release"
   D. 只有作用域被激活后，DHCP 才可以为客户机分配 IP 地址

5. DHCP 服务器的主要作用是（　　）。
   A. 动态 IP 地址分配　　　　　　B. 域名解析
   C. IP 地址解析　　　　　　　　D. MAC 地址分配

6. 下列有关 DHCP 服务的描述中不正确的是（　　）。
   A. DHCP 只能为客户机分配不固定的 IP 地址
   B. DHCP 是不进行身份认证的协议
   C. 通过向 DHCP 服务器发送大量请求实现对 DNS 服务器的攻击
   D. 未经授权的 DHCP 服务器可以向 DHCP 客户机租用 IP 地址

7. 有关 DHCP 客户机的描述不正确的是（　　）。
   A. DHCP 客户机可以自行释放已获得的 IP 地址
   B. DHCP 客户机获得的 IP 地址可以被 DHCP 服务器收回
   C. DHCP 客户机在未获得 IP 地址前只能发送广播信息
   D. DHCP 客户机在每次启动时所获得的 IP 地址都不一样

8. DHCP 中继的主要作用是（　　　）。

    A. 为 DHCP 客户机动态分配 IP 地址

    B. 转发 DHCP 请求和响应报文

    C. 管理 DHCP 服务器和客户机之间的连接

    D. 为 DHCP 服务器提供备份功能

9. DHCP 客户机申请 IP 地址租约时首先发送的信息是（　　　）。

    A. DHCP DISCOVER   B. DHCP OFFER

    C. DHCP REQUEST   D. DHCP POSITIVE

10. DHCP 基于（　　　）工作。

    A. TCP   B. UDP   C. ICMP   D. HTTP

项目11
路由器技术

11

【项目情景】

某学院为了扩充校园网带宽，使用光纤专线接入 Internet，校园网出口路由器初期规划如图 11-1 所示。网络工程师小明需要为校园网出口路由器配置远程登录（Telnet）功能，方便网络中心其他工程师远程登录和管理校园网设备。

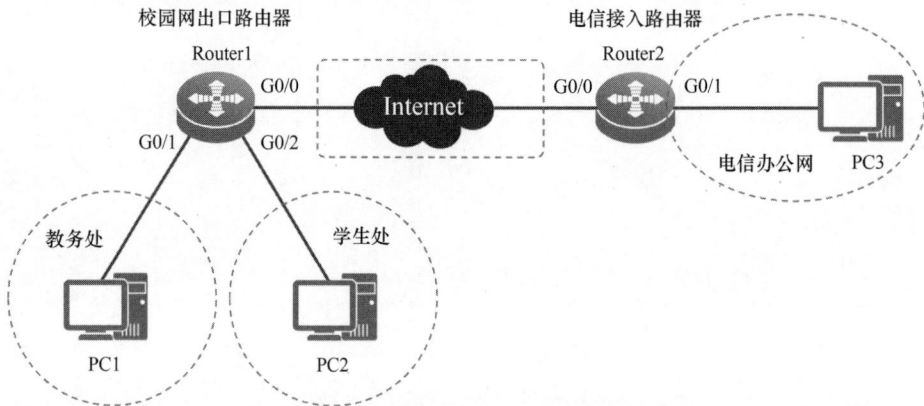

图 11-1　校园网出口路由器初期规划

【项目目标】

本项目针对网络工程师工作岗位的岗位要求介绍路由器技术，实现以下项目目标。

1. 知识目标

（1）了解路由技术。

（2）认识路由器。

2. 技能目标

能够配置路由器。

3. 素质目标

（1）通过了解我国路由器技术发展情况，增强学生对中国制造、科技强国的认同感，以及爱国情怀和民族自豪感。

（2）通过配置国产路由器，培养学生对科技强国的责任与担当。

（3）培养学生遵守教学秩序的意识，帮助学生养成按操作规范要求使用工具及仪器设备，实训中有序摆放线缆及设备，实训完成后及时整理现场等的习惯。

（4）培养学生在实训现场的安全意识，懂得安全操作知识，严格按照安全标准流程进行操作。

【知识准备】

IP 路由简称路由（Route），是 IP 数据包在网络中寻址、转发，最终被传输到目的地址所在网络的过程。

11.1 了解路由技术

局域网由众多网络设备和终端组成，如交换机、路由器、服务器、PC 等。路由技术是实现这些网络设备之间通信的重要手段。

1. 什么是路由

路由指 IP 数据包从一个网络出发，去往某个目的地址所在网络的过程。在该过程中，IP 数据包会经过一个或多个节点。安装在网络中的三层路由设备（如路由器）会为 IP 数据包寻址，即依据路由表为 IP 数据包选择最佳的转发路径，如图 11-2 所示。

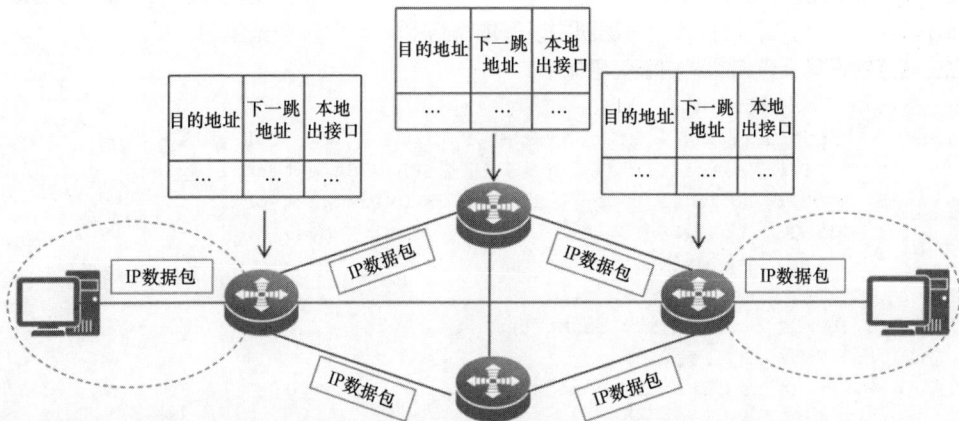

图 11-2　路由示例

路由发生在 OSI-RM 通信标准的第 3 层。路由包含两个动作：确定最佳路径和通过网络传输信息。

2. 三层路由设备

常见的三层路由设备有路由器、三层交换机、防火墙、无线 AP 等。三层路由设备会学习、更新和维护一张路由表。通过路由表，三层路由设备可以为 IP 数据包寻址，指导 IP 数据包的转发，如图 11-3 所示。[路由表条目中"类型"下的 C 表示直连路由，S 表示静态路由，O 表示开放最短通路优先（Open Shortest Path First，OSPF）协议动态路由。]

在 IP 数据包的转发中，三层路由设备承担着重要作用。首先，其会对从一个接口上收到的 IP 数据包进行解析，获取目的地址。其次，其会依据路由表寻址，将 IP 数据包转发到另一个接口互联的网络中。其中，经典的三层路由设备中的路由器用于实现异构网络的互联互通，其使用统一的 IP 数据包封装格式把信息从一个网络发送到另一个网络，实现互联网通信。

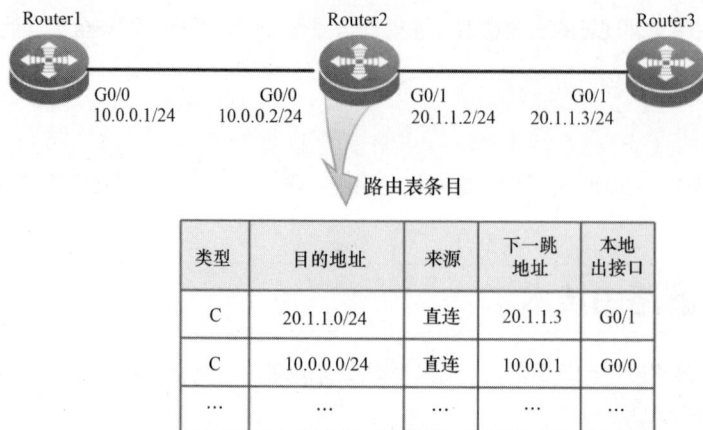

图 11-3　依据路由表转发报文

3. 路由表

为了进行路由，三层路由设备需要学习、更新、维护路由表。路由相关信息包括目的地址、下一跳地址等，通常把这些信息汇总在一起，放到一个信息表中，这个信息表称为 IP 路由表（IP Routing-Table），也称为路由表。三层路由设备依靠路由表指导 IP 数据包的转发。

在三层路由设备上查询的路由表信息如下。

```
Router#show ip route
Codes: C - connected, S - static, R - RIP B - BGP, O - OSPF, IA - OSPF inter area
    N1 - OSPF NSSA external type 1,N2-OSPF NSSA external type 2
    E1 - OSPF external type 1, E2 - OSPF external type 2
    i - IS-IS, L1 - IS-IS level-1, L2 - IS-IS level-2, ia - IS-IS inter area
    * - candidate default
Gateway of last resort is not set
C    10.1.3.0/24 is directly connected, FastEthernet 0/0
C    10.1.3.2/32 is local host.
C    10.1.4.0/24 is directly connected, FastEthernet 0/1
C    10.1.4.1/32 is local host.
S    10.1.1.0/24 [1/0] via 10.1.3.1
O    10.1.2.0/24 [110/2] via 10.1.3.1(on FastEthernet 0/0)
```

4. 路由跳数

路由技术用于指导 IP 数据包寻址、转发过程。安装在网络中的每台三层路由设备都负责接收 IP 数据包，并通过最优路径转发 IP 数据包，经过多台三层路由设备的接力，最终将数据包通过最佳路径转发到目的网络。

三层路由设备根据收到 IP 数据包中的目的地址，通过匹配路由表，为 IP 数据包选择最佳路径，进行路由选择。在把 IP 数据包转发到目的地址的过程中，需要经过多个网段。如图 11-4 所示，计算机 PC1 和计算机 PC2 之间的通信需要经过 3 个网段和 2 台路由器。路由跳数（Hop Count）是数据包从源计算机发送到目的计算机所经过路由器（或其他网络设备）的数量。每经过一台路由器，路由跳数就增加 1。路由跳数是衡量数据包在网络中传输路径长度的一个指标。

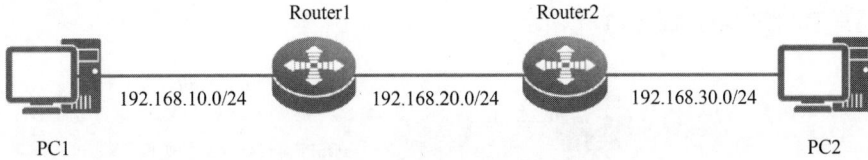

图 11-4　路由跳数和网段

5. 路由类型

根据目的地址与三层路由设备是否直接相连，可以把路由分为直连路由和非直连路由。

（1）直连路由

目的地址与三层路由设备直接相连的路由称为直连路由。直连路由通过物理接口上的数据链路层的协议自动发现，如图 11-5 所示。

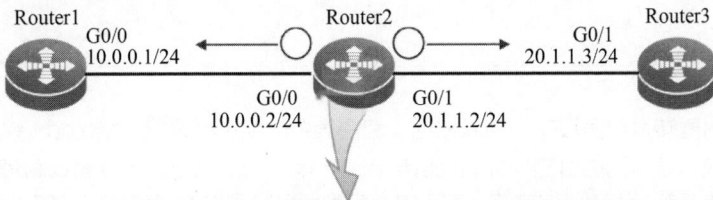

类型	目的地址	来源	下一跳地址	本地出接口
C	10.0.0.0/24	直连	10.0.0.1	G0/0
C	20.1.1.0/24	直连	20.1.1.3	G0/1

图 11-5　直连路由

（2）非直连路由

目的地址与三层路由设备不直接相连的路由称为非直连路由。非直连路由包括静态路由（Static Route）和动态路由两种。

① 静态路由：在三层路由设备上，由网络工程师手动配置的路由称为静态路由。静态路由是手动指向的路由，适用于规模较小的网络，如图 11-6 所示。

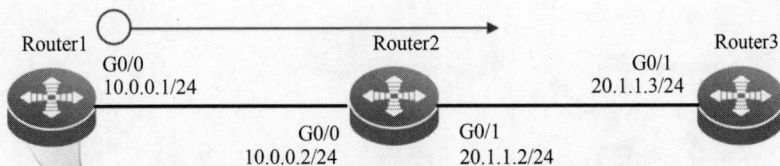

类型	目的地址	来源	下一跳地址	本地出接口
C	10.0.0.0/24	直连	10.0.0.2	G0/0
S	20.1.1.0/24	静态	10.0.0.2	G0/0

图 11-6　静态路由

② 动态路由：在三层路由设备上，通过激活路由协议（Routing Protocol），如 OSPF 协议，自动发现、学习路由的路由称为动态路由。动态路由能够针对网络的变化自动发现、学习路由，选择最

佳路径并将其存入路由表，如图 11-7 所示。

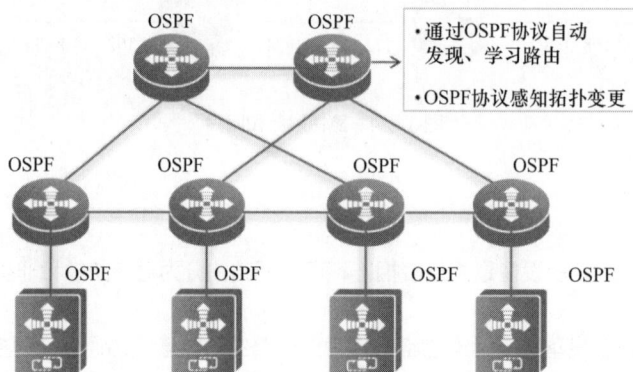

图 11-7　动态路由

6. 路由度量值

路由表是路由器转发数据报文的判断依据。路由表中的路由度量值（Metric）是路由协议用来衡量路径优劣的参数，表示到达目的地址的代价总和。影响路由度量值的因素有线路带宽、路由跳数、线路时延、线路使用率、线路可信度等。不同路由类型中影响路由度量值的部分因素如表 11-1 所示。

表 11-1　不同路由类型中影响路由度量值的部分因素

路由类型	影响路由度量值的因素
静态路由	无
OSPF 协议路由（动态路由）	线路带宽
路由信息协议（Routing Information Protocol，RIP）路由（动态路由）	路由跳数

常用的路由度量值有管理距离（Administrative Distance）、开销、路由跳数、线路带宽、时延、代价、负载、可靠性等。图 11-8 所示为通过路由跳数衡量管理距离。

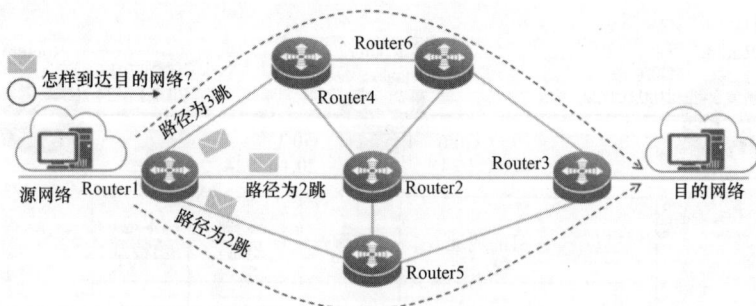

图 11-8　通过路由跳数衡量管理距离

管理距离也称优先级，用于衡量路由源的可信度。管理距离值越低，路由源的可信度就越高。当三层路由设备从不同途径获知到达同一个目的网段的路由（目的地址和子网掩码均相同）时，优选管理距离值最小的路由。不同厂家的设备对默认规定不同。其中，锐捷设备默认管理距离如表 11-2 所示。

表 11-2　锐捷设备默认管理距离

路由来源	路由类型	默认管理距离
直连路由	直连路由	0
静态路由	静态路由	0 或者 1
动态路由	OSPF 协议路由	110
	RIP 路由	120
	边界网关协议（Border Gateway Protocol，BGP）路由中的外部网关协议（Exterior Gateway Protocol，EGP）路由	20
	BGP 路由中的内部网关协议（Interior Gateway Protocol，IGP）路由	200

　　此外，开销也是一个重要属性，开销指到达目的网段需要付出的代价值。同一种路由协议可能会发现多条路由，这些路由可以到达同一目的地，此时路由器将选择开销最小的路由，并将其加入本协议的路由表中。

11.2　认识路由器

　　路由器是连接不同类型或不同子网的设备，其根据收到的 IP 数据包中携带的目的 IP 地址自动选择和匹配 IP 数据包的传输路由，并选择最佳路径发送 IP 数据包。

1.　路由器和路由转发

　　图 11-9 所示为安装在企业网中的路由器，其是工作在网络层的经典设备，可实现异构网络（不同类型的网络，如 TCP/IP 网络和 IPX/SPX 网络）中的网络互联。

　　路由器在收到一个 IP 数据包后，提取 IP 数据包中携带的目的 IP 地址，匹配路由表，将 IP 数据包从一个网络传输到另一个网络中，指导 IP 数据包实施路由转发，其过程如图 11-10 所示。

图 11-9　安装在企业网中的路由器

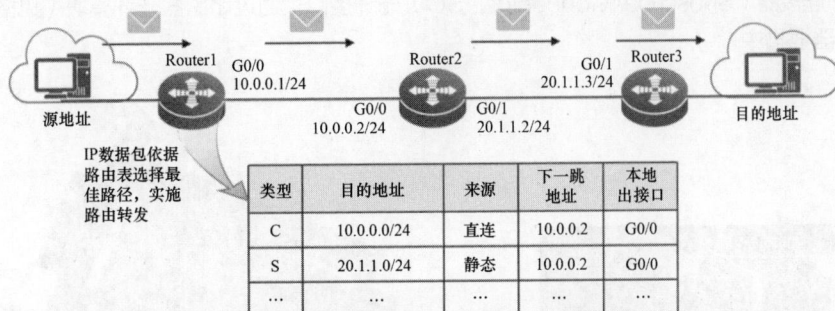

图 11-10　IP 数据包实施路由转发的过程

2.　路由器组成

　　路由器由硬件系统和软件系统组成。其中，硬件系统包括 CPU、存储器和各种不同类型的接口，下面对其进行简单介绍。

（1）CPU

CPU 用于实现路由协议的运行，生成、维护和更新路由表，负责交换路由信息、查找路由表，指导 IP 数据包的转发。图 11-11 所示为路由器的 CPU 芯片。

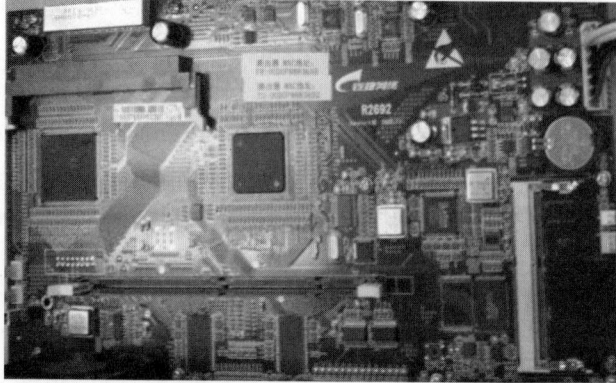

图 11-11　路由器的 CPU 芯片

（2）存储器

路由器使用的存储器类型多样，具体如下。

① ROM：路由器启动时，通过 ROM 中存储的操作系统引导程序引导操作系统工作。

② RAM：操作系统运行期间，RAM 用于存放操作系统和数据信息。关机后，RAM 中存放的信息将被清除。

③ 非易失性随机存储器（Non-Volatile Random Access Memory，NVRAM）：可读写存储器，容量小、速度快，用于保存配置文件，能够实现路由器的快速启动。

④ Flash 存储器：可读/写存储器，系统重启后仍能保存，用于存放操作系统。

（3）接口

路由器有丰富的接口类型，可以实现各种类型的网络连接。路由器接口包括局域网接口、广域网接口和配置口 3 类。

① 局域网接口：连接以太网的 RJ45 接口，也称为 LAN 口，如图 11-12 所示。

② 广域网接口：连接广域网的接口，也称为 WAN 口。常见的广域网接口有以下几种。

a. 用户连接器（Subscriber Connector，SC）光纤接口：通过路由器光纤模块（见图 11-13）安装在路由器插槽中。

图 11-12　连接以太网的 RJ45 接口

图 11-13　路由器光纤模块

b. 高速同步串口（Serial 接口）：也称为专线接口，通信速率高，如图 11-14 所示。

图 11-14　Serial 接口

c. 智能接口卡（Smart Interface Card，SIC）模块接口：路由器支持各种 SIC 模块，如 SIC-1E1-F 模块接口（见图 11-15），以实现节点之间的专线互联。SIC 模块支持多种数据链路层协议，如点对点协议（Point-to-Point Protocol，PPP）、高级数据链路控制（High Level Data Link Control，HDLC）协议、帧中继（Frame Relay，FR）协议等。

图 11-15　SIC-1E1-F 模块接口

③ 配置口：有两种类型，分别为 Console 口和 AUX 口，如图 11-16 所示。

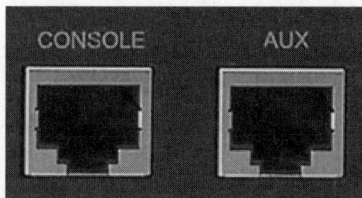

图 11-16　Console 口和 AUX 口

3. 路由器和三层交换机的区别

路由器和三层交换机都是三层路由设备，都用于实现网络互联互通，二者具有以下区别。

（1）应用功能不同

路由器用于实现不同类型网络的互联互通，除实现 IP 子网互联互通外，还能实现其他类型网络的互联互通；而三层交换机具备三层交换功能，仅用于实现不同子网的互联互通。

（2）适用环境不同

三层交换机主要连接以太网，实现以太网数据高速通信；而路由器用于实现不同类型网络的互联互通，主要解决各种复杂网络之间的连接问题。

（3）转发性能不同

在指导 IP 数据包的传输上，两者存在明显的性能区别。其中，路由器基于协议，采用最长匹配方式，使用软件进行指导，转发效率较低；而三层交换机通过硬件芯片执行 IP 数据包交换，在指导第一个 IP 数据包路由后，产生一条 MAC 地址与 IP 地址的映射记录并将其存储在转发表中，当具有同样特征的 IP 数据包再次通过时，三层交换机直接进行二层转发，实现了 IP 数据包的高速转发。

11.3　配置路由器

对路由器进行配置的方式有以下 5 种：①通过带外方式对路由器进行配置；②通过 Telnet 方式对

路由器进行远程配置；③通过 Web 方式对路由器进行远程配置；④通过 SNMP 管理工作站方式对路由器进行远程配置；⑤通过 AUX 口方式对路由器进行远程配置。

1. 配置路由器方式

如图 11-17 所示，新上架的路由器必须采用带外方式，通过计算机的 COM 口（或 USB 口，需要转接器）连接路由器的 Console 口。路由器的 AUX 口也称为备份配置口，它可用于连接 Modem，以远程方式对路由器进行配置。在应急场合下，可通过该备份配置口对配置路由器进行备份。

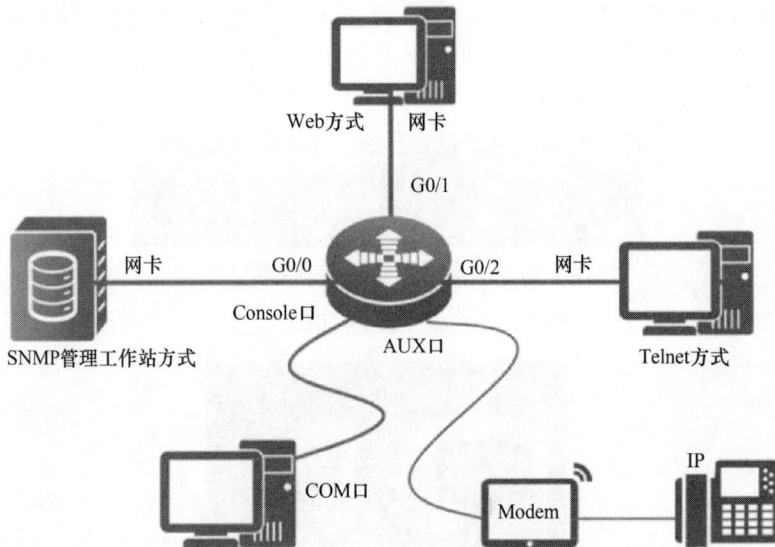

图 11-17　配置路由器

2. 配置路由器模式

配置路由器的界面与配置交换机的界面一致，表 11-3 列出了配置路由器模式。配置路由器时获得帮助的方式与配置交换机时的相同，相关内容请参考交换机配置技术。

表 11-3　配置路由器模式

工作模式		提示符	启动方式
用户模式		Router>	开机自动进入
特权模式		Router#	Router>enable
配置模式	全局配置模式	Router(config)#	Router#configure terminal
	路由配置模式	Router(config-router)#	Router(router)#router rip
	接口配置模式	Router(config-if)#	Router(config)#interface G0/0
	线程配置模式	Router(config-line)#	Router(config)#line console 0

3. 配置路由器命令

使用以下命令完成路由器的基础信息配置。

① 配置路由器模式转换。

```
Router>enable                                  ！进入特权模式
Router#configure terminal                      ！进入全局配置模式
Router(config)#interface GigabitEthernet 0/0   ！进入路由器接口配置模式
Router(config-if)#
```

注意：路由器接口默认为三层接口，可以直接配置 IP 地址。在锐捷 EVE 模拟器中配置接口地址时，需要使用"no switch"命令启用三层交换功能，在真机中配置接口地址时不需要启用此功能。

② 配置路由器名称。

```
Router(config)#hostname RouterA                 ！把路由器名称修改为 RouterA
```

③ 配置路由器接口参数。

```
RouterA(config)#interface Serial 1/1            ！进入广域网接口 Serial 1/1
RouterA(config-if)#ip address 1.1.1.1 24        ！配置 IP 地址
RouterA(config-if)#clock rate 64000
 ！在 Serial 接口的数据控制设备端口上配置时钟频率为 64000bit/s，以确保数据传输的同步性
RouterA(config-if)#bandwidth 512                ！配置带宽速率为 512Kbit/s
RouterA(config-if)#exit
```

④ 配置路由器密码。

```
RouterA(config)#enable password  ruijie         ！设置路由器密码为 ruijie
```

⑤ 配置路由器每日提示信息。

```
RouterA(config)#banner motd  &                  ！配置每日提示信息，"&"为终止符
2023-04-14 17:26:54 @5-CONFIG:Configured from outband
Enter TEXT message.  End with the character '&'.
Welcome to RouterA,if you are admin,you can config it.
If you are not admin,please EXIT
&                                               ！输入&终止输入
```

⑥ 使用如下命令查看特定配置信息。

```
RouterA#show version                            ！查看版本及引导信息
RouterA#show running-config                     ！查看运行配置
RouterA#show startup-config                     ！查看保存的配置文件
RouterA#show interface GigabitEthernet 0/0      ！查看接口信息
RouterA#show ip route                           ！查看路由表信息
RouterA#write                                   ！将当前配置保存到内存中
```

【项目实训】配置路由器

【项目规划】

为了扩充校园网带宽，某学院增加了一条接入专线，通过配置校园网出口路由器，实现其与电信接入路由器的互连，确保校园网顺利接入互联网。根据初期规划和实际施工需要配置路由器，实现校园网接入互联网，如图 11-18 所示。

【实训过程】

1. 组建网络场景

如图 11-18 所示，组建网络场景。推荐使用锐捷 EVE 模拟器完成以下实训。

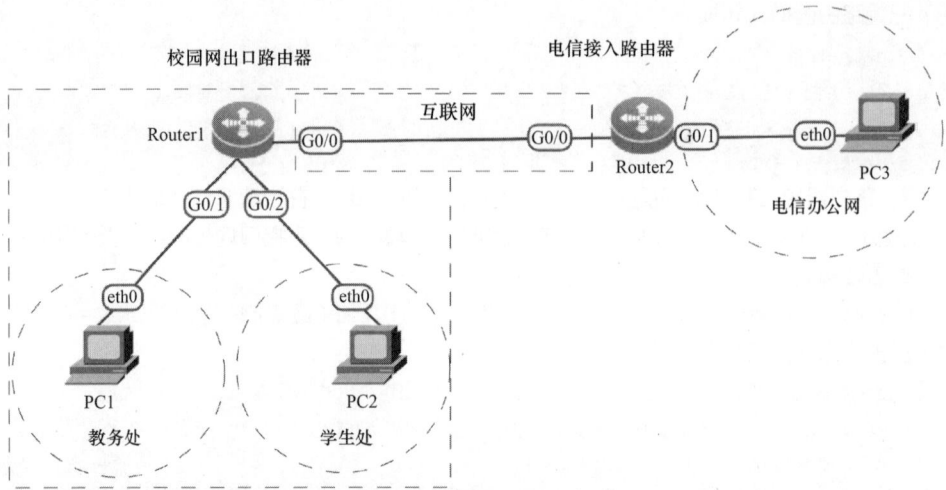

图 11-18　校园网接入互联网

2. 规划网络地址

如表 11-4 所示，规划路由器接入网络的地址信息。

表 11-4　网络地址规划

设备	接口	IP 地址/子网掩码	网关	备注
Router1	G0/0	200.100.10.1/24	—	校园网出口网关
	G0/1	172.16.10.1/24	—	教务处网关
	G0/2	172.16.20.1/24	—	学生处网关
Router2	G0/0	200.100.10.2/24	—	连接校园网出口
	G0/1	192.168.10.1/24	—	电信办公网网关
PC1	网卡	172.16.10.2/24	172.16.10.1/24	教务处计算机
PC2	网卡	172.16.20.2/24	172.16.20.1/24	学生处计算机
PC3	网卡	10.10.10.254/24	10.10.10.1/24	电信办公网计算机

3. 配置路由器，实现校园网接入互联网并进行通信

① 在校园网出口路由器 Router1 上配置接口地址。

```
Ruijie#configure
Ruijie(config)#hostname Router1
Router1(config)#interface GigabitEthernet 0/0
Router1(config-if)#no switchport
！模拟器中的路由器接口使用"no switchport"命令启用三层交换功能，在真机操作时不需要启用此功能
Router1(config-if)#ip address 200.100.10.1 24
Router1(config-if)#exit
Router1(config)#interface GigabitEthernet 0/1
Router1(config-if)#no switchport
Router1(config-if)#ip address 172.16.10.1 24
Router1(config-if)#exit
Router1(config)#interface GigabitEthernet 0/2
Router1(config-if)#no switchport
Router1(config-if)#ip address 172.16.20.1 24
Router1(config-if)#end
```

```
Router1#show ip route      ！查看路由表。限于篇幅，此处省略显示内容
......
```

② 在电信接入路由器 Router2 上配置接口地址。

```
Ruijie#configure
Ruijie(config)#hostname Router2
Router2(config)#interface GigabitEthernet 0/1
Router2(config-if)#no switchport
Router2(config-if)#ip address 192.168.10.1 24
Router2(config-if)#exit
Router2(config)#interface GigabitEthernet 0/0
Router2(config-if)#no switchport
Router2(config-if)#ip address 200.100.10.2 24
Router2(config-if)#end
Router2#show ip route      ！查看路由表。限于篇幅，此处省略显示内容
......             ！只有自己的直连路由，缺少到其他网段的路由
```

4. 配置 IP 地址并测试网络连通状况

① 配置计算机 PC1 的 IP 地址。

```
VPCS>ip 172.16.10.2 24 172.16.10.1
```

按照与上面同样的方式，根据表 11-4，完成计算机 PC2、PC3 的 IP 地址配置。

② 测试网络连通状况。

```
VPCS> ping 172.16.20.1      ！在计算机 PC1 上测试与本网网关的连通状况，测试结果为连通正常
......
VPCS> ping 172.16.20.2      ！在计算机 PC1 上测试与校园网内计算机 PC2 的连通状况，测试结果为
！连通正常
......
VPCS> ping 192.168.10.2      ！在计算机 PC1 上测试与互联网的连通状况，测试结果为连通不正常
......
```

测试结果表明，网络未连通，查看路由表发现原因是路由表中没有到达目的地址的路由条目，这涉及静态路由或者动态路由技术。对于这部分内容，将在后续几个项目中分别进行阐述。

【项目小结】

本项目结合网络工程师工作岗位要求，系统讲解了路由器技术。首先，本项目介绍了路由知识；其次，本项目介绍了路由器相关知识；最后，本项目介绍了如何配置路由器。

【素质提升】问题解决能力

问题解决能力是指人们运用观念、规则、一定的程序方法等对客观问题进行分析并提出解决方案的能力。在职场中，问题是不可避免的。具备问题解决能力的员工能够迅速识别问题、分析问题并提出有效的解决方案。问题解决能力有助于维护工作流程的稳定性和持续性，减少损失和降低风险。同时，问题解决能力是个人职业发展的重要能力，有助于提升职业竞争力和市场价值。提高问题解决能力的方法主要包括：学会关注解决方案，而不是问题；用理由清楚地定义问题，多问为什么；通过归纳简化问题；列出尽可能多的解决方案。

【认证测试】

单选题：下列每道试题都有多个选项，请选择一个最优的选项。

1. RIP 路由、静态路由、默认路由 3 种路由中，路由器优先通过（　　）转发 IP 数据包。

    A. RIP 路由 　　　　　B. 静态路由 　　　　　C. 默认路由 　　　　　D. 都可以

2. 路由协议中的管理距离表示这条路由的（　　）。

    A. 可信度的等级 　　　　　　　　　　　B. 路由信息的等级

    C. 传输距离的远近 　　　　　　　　　　D. 线路的好坏

3. 路由器转发 IP 数据包到非直连网络时，依靠 IP 数据包中的（　　）寻找下一跳地址。

    A. 帧头中的目的 MAC 地址 　　　　　　B. IP 头中的目的 IP 地址

    C. TCP 头中的目的端口号 　　　　　　　D. UDP 头中的目的端口号

4. 下列属于路由表的产生方式的是（　　）。

    A. 通过手动配置添加路由 　　　　　　　B. 通过运行动态路由协议自动学习产生

    C. 通过路由器的直连网段自动生成 　　　D. 以上都是

5. 在网络中，路由器的主要作用是（　　）。

    A. 提高网络速度 　　　　　　　　　　　B. 增加网络节点数

    C. 实现网络层之间的协议转换 　　　　　D. 实现不同网络之间的互联

6. 下列（　　）是连接两个不同网络的桥梁。

    A. 中继器 　　　　　B. 集线器 　　　　　C. 交换机 　　　　　D. 路由器

7. 路由器收到一个目的地址不在路由表中的 IP 数据包时，会（　　）。

    A. 丢弃 IP 数据包 　　　　　　　　　　B. 将 IP 数据包发送到默认路由

    C. 向其他路由器发送查询请求 　　　　　D. 忽略 IP 数据包

8. 关于路由器，以下说法正确的是（　　）。

    A. 路由器只能根据物理地址进行转发

    B. 路由器只能根据逻辑地址进行转发

    C. 路由器既能根据物理地址进行转发，又能根据逻辑地址进行转发

    D. 路由器根据路由表进行转发

9. 在路由表中，直连路由通常具有（　　）。

    A. 中等优先级 　　　B. 最高优先级 　　　C. 最低优先级 　　　D. 根据配置参数确定

10. 路由表中不包含（　　）。

    A. 目的网络地址 　　B. 下一跳地址 　　　C. 源网络地址 　　　D. 路由度量值

项目12
静态路由技术

12

【项目情景】

某学院为了扩充校园网带宽，增加了一条接入专线，网络工程师需要完成校园网出口路由器上的静态路由配置，实现校园网和电信网连通。图 12-1 所示为校园网出口路由器上的静态路由配置的初期规划场景，在该场景的校园网出口路由器上配置静态路由，实现校园网接入互联网。

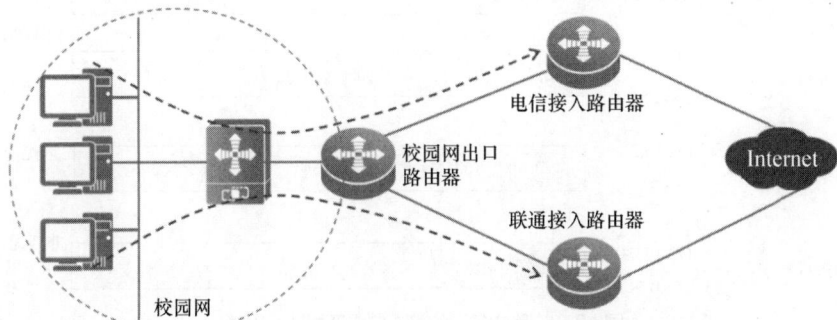

图 12-1　校园网出口路由器上的静态路由配置的初期规划场景

【项目目标】

本项目针对网络工程师工作岗位的岗位要求介绍静态路由技术，实现以下项目目标。

1. 知识目标

（1）了解路由转发原则。

（2）了解静态路由。

（3）了解默认路由。

2. 技能目标

（1）能够配置静态路由。

（2）能够配置默认路由。

3. 素质目标

（1）培养学生遵守教学秩序的意识，帮助学生养成按操作规范要求使用工具及仪器设备，保持工作环境干净，实现整洁的物料放置，遵守 6S 管理规范的习惯。

（2）培养学生和同学友好沟通的能力，建立团队协作关系；在小组实训中，做到项目明确、分工合理、落实到位、工作有序。

【知识准备】

12.1 了解路由转发技术

局域网中可能包含多个不同的子网，这些子网之间需要进行数据通信。路由转发技术用于实现不同网络之间的数据转发，提供可靠的数据传输，实现网络互联。

1. 路由转发原则

当三层路由设备收到一个 IP 数据包时，其会将 IP 数据包中的目的 IP 地址与本地路由表中的所有路由条目进行逐位匹配，直到找到匹配前缀最长的条目，这就是路由转发的最长前缀匹配转发原则，如图 12-2 所示。

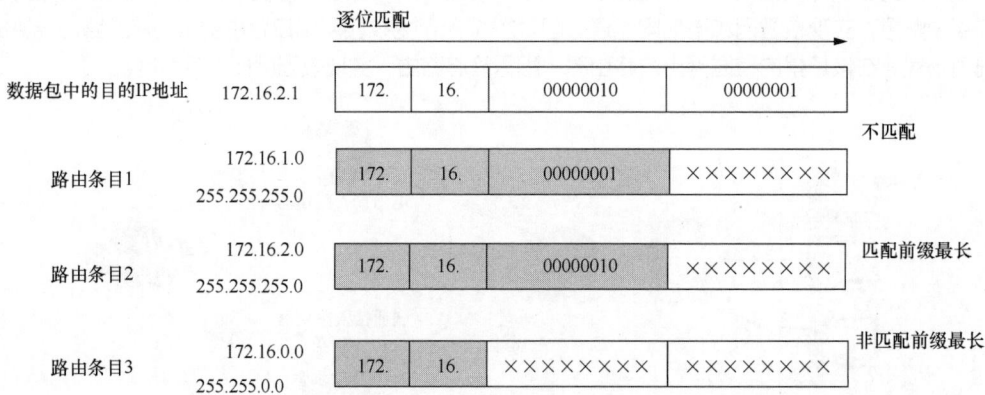

图 12-2　路由转发的最长前缀匹配转发原则

2. 路由转发过程

当三层路由设备收到一个 IP 数据包时，三层路由设备首先会解析 IP 数据包中的目的 IP 地址；该 IP 地址成功匹配路由表中的某个条目后，再与 MAC 地址表进行匹配，查找下一跳 IP 地址对应的 MAC 地址；最后，三层路由设备将 IP 数据包转发给网卡，将 IP 数据包封装成帧，通过网络转发到物理网络中，如图 12-3 所示。

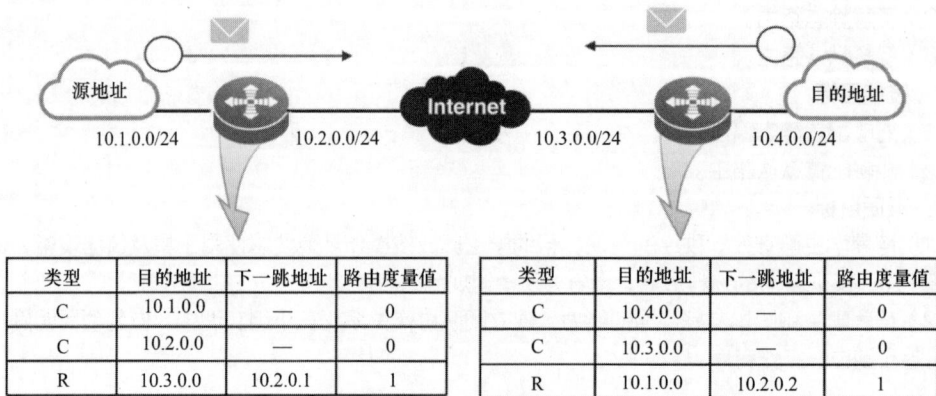

图 12-3　路由转发过程

12.2　了解静态路由技术

静态路由是由网络工程师手动配置的路由。在结构简单的网络中，配置静态路由即可实现网络互联互通。

1.　什么是静态路由

在结构简单的网络中，手动配置静态路由更加方便。使用静态路由管理网络，不会占用 CPU 资源。但静态路由的缺点也比较明显，其不能动态反映网络变化，且当网络拓扑发生改变时，静态路由不能适应网络的变化。图 12-4 所示为静态路由实施场景。

类型	目的地址	来源	下一跳地址	本地出接口
C	10.0.0.0/24	直连	10.0.0.2	G0/0
S	20.0.0.0/24	静态	10.0.0.2	G0/0

图 12-4　静态路由实施场景

2.　静态路由特点

静态路由具有如下特点。
① 允许对路由进行精确控制，实现 IP 数据包按指定路径传输到指定网络。
② 静态路由是单向路由，网络工程师可以通过静态路由控制 IP 数据包在网络中的流动。如果希望实现双方对等通信，则必须配置双向静态路由，如图 12-5 所示。

图 12-5　双向静态路由

③ 静态路由在默认情况下是私有的，不会被传递给网络中的其他路由器，路由保密性高。

12.3　配置静态路由

静态路由需要通过手动方式配置路由信息，下面介绍配置静态路由的命令格式。

1.　配置静态路由

在全局配置模式下，通过如下命令配置静态路由。

```
Router(config)# ip route 目的地址/子网掩码 本地出接口或下一跳地址 管理距离
```

配置静态路由时，有本地出接口和下一跳地址两种配置方案。如果指定下一跳设备的地址，则会创建一条管理距离为 1、开销为 0 的静态路由条目；如果下一跳指向本地出接口，则会产生一条管理距离为 0、和直连路由等价的路由条目。使用"no"选项可以删除静态路由信息。

2. 本地出接口配置方案中的下一跳地址选择

在配置静态路由时，如果选择本地出接口配置方案，则下一跳地址的选择有以下两种情况。

① 在点对点的网络连接中选择本地出接口时，隐含指定下一跳地址，即与该接口相连的路由下一跳地址，如图 12-6 所示。

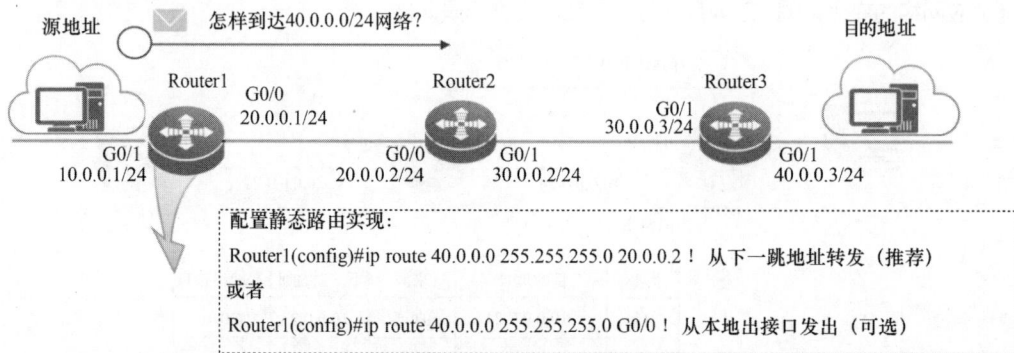

图 12-6 点对点的网络连接

② 在与以太网接口连接的网络中选择下一跳 IP 地址时，由于以太网接口是广播型接口，这会导致出现多个下一跳 IP 地址，造成无法选择下一跳 IP 地址的故障。因此，为了避免出现这种情况，推荐配置时明确指定下一跳地址。

12.4 了解特殊静态路由

特殊静态路由即在特定场景下配置的静态路由，具有独特的意义和应用价值。在某些网络环境中，通过配置特殊静态路由，可以提供更高效、更安全或者更符合特定需求的网络通信管理。

1. 默认路由

（1）什么是默认路由

默认路由是一种特殊静态路由。在 stub 网络（末梢网络或存根网络或边缘网络）中，由于只有 1 条网络出口路径，如图 12-7 所示，因此使用默认路由（0.0.0.0 0.0.0.0）转发目的 IP 地址没有被包含在路由表中的 IP 数据包。

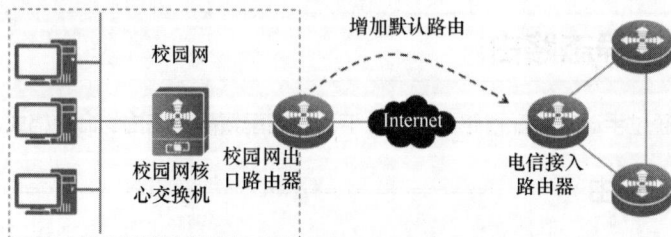

图 12-7 在 stub 网络中配置默认路由

（2）默认路由特征

在路由表中，默认路由通常出现在路由表最底部，是 IP 数据包在匹配路由过程中最后匹配的路由条目。如果没有默认路由，那么没有匹配成功的 IP 数据包将被丢弃。在路由表中，路由优先级从高到低依次为直连路由、静态路由、动态路由和默认路由。

默认路由多出现在 stub 网络中，如图 12-8 所示，在某校园网出口路由器上，通过配置一条默认路由，校园网出口路由器可以把没有匹配成功的 IP 数据包都转发到 Internet 中，继续匹配其他路由条目。

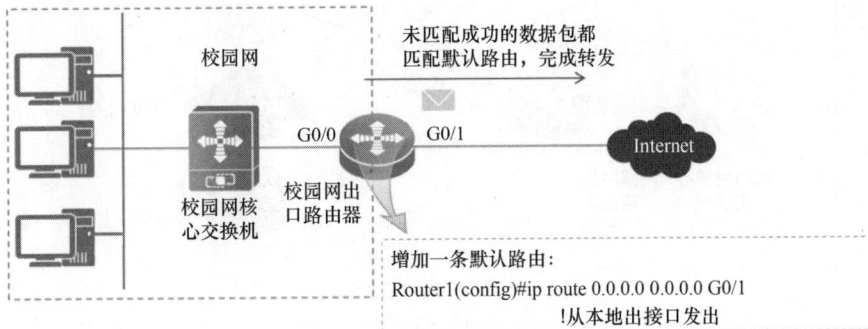

图 12-8 在校园网出口路由器上使用默认路由

（3）配置默认路由

在全局配置模式下，通过如下命令配置默认路由。

```
Router(config)#ip route 0.0.0.0 0.0.0.0 本地出接口或下一跳地址
```

其中，"0.0.0.0 0.0.0.0"表示去往任意网络。

计算机上的默认网关就是默认路由。在计算机上选择"开始"→"运行"命令，在弹出的"运行"对话框中输入"cmd"，按 Enter 键，打开命令行窗口。使用"route print"命令查看计算机的路由表，其中第一行就是一条默认路由，即"0.0.0.0 0.0.0.0 10.10.13.1 10.10.13.20"，如图 12-9 所示。

图 12-9 计算机上的默认路由

2. 浮动路由

（1）什么是浮动路由

在配置静态路由时，通过配置目的地址/子网掩码相同、路由优先级不同、下一跳地址相同的静态路由，可以实现静态路由的备份。按照路由规则，去往同一目的地址的低优先级的路由不会出现在路由表中；只有主路由出现故障后，备份路由才会浮动出现在路由表中。因此，人们把这样的静态路由称为浮动路由。

（2）配置浮动路由

在全局配置模式下，通过如下命令配置浮动路由。

```
Router(config)#ip route 目的地址/子网掩码 下一跳地址 管理距离
```

（3）浮动路由应用

如图 12-10 所示，路由器 Router1 去往目的地址 20.0.0.0/24 有两条路由条目。通过比较优先级，指向电信接入路由器 Router2 的下一跳地址为 100.0.0.1/24 的路由条目的优先级是 0，指向联通接入路由器 Router3 的下一跳地址为 200.0.0.1/24 的路由条目的优先级是 150。因此，指向电信接入路由器 Router2 的下一跳地址为 100.0.0.1/24 的路由条目的优先级更高，将该路由条目加入路由表。

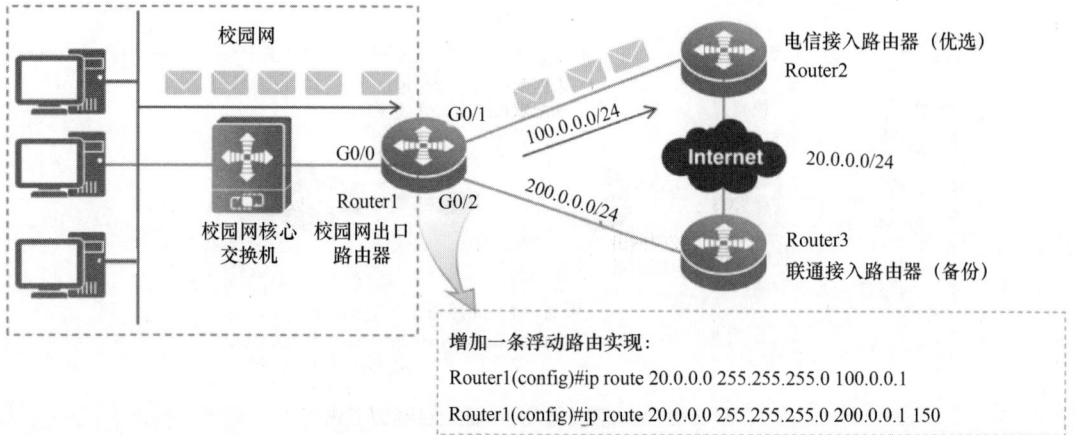

图 12-10　浮动路由场景

当 Router1 和 Router2 之间出现故障时，100.0.0.0/24 网段失效，下一跳地址 100.0.0.1/24 不可达。此时，下一跳地址为 200.0.0.1/24 的浮动路由浮动出现在路由表中，替代失效路由。

3. 等价路由

（1）什么是等价路由

在配置静态路由的过程中，如果配置两条以上目的地址相同、开销相同、下一跳地址不同的静态路由，则这些路由条目都会被加入路由表，形成等价路由。在转发 IP 数据包时，路由器会将流量分布到等价路由上，实现流量负载分担，如图 12-11 所示。

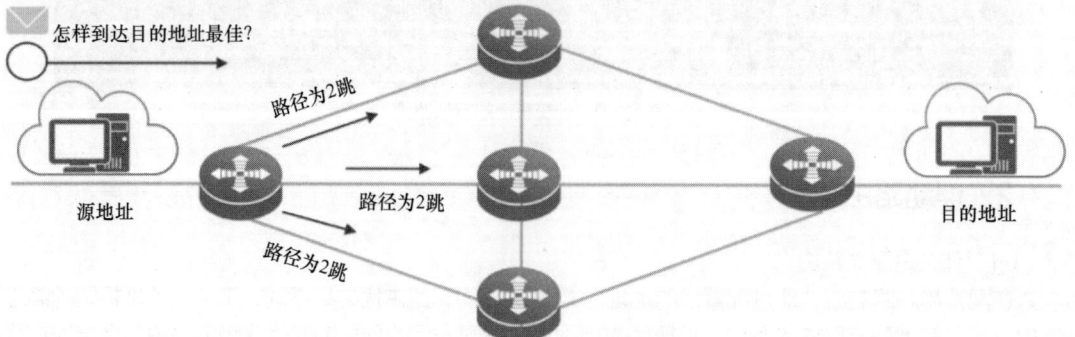

图 12-11　通过等价路由实现流量负载分担

（2）配置等价路由

在图 12-12 所示的场景中，在 Router1 上配置 2 条目的地址相同、开销相同、下一跳地址不同的静态路由，实现路由备份和流量负载分担。

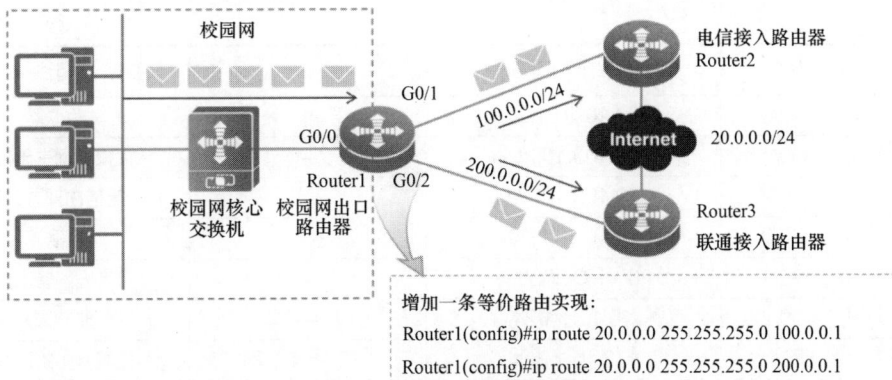

图 12-12　配置等价路由

【项目实训】配置静态路由，实现网络连通

【项目规划】

为了实现校园网出口网络备份，某学院增加了一条接入专线，此时需要在校园网出口路由器上配置静态路由，实现网络连通。根据初期规划和实际施工需要，实际施工场景如图 12-13 所示。

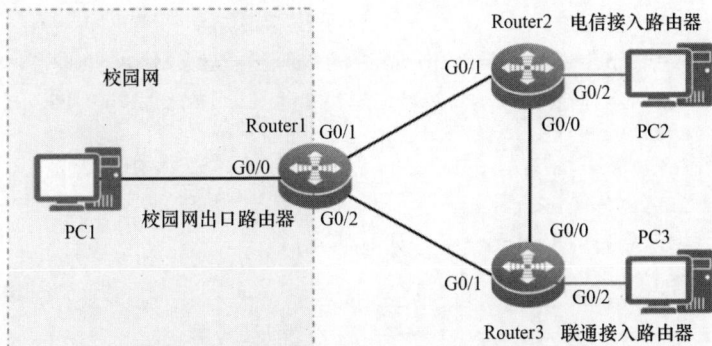

图 12-13　某学院校园网出口网络备份实际施工场景

【实训过程】

1. 组建网络场景

如图 12-13 所示，组建出口网络，推荐使用锐捷 EVE 模拟器进行实训。由于广域网接入使用广域网接口（Serial 接口、串口），但锐捷 EVE 模拟器中的路由器没有广域网接口，因此这里使用以太网代替广域网，二者实现的路由功能相同。

2. 规划网络地址

如表 12-1 所示，规划路由器接入网络的地址信息。

表 12-1　网络地址规划

设备	接口	IP 地址/子网掩码	网关	备注
Router1	G0/0	172.16.1.1/24	—	校园网内网网关
	G0/1	200.100.10.1/24	—	电信网网关（主）
	G0/2	200.100.20.1/24	—	联通网网关（备）

续表

设备	接口	IP 地址/子网掩码	网关	备注
Router2	G0/0	20.10.10.1/24	—	互联网
	G0/1	200.100.10.2/24	—	接校园网主出接口
	G0/2	192.168.10.1/24	—	电信内部办公网
Router3	G0/0	20.10.10.2/24	—	互联网
	G0/1	200.100.20.2/24	—	接校园网备出接口
	G0/2	10.10.1.1/24	—	联通内部办公网
PC1	网卡	172.16.1.2/24	172.16.1.1/24	校园网中的计算机
PC2	网卡	192.168.10.2/24	192.168.10.1/24	电信内部计算机
PC3	网卡	10.10.1.2/24	10.10.1.1/24	联通内部计算机

3. 配置静态路由，实现网络连通

① 在校园网出口路由器 Router1 上配置接口地址，生成直连路由。

```
Ruijie>enable
Ruijie#configure
Ruijie(config)#hostname Router1
Router1(config)#interface GigabitEthernet 0/0
Router1(config-if)#no switchport     ！启用三层接口功能
！锐捷 EVE 模拟器中的路由器启用三层接口，现实中的真机直接配置接口 IP 地址即可
Router1(config-if)#ip address 172.16.1.1 24     ！配置接口 IP 地址
Router1(config-if)#exit
Router1(config)#interface GigabitEthernet 0/1   ！配置接口 IP 地址
Router1(config-if)#no switchport     ！启用三层接口功能
Router1(config-if)#ip address 200.100.10.1 24
Router1(config-if)#exit
Router1(config)#interface GigabitEthernet 0/2
Router1(config-if)#no switchport     ！启用三层接口功能
Router1(config-if)#ip address 200.100.20.1 24
Router1(config-if)#end
Router1#show ip route     ！查看路由表。限于篇幅，这里省略显示内容
……
```

② 在电信接入路由器 Router2 上配置接口地址，生成直连路由。

```
Ruijie>enable
Ruijie#configure
Ruijie(config)#hostname Router2
Router2(config)#interface GigabitEthernet 0/0
Router2(config-if)#no switchport     ！启用三层接口功能
Router2(config-if)#ip address 20.10.10.1 24   ！配置接口 IP 地址
Router2(config-if)#exit
Router2(config)#interface GigabitEthernet 0/1
Router2(config-if)#no switchport
Router2(config-if)#ip address 200.100.10.2 24
Router2(config-if)#exit
Router2(config)#interface GigabitEthernet 0/2
Router2(config-if)#no switchport
```

```
Router2(config-if)#ip address 192.168.10.1 24
Router2(config-if)#end
Router2#show ip route    ! 查看路由表。限于篇幅，这里省略显示内容
......
```

③ 在联通接入路由器 Router3 上配置接口地址，生成直连路由。

```
Ruijie>enable
Ruijie#configure
Ruijie(config)#hostname Router3
Router3(config)#interface GigabitEthernet 0/0
Router3(config-if)#no switchport      ! 启用三层接口功能
Router3(config-if)#ip address 20.10.10.2 24 ! 配置接口 IP 地址
Router3(config-if)#exit
Router3(config)#interface GigabitEthernet 0/1
Router3(config-if)#no switchport       ! 启用三层接口功能
Router3(config-if)#ip address 200.100.20.2 24    ! 配置接口 IP 地址
Router3(config-if)#exit
Router3(config)#interface GigabitEthernet 0/2
Router3(config-if)#no switchport         ! 启用三层接口功能
Router3(config-if)#ip address 10.10.1.1 24      ! 配置接口 IP 地址
Router3(config-if)#end
Router3#show ip route    ! 查看路由表。限于篇幅，此处省略显示内容
......
```

④ 在校园网出口路由器 Router1 上配置静态路由，实现全网连通。

```
Router1(config)#ip route 192.168.10.0 255.255.255.0 G0/1
! 配置到电信办公网的静态路由，从本地出接口 G0/1 出发
Router1(config)#ip route 10.10.1.0 255.255.255.0 G0/2
! 配置到联通办公网的静态路由，从本地出接口 G0/2 出发
Router1(config)#ip route 20.10.10.0 255.255.255.0 G0/1
! 配置到互联网的静态路由，从本地出接口 G0/1 出发
```

⑤ 在电信接入路由器 Router2 上配置静态路由，实现全网连通。

```
Router2(config)#ip route 172.16.1.0 255.255.255.0 G0/1
! 配置到校园网的静态路由，从本地出接口 G0/1 出发
Router2(config)#ip route 10.10.1.0 255.255.255.0 G0/0
! 配置到联通办公网的静态路由，从本地出接口 G0/0 出发
Router2(config)#ip route 200.100.20.0 255.255.255.0 G0/0
! 配置到联通线路的静态路由，从本地出接口 G0/0 出发
```

⑥ 在联通接入路由器 Router3 上配置静态路由，实现全网连通。

```
Router3(config)#ip route 172.16.1.0 255.255.255.0 G0/1
! 配置到校园网的静态路由，从本地出接口 G0/1 出发
Router3(config)#ip route 192.168.10.0 255.255.255.0 G0/0
! 配置到电信办公网的静态路由，从本地出接口 G0/0 出发
Router3(config)#ip route 200.100.10.0 255.255.255.0 G0/0
! 配置到电信线路的静态路由，从本地出接口 G0/0 出发
```

4. 配置 IP 地址并测试网络连通状况

① 配置校园网中计算机 PC1 的地址。

```
VPCS> ip 172.16.1.2 24 172.16.1.1
```

按照与上面同样的方式，根据表 12-1，完成计算机 PC2、PC3 的 IP 地址配置。

② 测试网络连通状况。

```
VPCS> ping 192.168.10.2    ! 从校园网计算机 PC1 上测试与 PC2 的连通状况
……！网络连通正常
VPCS> ping 10.10.1.2        ! 从校园网计算机 PC1 上测试与 PC3 的连通状况
……！网络连通正常
```

测试结果表明，通过静态路由技术，实现了校园网和电信网之间的互联互通。

【项目小结】

本项目结合网络工程师工作岗位要求，系统讲解了静态路由技术。首先，本项目介绍了路由转发原则和路由转发过程；其次，本项目介绍了静态路由技术；再次，本项目介绍了特殊静态路由；最后，本项目介绍了如何配置静态路由。

【素质提升】主动学习

主动学习是职场人士持续发展的保障。事实上，大多数职场环境是积极的学习环境，职场人士需要寻求信息、更新技能、实行自我管理，在没有持续监督的情况下进行主动学习。因此，主动学习要求职场人士做到"三个明确"，即"动机明确""问题明确""结果明确"。在知识爆炸的时代，职场人士需要不断学习和更新自己的知识体系和技能水平。只有具备主动学习能力的职场人士，才能够主动寻找学习资源，制订学习计划，坚持学习并实践所学知识。主动学习能力有助于个人保持竞争力和市场敏锐度，适应不断变化的职场环境。

【认证测试】

单选题：下列每道试题都有多个选项，请选择一个最优的选项。

1. 默认路由是（　　）。
   A. 一种静态路由　　　　　　　　　B. 所有非路由 IP 数据包进行转发的路由
   C. IP 数据包最后匹配的路由条目　　D. 以上都是

2. 在路由表中，0.0.0.0 代表（　　）。
   A. 静态路由　　　B. 动态路由　　　C. 默认路由　　　D. RIP 路由

3. 静态路由是（　　）。
   A. 手动输入路由表中且不会被路由协议更新的路由
   B. 一旦网络发生变化就会被重新计算、更新的路由
   C. 路由器出厂时就已经配置好的路由
   D. 通过其他路由协议学习到的路由

4. 根据来源的不同，路由表中的路由没有（　　）。
   A. 接口路由　　　B. 直连路由　　　C. 静态路由　　　D. 动态路由

5. 在一台路由器的路由表中，没有（　　）。
   A. 直连网段的路由　　　　　　　　B. 由网络工程师手动配置的静态路由
   C. 动态路由协议发现的路由　　　　D. 应用层协议发现的路由

6. 静态路由是（　　）。
   A. 网络设备自动学习得到的　　　　B. 动态路由协议计算得到的

C. 网络工程师手动配置的   D. 路由器根据网络拓扑结构自动调整的

7. 静态路由的主要缺点是（   ）。

     A. 不能用于大型网络   B. 需要网络工程师手动配置和维护

     C. 不能动态适应网络变化   D. 不能提供冗余路径

8. 以下（   ）描述了静态路由的一个优点。

     A. 需要较少的网络带宽   B. 能够快速适应网络变化

     C. 提供了更好的安全性   D. 减少了网络工程师的工作量

9. 在计算机网络中，默认路由的作用是（   ）。

     A. 提供最快的数据传输路径

     B. 用于转发广播 IP 数据包

     C. 当路由表中没有匹配的目的地址时，提供备选路径

     D. 自动学习并更新路由表

10. 关于浮动路由，以下说法正确的是（   ）。

     A. 浮动路由通过配置比主路由的管理距离更远的管理距离提供备份路由

     B. 当主路由不可达时，执行浮动路由，从而提供备份路由

     C. 在存在主路由的情况下，浮动路由也出现在路由表中

     D. 以上说法都不正确

项目13
RIP路由技术

13

【项目情景】

小吴是某商业银行的一个营业网点的网络工程师，承担管理和维护该营业网点网络的工作，以确保营业网点网络正常运行。图 13-1 所示为该营业网点初期规划的网络拓扑，网络采用三层架构部署，通过三层交换机连接，使用 RIP 实现该营业网点各部门网络之间的互联互通。

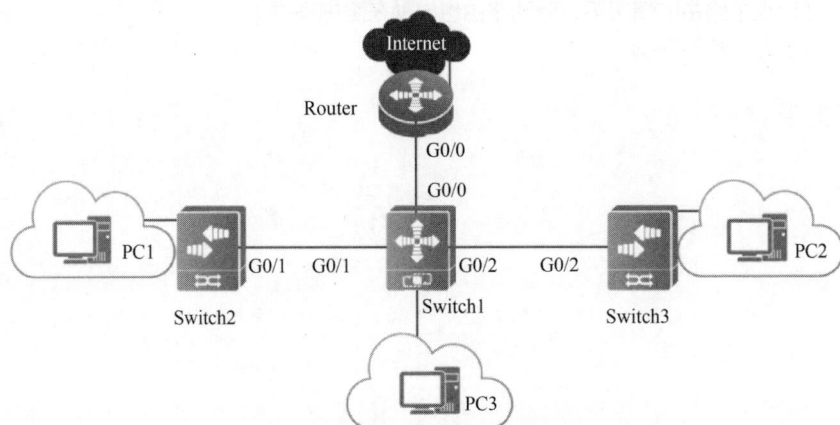

图 13-1　该营业网点初期规划的网络拓扑

【项目目标】

本项目针对网络工程师工作岗位的岗位要求介绍 RIP 路由技术，实现以下项目目标。

1. 知识目标

（1）了解动态路由。

（2）了解 RIP 路由。

（3）了解 RIP 路由原理。

2. 技能目标

能够配置 RIP 路由。

3. 素质目标

（1）通过对网络协议的学习，让学生认知与协议有关的知识，懂得核心技术一定要原创，坚持"自主创新、自力更生"。

（2）通过对网络协议的学习，让学生认识到"自主产权"的内涵，了解埋头研究核心技术的重大意义。我国有很多核心技术，只有一步一步、一点一滴地对这些核心技术进行研究与突破，才能使我国成为真正的科技强国。我国的繁荣富强、发展建设与每一个中国人息息相关。

（3）培养学生保持工作环境干净的习惯，实现整洁的物料放置，遵守 6S 管理规范。

（4）培养学生的良好安全意识，懂得安全操作知识，严格按照安全标准流程进行操作。

【知识准备】

随着网络技术的发展，网络规模不断扩大，在大型网络中，如果网络工程师手动配置和维护路由表，则会使工作变得非常烦琐，而且容易出错。动态路由协议通过自动更新路由信息，大大减轻了网络工程师的工作量。

13.1 动态路由概述

在图 13-2 所示的复杂网络中，使用静态路由获取路由条目非常麻烦；同时，在拓扑发生变化时，使用静态路由不能做到及时更新、灵活响应。因此，在复杂网络中，需要使用动态路由获取路由条目。动态路由因具有灵活性高、易于扩展等特点，被广泛应用于现代网络中。

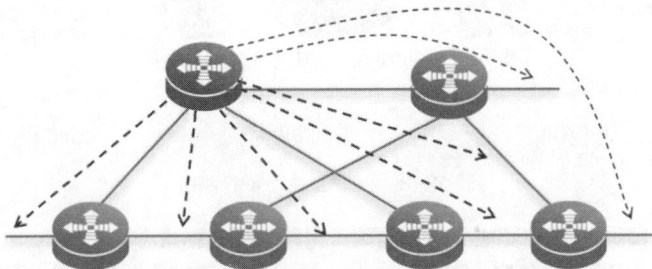

图 13-2　在复杂网络中使用动态路由获取路由条目

1. 什么是路由协议

路由协议是路由器用来计算、维护网络路由信息的协议，通常有一定的算法，工作在传输层或应用层。主流路由协议有 RIP、OSPF、BGP。路由协议具有如下特点。

① 邻居发现：主动把自己介绍给网段内的其他路由器。

② 路由交换：每台路由器将已知的路由信息发送给相邻路由器。

③ 路由计算：每台路由器运行某种算法，计算出最终的路由。

④ 路由维护：路由器之间通过周期性地发送协议报文，维护邻居信息。

2. 什么是动态路由协议

动态路由协议用于在三层路由设备之间动态交换路由信息，实现设备动态寻找网络最佳路径。动态路由协议可以帮助三层路由设备自动发现远程网络路径，确定到达目的地址的最佳路径，共享路由信息。

在三层路由设备上配置动态路由协议；可以使设备之间互相传送路由信息，互相学习，动态更新和维护路由表。一旦网络拓扑发生变化，动态路由协议会自动检测到网络的变化，及时更新路由表，保障设备上的路由表条目能够正确反映最新网络状态。表 13-1 所示为静态路由和动态路由的优缺点对比。

表 13-1 静态路由和动态路由的优缺点对比

路由类型	优缺点
静态路由	优点：无开销，配置简单。 缺点：无法感知拓扑变化，需要人工维护，适用于具有简单拓扑结构的网络
动态路由	优点：无须人工维护，自动完成路由的发现与计算，适用于具有复杂拓扑结构的网络。 缺点：设备资源开销大，命令使用的难度大

3. 动态路由类型

按照自治系统（Autonomous System，AS）管理范围的不同，可把动态路由分为 EGP 路由和 IGP 路由，如图 13-3 所示。

① EGP 路由：在不同自治系统之间运行，实现不同自治系统网络连通，如 BGP 路由。

② IGP 路由：在一个自治系统内部运行，实现一个自治系统内网连通，如 RIP、OSPF 路由。

图 13-3 EGP 路由和 IGP 路由

根据路由算法的不同，IGP 路由又分为距离矢量路由和链路状态路由。

① 距离矢量路由根据距离矢量（Distance Vector）算法直接传送路由表，每台路由器从邻居直接获取路由表，并将这些路由表连同自己的本地路由表发送给其他邻居。距离矢量路由通过逐跳传递，实现全网同步。常见距离矢量路由有 RIP 路由。在这种方式下，路由器不需要了解整个网络拓扑，只需要知道与自己直接连接的设备，并利用从邻居那里获得的路由表更新自己的路由表即可，如图 13-4 所示。

图 13-4 距离矢量路由

② 链路状态路由根据链路状态（Link-state）算法，通过构建网络拓扑来确定最佳路径。链路状态路由协议的核心思想是让网络中的每台路由器都拥有完整的网络拓扑信息。在这种方式下，路由器并不向邻居直接传递路由表，而是向邻居通告链路状态，如图 13-5 所示。

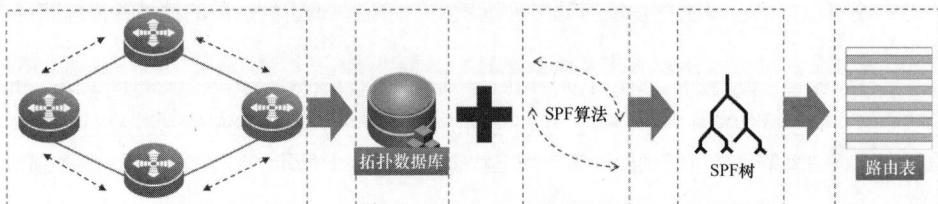

图 13-5 链路状态路由

13.2 了解 RIP 路由

RIP 是 IGP 中最先得到广泛使用的协议，也是较早的动态路由协议之一，其运行在中小型网络互联场景中。

1. 什么是 RIP 路由

RIP 是由 Xerox 在 20 世纪 70 年代开发的动态路由协议，适用于小型网络，是典型的距离矢量协议。RIP 路由是一种基于距离矢量的路由，其要求网络中的每一台路由设备都要维护从它自己到其他每一个目的地址的路由度量值记录。

2. RIP 路由的路由度量值

RIP 路由的路由度量值也称为"跳"（Hop），每经过一台路由设备，跳数就加 1，经过的路由设备的数目越少，跳数越少，这条路由就越优。RIP 路由规定了最大跳数为 15，当一条路由条目的跳数达到 16 跳时，这条路由将被认为不可达，按照规则会将其从路由表中删除，如图 13-6 所示。

16台路由器互联

图 13-6 路由被认为不可达

13.3 RIP 路由原理

RIP 路由作为动态路由的基础之一，为理解更复杂的路由协议奠定了基础。掌握 RIP 路由原理，有助于更好地理解路由协议的基本概念和动态路由原理。

1. RIP 路由更新原则

RIP 路由更新遵循如下 3 条原则。

① 仅和相邻设备交换路由信息：RIP 规定，两台相邻设备之间交换路由信息，不相邻设备之间不交换路由信息。

② 和相邻设备交换全部路由表：RIP 在其更新机制中会发送整张路由表，包括已知的所有网络信息。

③ 按固定周期交换路由信息：RIP 路由每 30s 向外发送一次路由更新报文。如果经过 180s 没有收到来自邻居的路由更新报文，则将该邻居的路由标记为不可达（Down）。如果在其后的 240s 仍未收到路由更新报文，则将该邻居的路由从路由表中删除。

2. RIP 路由算法

RIP 使用距离矢量算法更新路由表，找出到达每个目的地址的最短距离。

（1）初始化路由表

每台激活 RIP 的设备都通过接口获取直连网络信息，生成直连路由，并将跳数设置为 0，如图 13-7 所示。

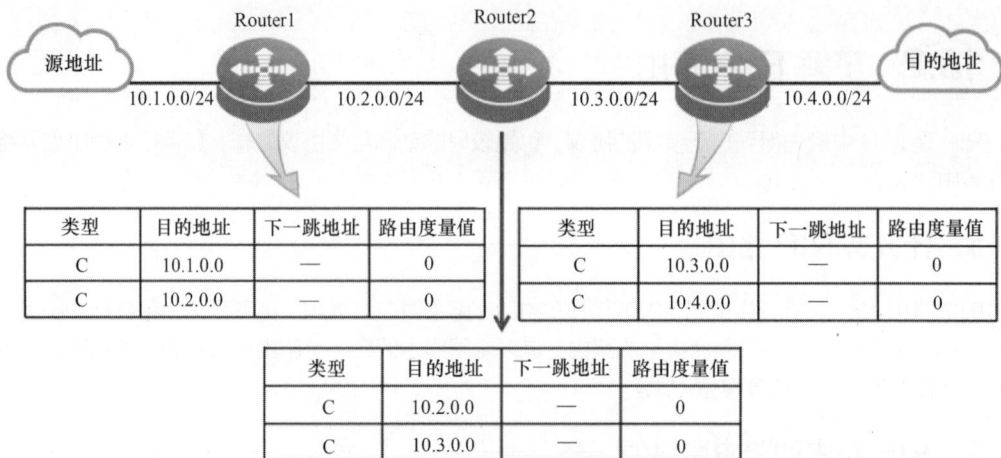

图 13-7　初始化路由表

（2）周期性更新路由表

　　每台路由设备都从激活 RIP 的接口向邻居设备通告自己的路由表，了解非直连网络的路由信息，把学到的新路由记录在路由表中，如图 13-8 所示。

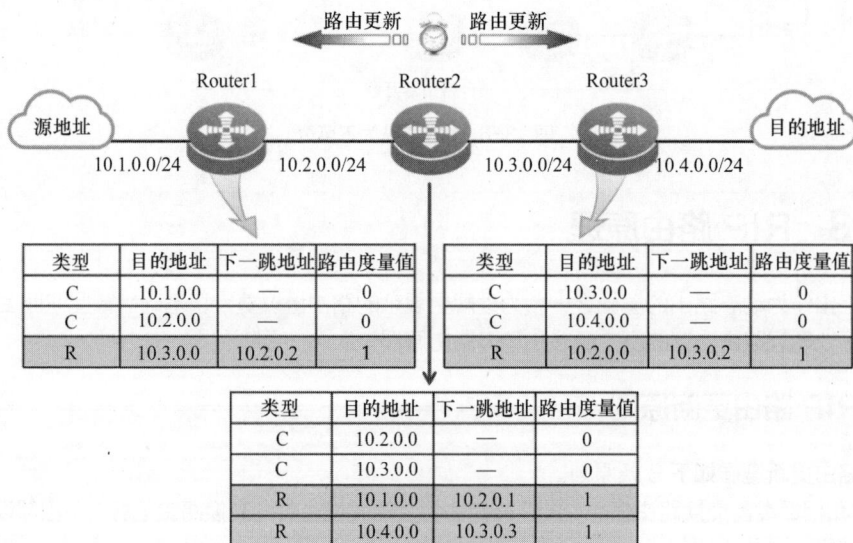

图 13-8　周期性同步全部路由表

　　每台路由设备每 30s 向邻居通告一次自己的路由表，通告之前，跳数加 1，如图 13-9 所示。其中，每台路由设备收到邻居通告的路由表中的路由条目时，会检查该条目在自己的路由表中是否存在，是否优于原条目，是否与原条目来自同一个源地址等，以决定更新还是忽略该条目，并刷新路由条目的失效计时器。

（3）定期更新

　　正常情况下，每 30s 路由设备就会收到一次来自邻居的路由信息确认；如果经过 180s，即 6 个更新周期，路由表中的一条 RIP 路由条目没有得到确认，则路由设备认为其已失效，并将其标记为 Down。如果再经过 120s，即 10 个更新周期，该路由条目仍没有得到确认，则该路由条目将被从路由表中删除，如图 13-10 所示。

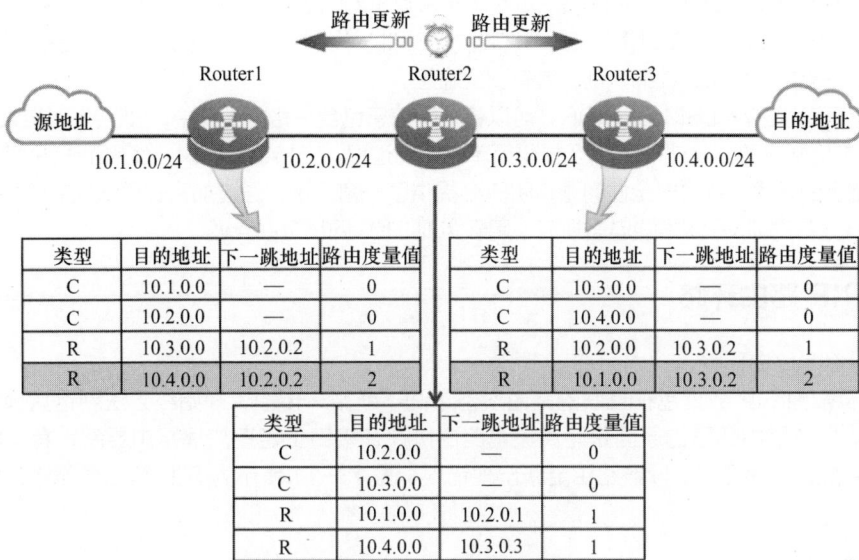

图 13-9　周期性更新路由表

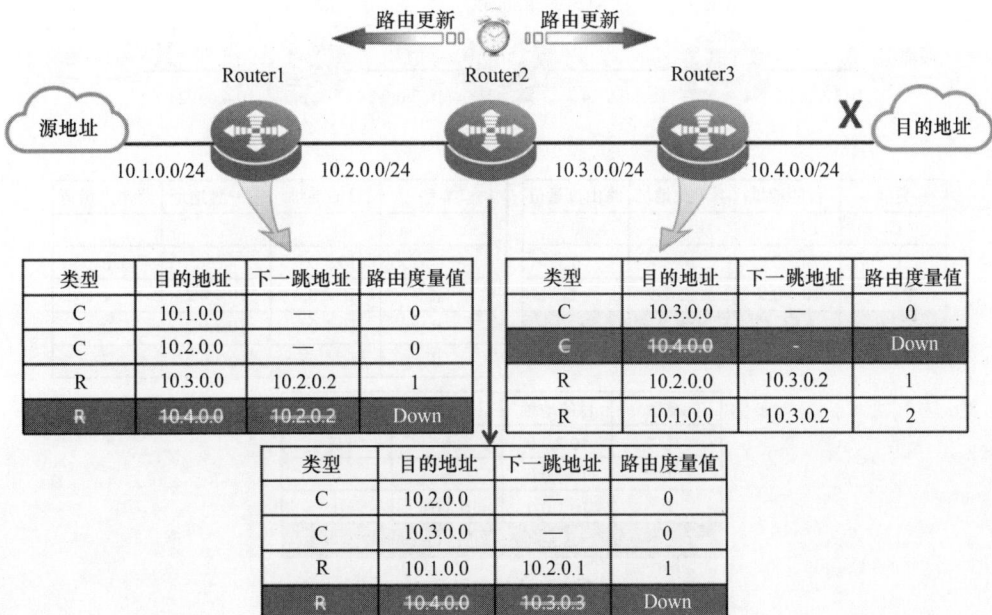

图 13-10　定期更新路由表

其中，30s、180s 和 120s 时延都由不同的计时器控制，分别是更新计时器（Update Timer）、失效计时器（Invalid Timer）和刷新计时器（Flush Timer）。

3. RIP 路由版本

RIP 路由在发展的过程中共有 3 个版本：RIPv1、RIPv2、下一代 RIP（Routing Information Protocol next generation，RIPng）。

RIPv1 使用了有类路由，在它的路由更新中不带有子网的信息，不支持可变长子网掩码（Variable Length Subnet Mask，VLSM）。这个限制造成在 RIPv1 的网络中，同级网络无法使用不同的子网掩码。它也不支持对路由过程的认证，具有安全隐患。

RIPv2 可以支持 VLSM 和 CIDR，可以将子网信息包含在路由更新中，RIPv2 对最大节点数为 15 跳的限制仍然保留。此外，RIPv2 提供简单的鉴别过程，支持组播协议，优化了 RIP 路由传播，减少了链路上的干扰。针对安全性问题，RIPv2 提供了一套方法，通过加密实现认证的效果。

RIPng 是针对 IPv6 网络的连通规范，用于实现 IPv6 网络互联互通。

4. RIP 路由环路

（1）什么是路由环路

路由环路是指 IP 数据包在互联的路由设备之间不断循环传输，却始终无法到达其预期目的地址的现象。发生路由环路的原因是距离矢量路由协议在接口上定期广播路由更新，有些路由设备不能及时完成路由表更新，导致路由更新出现错误。图 13-11 所示为 RIP 路由更新错误导致的路由环路。

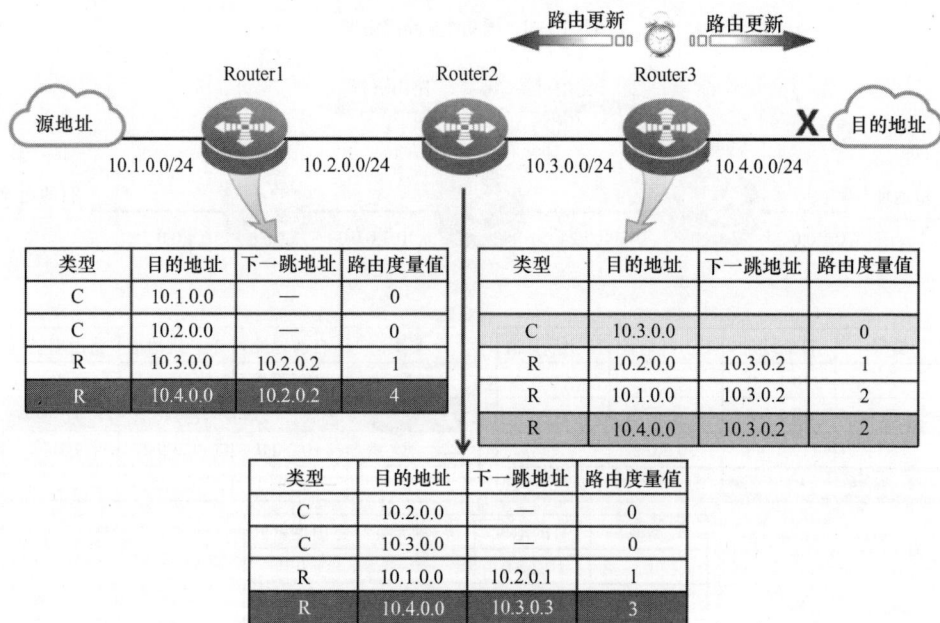

图 13-11 RIP 路由更新错误导致的路由环路

（2）避免路由环路的机制

RIP 路由通过以下机制避免路由环路。

① 最大跳数：在路由环路发生时，将某条路由的跳数直接修改为 16。跳数等于 16 的路由会被认为不可达。

② 保持失效（抑制）计时器：在检测到链路状态变化时，防止路由表频繁更新，从而防止定期更新信息时，错误地恢复某条可能已经发生故障的路由。

③ 水平分割：规定 RIP 从某个接口学到的路由不会从该接口再发回给邻居路由设备。这样不仅减少了带宽消耗，还可以避免路由环路。

④ 路由毒化：路由设备主动把路由表中发生故障的路由条目标记为 Down（跳数为 16）后，将

相关信息通告给邻居路由设备，使其能够及时得知网络发生了故障。

⑤ 毒性逆转：当 RIP 发现从某个接口学到的路由存在问题时，RIP 会将该路由的跳数设置为 16，并将更新后的路由信息从原接口发回邻居路由设备，从而清除对方路由表中的无用信息。

13.4 配置 RIP 路由

在全局配置模式下，使用以下命令，启用 RIP。

```
Router(config)#router  rip                        ! 启用 RIP
Router(config-router)#version {1 | 2}             ! 定义 RIP 版本
Router(config-router)#network network-number      ! 向外通告直连网络
```

此外，当网络采用 VLSM 划分子网时，RIPv2 默认进行路由自动汇总，使用"no auto-summary"命令可以关闭路由自动汇总功能。RIPv1 不支持该功能。

```
Router(config)#router rip
Router(config-router)#version 2          ! 启用 RIPv2
Router(config-router)#no auto-summary    ! 关闭路由自动汇总功能
```

RIP 中默认启用水平分割功能。在接口配置模式下使用"no ip split-horizon"命令，关闭该接口上的水平分割功能。

```
Router(config)#interface fastethernet-id
Router(config-if)#no ip split-horizon    ! 关闭水平分割功能（可选）
```

【项目实训】配置 RIP 路由，实现网络连通

【项目规划】

根据初期规划和实际施工需要，使用 RIP 路由实现该营业网点各部门网络之间的互联互通，如图 13-12 所示。首先，配置各接口的 IP 地址，使直连的网络可达；其次，配置 RIP 路由，实现全网连通。

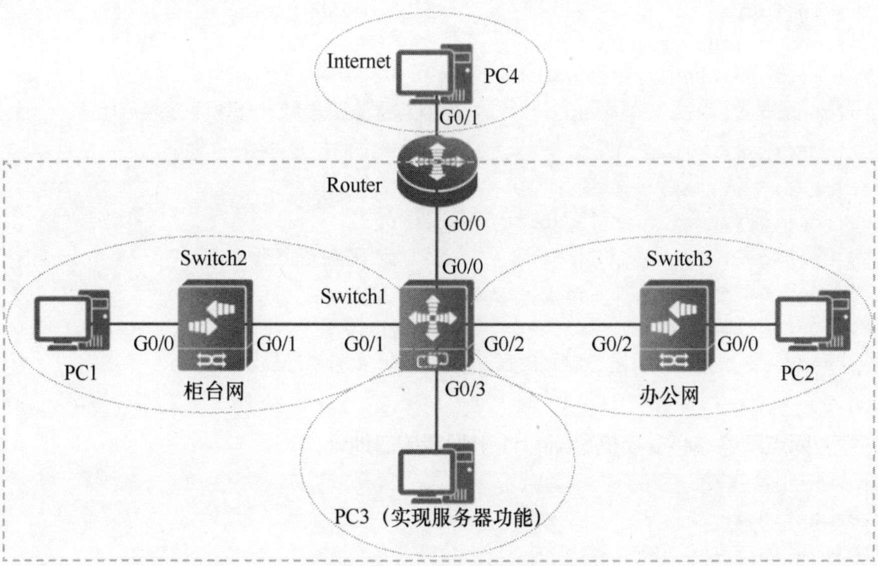

图 13-12 营业网点网络场景

【实训过程】

1. 组建网络场景

如图 13-12 所示，组建营业网点网络场景。推荐使用锐捷 EVE 模拟器进行实训。

2. 规划网络地址

如表 13-2 所示，规划营业网点网络的地址。

表 13-2　网络地址规划

设备	接口	IP 地址/子网掩码	网关	备注
Router	G0/0	172.16.1.1/24	—	内网网关
	G0/1	200.100.10.1/24	—	连接 Internet
Switch1	G0/0	172.16.1.2/24	—	出口路由器
	G0/1	192.168.10.1/24	—	柜台网
	G0/2	192.168.20.1/24	—	办公网
	G0/3	192.168.30.1/24	—	服务器
Switch2	—	—	—	柜台网接入设备
Switch3	—	—	—	办公网接入设备
PC1	网卡	192.168.10.2/24	192.168.10.1/24	柜台网计算机
PC2	网卡	192.168.20.2/24	192.168.20.1/24	办公网计算机
PC3	网卡	192.168.30.2/24	192.168.30.1/24	服务器
PC4	网卡	200.100.10.2/24	200.100.10.1/24	Internet 中的计算机

3. 配置设备基础信息

① 在营业网点网络出口路由器 Router 上配置接口地址。

```
Ruijie>enable
Ruijie#configure
Ruijie(config)#hostname Router
Router(config)#interface GigabitEthernet 0/0
Router(config-if)#no switchport    ！启用路由器三层接口，真机不需要启用
Router(config-if)#ip address 172.16.1.1 24    ！配置接口 IP 地址
Router(config-if)#exit
Router(config)#interface GigabitEthernet 0/1
Router(config-if)#no switchport            ！启用路由器三层接口
Router(config-if)#ip address 200.100.10.1 24
Router(config-if)#exit
Router#show ip route     ！查看路由表。限于篇幅，此处省略显示内容
……
```

② 在营业网点网络核心交换机 Switch1 上配置接口地址。

```
Ruijie>enable
Ruijie#configure
Ruijie(config)#hostname Switch1
Switch1(config)#interface GigabitEthernet 0/0
Switch1(config-if)#no switchport
```

```
Switch1(config-if)#ip address 172.16.1.2 24            ! 配置接口 IP 地址
Switch1(config-if)#exit
Switch1(config)#interface GigabitEthernet 0/1
Switch1(config-if)#no switchport
Switch1(config-if)#ip address 192.168,10.1 24          ! 配置接口 IP 地址
Switch1(config-if)#exit
Switch1(config)#interface GigabitEthernet 0/2
Switch1(config-if)#no switchport
Switch1(config-if)#ip address 192.168.20.1 24          ! 配置接口 IP 地址
Switch1(config)#interface GigabitEthernet 0/3
Switch1(config-if)#no switchport
Switch1(config-if)#ip address 192.168,30.1 24          ! 配置接口 IP 地址
Switch1(config-if)#end
Switch1#show ip route ! 查看路由表。限于篇幅，此处省略显示内容
......
```

4. 配置设备 RIPv2 动态路由信息

① 在营业网点网络出口路由器 Router 上配置 RIPv2 动态路由信息。

```
Router#configure
Router(config)#router rip                       ! 启用 RIP
Router(config-router)#version 2                 ! 激活 RIPv2
Router(config-router)#network 172.16.1.0        ! 对外通告直连网络
Router(config-router)#network 200.100.10.0      ! 对外通告直连网络
Router(config-router)#no auto-summary           ! 关闭路由自动汇总功能
Router(config-router)#end
```

② 在营业网点网络核心交换机 Switch1 上配置 RIPv2 动态路由信息。

```
Switch1#configure
Switch1(config)#router rip                       ! 启用 RIP
Switch1(config-router)#version 2                 ! 激活 RIPv2
Switch1(config-router)#network 172.16.1.0        ! 对外通告直连网络
Switch1(config-router)#network 192.168.10.0      ! 对外通告直连网络
Switch1(config-router)#network 192.168.20.0      ! 对外通告直连网络
Switch1(config-router)#network 192.168.30.0      ! 对外通告直连网络
Switch1(config-router)#no auto-summary           ! 关闭路由自动汇总功能
Switch1(config-router)#end
Switch1#show ip route        ! 查看路由表。限于篇幅，此处省略显示内容
......    ! 已经学习到全网的路由表信息
```

5. 配置 IP 地址与测试网络连通状况

① 配置办公网中的计算机 PC2 的 IP 地址。

```
VPCS> ip 192.168.20.2 24 192.168.20.1
```

按照与上面同样的方式，根据表 13-2 完成计算机 PC2、PC3、PC4 的 IP 地址配置。

② 测试网络连通状况。

```
VPCS> ping 192.168.10.2    ! 从办公网计算机 PC2 上测试与柜台网中计算机 PC1 的连通状况
......   ! 网络连通正常
```

```
VPCS> ping 200.100.10.2    ！从办公网计算机 PC2 上测试与 Internet 中计算机 PC4 的连通状况
……   ！网络连通正常
```

【项目小结】

本项目结合网络工程师工作岗位要求，系统讲解了 RIP 路由技术。首先，本项目介绍了动态路由知识，包括路由协议和动态路由类型；其次，本项目介绍了 RIP 路由知识，以及 RIP 路由原理，包括 RIP 路由更新原则、RIP 路由算法、RIP 路由版本和 RIP 路由环路；最后，本项目介绍了如何配置 RIP 路由，以实现不同子网之间的互联互通。

【素质提升】情绪管理

情绪是指个体对本身需要和客观事物之间的关系的短暂而强烈的反应。情绪是一种主观感受、生理反应、认知互动，并会表达出一些特定行为。情绪管理是对这些感受、反应、互动和特定行为进行挖掘并驾驭的一种手段。情绪管理要求善于掌握自我，对由生活中的矛盾和事件引起的反应能适当地排解，能以乐观的态度、幽默的情趣及时地缓解紧张的心理状态。情绪管理能力对于维护良好的人际关系和工作氛围至关重要。

职场人士需要学会识别和控制自己的情绪，以积极、理性的态度面对工作中的挑战和压力。良好的情绪管理能力有助于减少冲突和误解，增强团队协作效果和个人工作效率。同时，情绪管理能力也是个人职业素养和成熟度的体现，做好情绪管理有助于提升个人魅力和影响力。

【认证测试】

单选题：下列每道试题都有多个选项，请选择一个最优的选项。

1. RIP 使用的是（   ）。
   A. 最短路径路由选择算法　　　　　　B. 距离矢量路由选择算法
   C. 链路状态路由选择算法　　　　　　D. 分层路由选择算法

2. RIP 路由环路会引起很多问题，其中不包括（   ）。
   A. 循环路由器　　　B. 慢收敛　　　　C. 路由器重启　　　D. 路由不一致

3. 在 RIP 路由中，跳数等于（   ）时路由不可达。
   A. 6　　　　　　　B. 10　　　　　　C. 15　　　　　　　D. 16

4. RIP 适用于基于 IP 的（   ）。
   A. 大型网络　　　　　　　　　　　　B. 中小型网络
   C. 更大规模的网络　　　　　　　　　D. ISP 与 ISP 之间的网络

5. 对于 RIPv1 和 RIPv2，如下说法正确的是（   ）。
   A. RIPv1 路由器上学习到的路由目的网段一定是有类网段
   B. RIPv2 路由器上学习到的路由目的网段一定是可变长子网掩码的子网地址
   C. RIPv1 和 RIPv2 都可以互相兼容
   D. RIPv1 和 RIPv2 都可以学习到非自然分类网段的路由

6. RIP 路由依据（   ）判断最佳路由。
   A. 带宽　　　　　　B. 跳数　　　　　C. 路径开销　　　　D. 延迟时间

7. 默认情况下，RIP 路由器（   ）。

A. 一旦启动 RIP，就立刻广播响应报文，通告自己的直连网络

B. 每隔 30s 左右发送路由更新，内容包括全部的路由信息，同时遵循水平分割原则

C. 如果收到毒化的路由，则立刻发送触发更新，且不再遵循水平分割原则

D. 只发送和接收 RIPv1 的更新报文

8. RIP 的最大跳数限制是（   ）。

   A. 15   B. 16   C. 255   D. 无限制

9. 以下关于 RIP 的描述正确的是（   ）。

   A. RIP 是一种 IGP，在自治系统内部传递路由信息

   B. RIP 使用链路状态算法计算最短路径

   C. RIP 适用于大型网络，因为其可以快速收敛

   D. 在配置 RIP 路由时，不需要网络工程师手动指定路由度量值

10. 距离矢量路由的一个主要缺点是（   ）。

   A. 收敛速度慢   B. 需要手动配置   C. 占用大量网络带宽   D. 无法处理大型网络

项目14
OSPF路由技术

14

【项目情景】

某学院建设完成二期校园网后，需要在原来单区域的骨干网络基础上，针对合并的分校区，使用多区域 OSPF 路由，实现主校区校园网与分校区校园网的互联互通。该学院多区域 OSPF 路由的初期规划场景如图 14-1 所示。

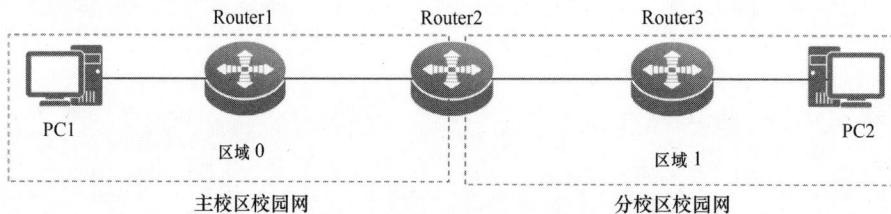

图 14-1　该学院多区域 OSPF 路由的初期规划场景

【项目目标】

本项目针对网络工程师工作岗位的岗位要求介绍 OSPF 路由技术，实现以下项目目标。

1. 知识目标

（1）了解 OSPF 路由，掌握 OSPF 路由技术术语。

（2）了解 OSPF 路由计算过程。

（3）了解多区域 OSPF 路由。

2. 技能目标

能够配置多区域 OSPF 路由。

3. 素质目标

（1）随着网络通信技术的发展，我国很多网络通信设备生产处于世界领先地位。在技术和设备的研发中，核心技术一定要原创，学生要意识到"自主创新、自力更生"对企业、国家的重要意义。

（2）培养学生保持工作环境干净的习惯，实现整洁的物料放置，遵守 6S 管理规范。

（3）培养学生在现场的安全意识，懂得安全操作知识，严格按照安全标准流程进行操作。

【知识准备】

RIP 只适用于小型网络。对于小规模、缺乏专业人员维护的网络来说，RIP 是首选路由协议；但随着网络规模的扩大，需要使用 OSPF 协议解决相关问题。

14.1　OSPF 路由概述

在局域网互联中，OSPF 路由扮演着重要的角色，其能够提供快速、稳定、可靠和可扩展的路由服务，满足局域网中的各种复杂网络拓扑结构和应用需求。

1. 什么是 OSPF 路由

OSPF 协议是因特网工程项目组于 1989 年开发的动态路由协议，也是使用广泛的 IGP。在 OSPF 的中文名称中，"开放"表示协议公开发表；"最短通路优先"表示使用最短通路优先（Shortest Path First，SPF）算法。

与 RIP 路由不同，OSPF 路由是典型的链路状态路由。在一个自治系统内，所有 OSPF 路由都维护相同的链路状态数据库（Link State DataBase，LSDB），通过该数据库计算 OSPF 路由表，如图 14-2 所示。

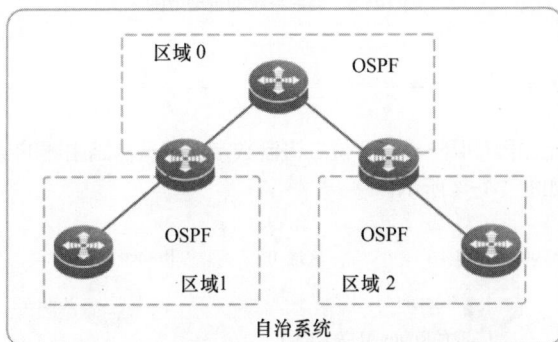

图 14-2　工作在一个自治系统中的 OSPF 路由

2. OSPF 路由特点

作为典型的链路状态路由，OSPF 路由以接口吞吐率、拥塞状况等链路状态作为路由选择的代价，具有以下突出特点。

① 适用范围广：OSPF 路由适用于各种规模的网络，尤其适用于大型网络。

② 快速同步：通过在网络拓扑发生变化后立即发送更新消息，OSPF 路由能快速实现同步。

③ 无路由环路：OSPF 路由使用 SPF 算法计算路由，SPF 算法可以保证不会生成路由环路。

④ 区域划分：OSPF 路由允许将网络划分成区域进行管理，以优化网络管理，减少网络带宽占用。

⑤ 支持验证：OSPF 路由支持基于接口的报文验证，保证路由计算安全。

⑥ 组播发送：OSPF 路由支持在某些类型的链路上以组播地址发送报文，减少对其他设备的干扰。

⑦ 支持子网：OSPF 路由支持采用 VLSM 划分子网和 CIDR。

14.2　OSPF 路由技术术语

OSPF 协议是一种被广泛使用的 IGP，其基于链路状态路由算法，适用于各种规模的网络环境。因此，了解 OSPF 路由技术对于网络工程师具有重要的意义。

1. 自治系统

自治系统是一组使用相同路由协议、互相交换路由信息的路由设备的总称。在互联网中，自治系统是一组共享相似路由策略，并在单一管理域中运行的路由器的集合，自治系统的管理范围如图 14-3 所示。自治系统是一个有权自主地决定在本系统中应采用何种路由协议的小型单位。自治系统可以是一个小型网络，也可以是一个由多个局域网组成的大型网络。另外，自治系统可以称为一个路由域。

图 14-3　自治系统的管理范围

2. Router-ID

运行 OSPF 协议的路由器使用一个 32 位二进制数字标识一台路由器的身份，该数字称为路由器标识符（Router-ID），如图 14-4 所示。

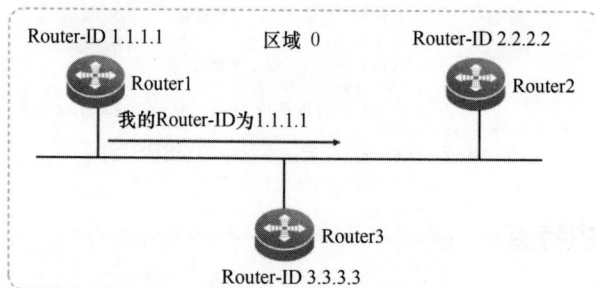

图 14-4　Router-ID

推荐通过手动方式激活 OSPF 路由器的 Router-ID，也可以自动生成 Router-ID。其中，在自动生成 Router-ID 时，首先选择 Loopback 接口上最大的 IP 地址，其次选择激活的物理接口上最大的 IP 地址。

3. 路由度量值

每一个激活了 OSPF 协议的接口都基于物理链路的带宽计算度量值并将其作为路由度量值，即 Cost。默认情况下，Cost=默认计算基数/物理链路带宽，其中，默认计算基数=100Mbit/s，即 100Mbit/s 接口带宽上的 Cost=1。Cost 值计算方法如图 14-5 所示，路由器 Router3 到达目的地址为 1.1.1.0/24 的网络中的 OSPF 路由的 Cost 值为 1+1+10=12。

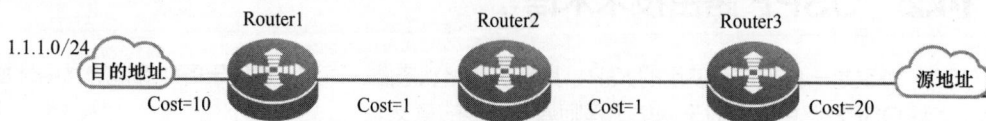

图 14-5　Cost 值计算方法

4. OSPF 报文类型

OSPF 路由在工作过程中使用 5 种 OSPF 报文交换链路状态信息，使路由器学习链路状态，构建拓扑，最终计算得到路由信息，如图 14-6 所示。

数据链路层头部	网络层IP头部	OSPF协议报文	帧校验

OSPF协议报文头部	OSPF协议报文类型

序号	报文类型	功能
1	Hello报文	携带参数，建立和维持邻居关系
2	DBD报文	携带LSA头部信息，向邻居描述LSDB
3	LSA报文	向邻居请求特定的LSA信息
4	LSU报文	携带LSA信息，向邻居通告拓扑信息
5	LSAck报文	对收到的LSU报文中的LSA信息进行确认

图 14-6　5 种 OSPF 报文

5. 邻居关系和邻接关系

在 OSPF 协议中，邻居（Neighbor）和邻接（Adjacency）是两个不同的概念。路由器通过 OSPF 接口向外发送 Hello 报文，收到 Hello 报文的 OSPF 路由器检查报文中的定义参数，如果双方的定义参数一致，则形成邻居关系，如图 14-7 所示。

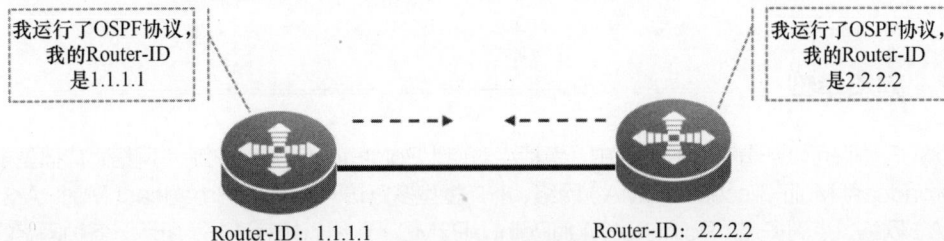

图 14-7　形成邻居关系

形成邻居关系的双方不一定能形成邻接关系。如果两台路由器之间交换链路状态信息时，通过成功交换数据库描述（DataBase Description，DBD）、链路状态通告（Link State Advertisement，LSA）、链路状态更新（Link State Update，LSU）、链路状态应答（Link State Acknowledge，LSAck）报文，实现 LSDB 同步，那么这两台路由器就可以形成邻居关系。

6. 3 张表

OSPF 路由通过 3 张表完成路由器之间的信息交换。

（1）邻居表

邻居表（Neighbor Table）存储了邻居路由器的状态信息，通过 Hello 报文与邻居路由器形成邻居关系，如果一台 OSPF 路由器和它的邻居路由器失去联系，则其会重新计算到达目的地址的路径。

可以使用"show ip ospf neighbor"命令通过邻居表查看邻居关系。

```
Router#show ip ospf neighbor  ! 查看邻居表

Neighbor ID  Pri  State    Dead Time  Address   Interface
1.1.1.1      0    FULL/-   00:00:33   10.1.0.1  GigabitEthernet0/0
2.2.2.2      1    FULL/DR  00:00:31   10.1.0.2  GigabitEthernet0/0
```

（2）拓扑表

描述拓扑信息的 LSA 存储在 LSDB 中，拓扑表（Topology Table）是路由器通过交换 LSA 信息构建的网络拓扑结构的逻辑表示。同一区域中的路由器维护相同的 LSDB 信息，LSDB 保存了自己产生的及接收的由邻居发出的 LSA 信息。使用"show ip ospf database"命令可以查看拓扑表。

```
Router#show ip ospf database   ! 查看拓扑表
OSPF Router with ID (10.2.0.1) (Process ID 10)
          Router Link States (Area 0)
Link ID        ADV Router      Age    Seq#        Checksum Link count
172.16.2.254   172.16.2.254    352    0x80000004  0x00097c 4
10.2.0.1       10.2.0.1        310    0x80000004  0x005554 3
10.3.0.254     10.3.0.254      310    0x80000003  0x006a97 2
          Net Link States (Area 0)
Link ID        ADV Router      Age    Seq#        Checksum
10.2.0.1       10.2.0.1        310    0x80000001  0x004303
```

（3）OSPF 路由表

通过 OSPF 协议计算得到的路由将被加载到 OSPF 路由表中，该表通过"O"进行标识，其中包含到达目的地址的最佳路径信息。OSPF 路由表和路由表是两张不同的表，使用"show ip ospf route"命令可以查看 OSPF 路由表。

```
Router#show ip ospf route    ! 查看 OSPF 路由表
O     10.3.0.0 [110/2] via 10.2.0.2, 00:06:42, FastEthernet0/0
O     172.16.1.0 [110/65] via 10.1.0.1, 00:07:27, Serial0/1/0
O     172.16.2.0 [110/65] via 10.1.0.1, 00:07:27, Serial0/1/0
```

7. 网络类型

OSPF 协议可以部署在 4 种网络中，包括点对点（Point-to-Point，P2P）网络、广播型多路访问（Broadcast Multi-Access，BMA）网络、非广播型多路访问（Non-Broadcast Multi-Access，NBMA）网络、点到多点（Point-to-MultiPoint，P2MP）网络，如表 14-1 所示。各种网络的连接接口类型不同，路由学习机制也不同。

表 14-1 OSPF 路由部署的 4 种网络及对应的数据链路层协议或信息

网络类型	数据链路层协议或信息
P2P 网络	PPP、HDLC 协议
BMA 网络	以太网
NBMA 网络	帧中继、ATM 或 X.25
P2MP 网络	多个点对点链路的集合

（1）P2P 网络

P2P 网络是 OSPF 协议对 PPP、HDLC 协议等网络默认的网络类型。图 14-8 所示为 P2P 网络场景,每个点对点链路通常使用"/30"掩码来分配 IP 地址,既没有指定路由器(Designated Router, DR)角色,也没有备用指定路由器（Backup Designated Router，BDR）角色,不需要进行 DR 与 BDR 角色选举,并且相连路由器可以形成邻接关系。

图 14-8　P2P 网络场景

（2）BMA 网络

BMA 网络是 OSPF 协议对以太网络默认的网络类型。图 14-9 所示为 BMA 网络场景,OSPF 协议选举 DR,使用预留组播地址 224.0.0.5 和 224.0.0.6 发送 Hello 数据包、LSU 数据包和 LSAck 数据包,以单播形式发送 DD 数据包和 LSA 数据包。

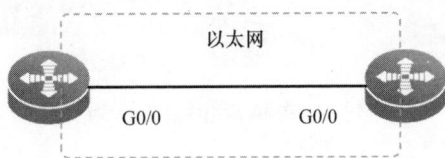

图 14-9　BMA 网络场景

（3）NBMA 网络

NBMA 网络是 OSPF 协议对帧中继、ATM 或 X.25 等网络默认的网络类型。该网络指的是一个允许多台网络设备接入且不支持广播的环境,典型的例子是帧中继网络。在该类网络中,OSPF 协议以单播形式发送所有数据包。图 14-10 所示为 NBMA 网络场景。

图 14-10　NBMA 网络场景

（4）P2MP 络

没有一种网络能被 OSPF 协议默认为 P2MP 网络,但是可以将 NBMA 网络改为 P2MP 网络。在 P2MP 网络中,OSPF 路由默认以组播形式（224.0.0.5）发送数据包,也可以根据用户需要以单播形式发送数据包。图 14-11 所示为 P2MP 网络场景。

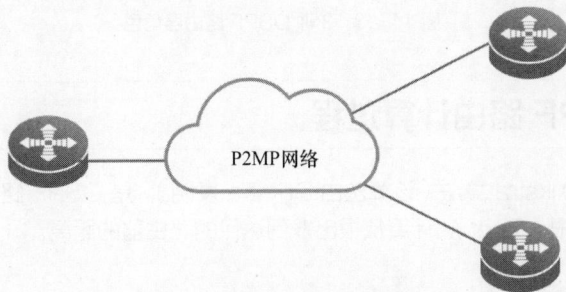

图 14-11　P2MP 网络场景

在接口配置模式下,通过"ip ospf network point-to-point"命令可以修改 OSPF 网络类型。需要注意的是,链路两端的 OSPF 网络类型必须一致,否则无法形成邻居关系。

8. DR 与 BDR 角色

在 BMA 网络中，每台 OSPF 路由器都与其他路由器形成邻接关系，这不仅增加了设备负担，还增加了网络中泛洪（将信息发给所有直连的邻居）的 OSPF 报文数量。通过选举 DR、BDR 角色，可以减少链路上 LSA 的泛洪，节省带宽。图 14-12 所示为 BMA 网络中复杂的邻接关系。

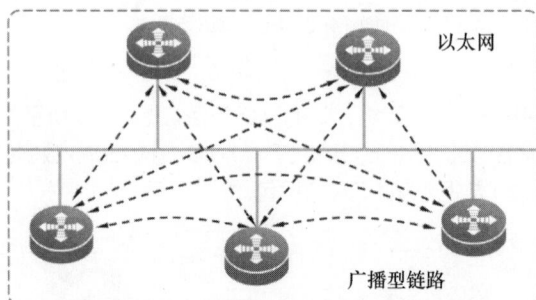

图 14-12　BMA 网络中复杂的邻接关系

在 BMA 网络中，OSPF 路由指定了 3 种路由器角色：DR、BDR 和 DRother。只允许 DR、BDR 与其他路由器形成邻接关系；DRother 之间不形成邻接关系，双方停滞在 2-way 状态，在这种状态下，双方已互相发现对方的存在，已经完成了初步的邻居发现，双向邻居建立完成。

激活 OSPF 协议后，优先级最高的接口成为 DR，优先级次高的接口成为 BDR。如果优先级相等（默认为 1），则具有更高 Router-ID 路由器（的接口）被选举成 DR，其他没有成为 DR 或 BDR 的接口都会成为 DRother，如图 14-13 所示。其中，DR 具有非抢占性。

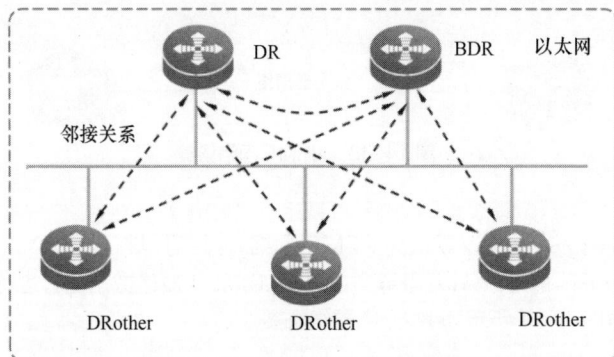

图 14-13　3 种 OSPF 路由器角色

14.3　OSPF 路由计算过程

SPF 算法也称为 Dijkstra 算法（该算法由 Dijkstra 发明），是 OSPF 路由计算的基础。SPF 算法将每一台路由器作为根（Root），计算从根出发到达目的路由器的距离。

1. 链路状态算法

（1）距离矢量路由算法
运行距离矢量路由协议的设备周期性地对外广播该设备上的全部路由表信息。邻居之间交换全部路由表，每台设备都从相邻路由学习到新路由信息，并将其加载到自己的路由表中，如图 14-14 所示。

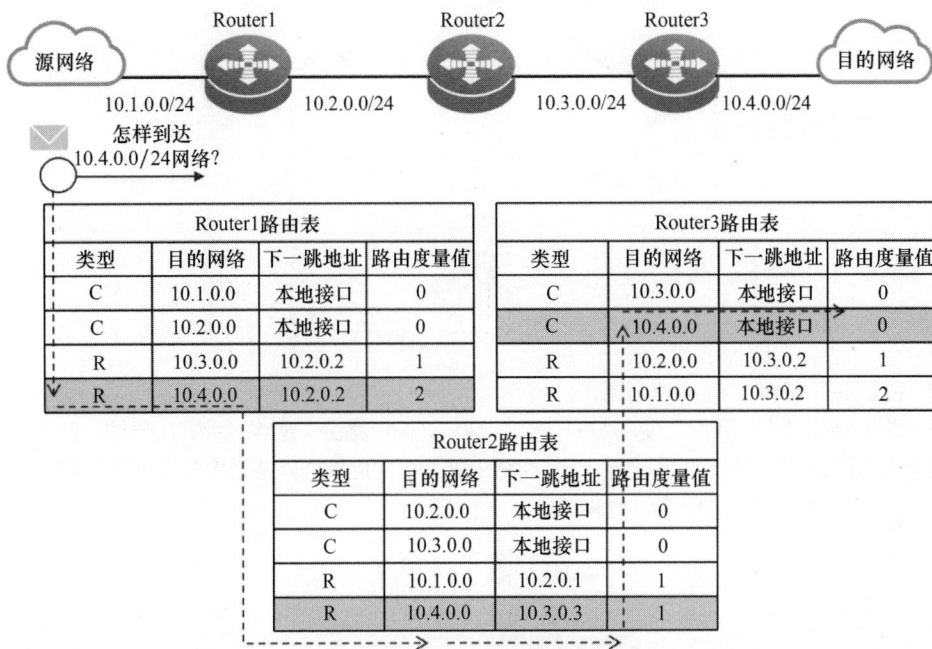

图 14-14　距离矢量路由计算场景

（2）链路状态路由算法

链路状态路由算法通过以下几个步骤完成路由计算。

① 实施 LSA 泛洪

首先，运行链路状态路由协议的路由器之间形成邻居关系；其次，彼此交互 LSA，每台路由器都描述自己的接口状态（包括接口开销、连接对象、与邻居路由器之间的关系等），如图 14-15 所示。

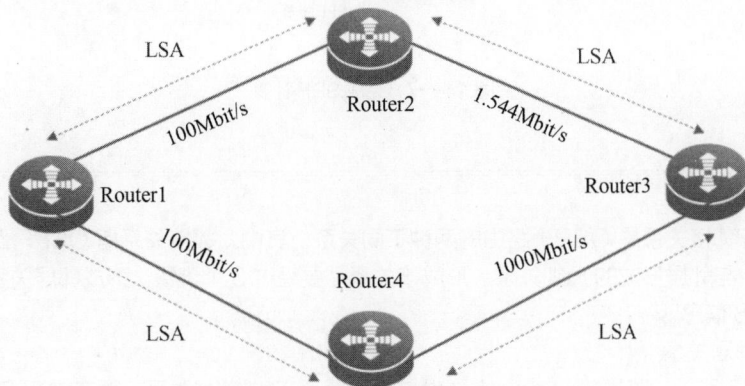

图 14-15　实施 LSA 泛洪

② 完成 LSDB 汇总

每台路由器都将收到的多个 LSA 存入本地 LSDB。该 LSDB 中汇总了同一网络中的所有路由器对全网拓扑的描述，因此路由器通过汇总的 LSDB 可掌握全网的拓扑描述，如图 14-16 所示。

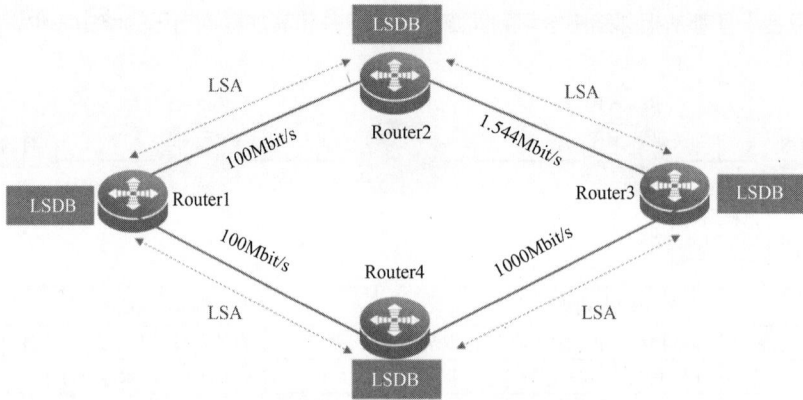

图 14-16　完成 LSDB 汇总

③ 完成 SPF 计算

每台路由器都基于 LSDB，使用 SPF 算法计算 OSPF 路由。最终，计算出一棵以自己为根、无环、拥有最短通路的"树"。有了这棵"树"，路由器即可知道到达网络各个角落的优选路径，就可以生成 OSPF 路由表，如图 14-17 所示。

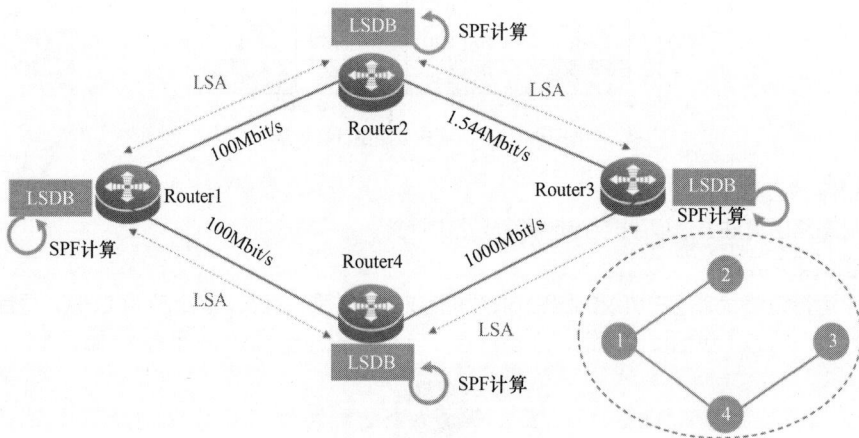

图 14-17　完成 SPF 计算

2. 邻接关系

邻居关系和邻接关系是 OSPF 路由的两种不同关系。其中，邻接关系指 OSPF 路由器以交换路由信息为目的，与邻居形成的 Full 关系。形成该关系需要经过 3 个步骤：形成邻居关系、选举主从关系、同步 LSDB 信息。

（1）形成邻居关系

如图 14-18 所示，路由器 Router1 要想与 Router2 形成邻居关系，要在激活 OSPF 路由后，Router1 发送包含自己的 Router-ID 信息的 Hello 数据包，邻居 Router2 收到该数据包后，将其中的 Router -ID 信息添加到自己的 Hello 数据包中，同时使用自己的 Router-ID 信息对邻居进行应答。Router1 收到应答 Hello 报文后，发现了邻居的 Router-ID，于是与 Router2 形成邻居关系。当一台 OSPF 路由器收到邻居路由器发来的 Hello 报文时，就从初始 Down 状态切换为 Init 状态；当收到的 Hello 报文中包含自己的 Router-ID 时，这台 OSPF 路由器就从 Init 状态切换为 2-way 状态。使用 "show ip ospf neighbor" 命令可以查看邻居关系。

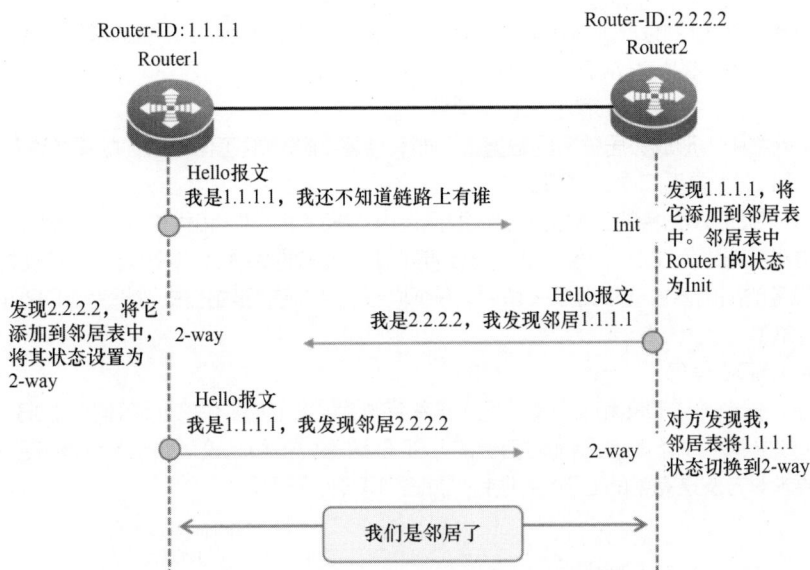

图 14-18　互连的路由器之间形成邻居关系

（2）选举主从关系

邻居关系形成后，两台互连的路由器开始进行主从关系（或 DR 和 BDR 关系）选举，邻居之间从 2-way 状态转换为 Ex-start（Exchange Start）状态。依据不同网络场景，主从关系选举方式不同。图 14-19 所示为两台互连的路由器进行主从关系选举。

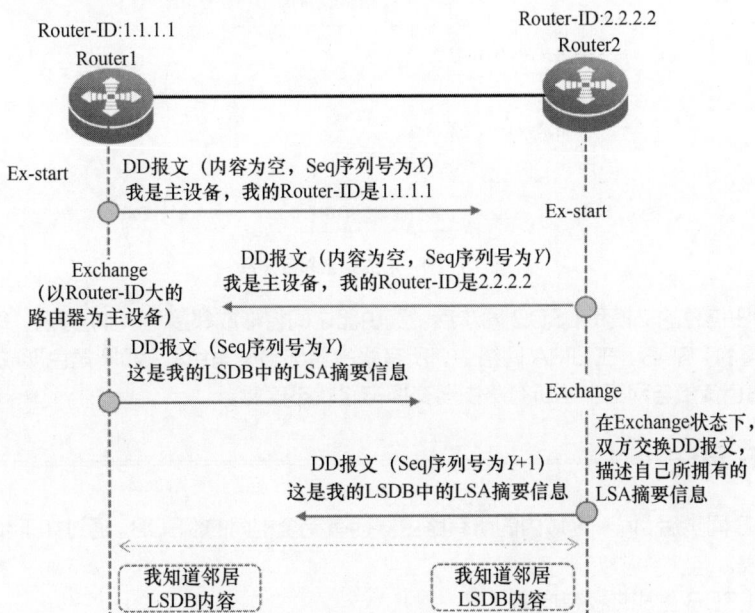

图 14-19　两台互连的路由器进行主从关系选举

① 在点对点网络中选举主从关系

路由器 Router1 首先向 Router2 发送第一个 DD 报文：内容为空，Seq 序列号假设为 X。路由器 Router2 向 Router1 发出第一个 DD 报文：内容为空，Seq 序列号假设为 Y。其中，选举主从关系的规则是比较 Router-ID，Router-ID 大的路由器为主设备。

由于路由器 Router2 的 Router-ID 比 Router1 的大，因此 Router2 被选举为主设备。主从关系选举结束后，Router1 的状态从 Ex-start 转变为 Exchange。

② 在 BMA 网络中，选举 DR 和 BDR 角色

在 BMA 网络中，形成邻居关系的数量太多时，会影响路由器工作效率，故需要选举 DR 角色，作为链路状态和 LSA 更新的中心节点。

其中，DR 和 BDR 角色的选举由 Hello 数据包内的 Router-ID 和优先级（0~255）确定。优先级最高的路由器被选举为 DR 角色，优先级次高的路由器被选举为 BDR 角色。若优先级相同，则 Router-ID 最高的路由器被选举为 DR 角色，Router-ID 次高的路由器被选举为 BDR 角色。其余都为 DRother 角色。

（3）同步 LSDB 信息

OSPF 主从关系（或 DR 和 BDR 角色）选举完成后，路由器之间交换各自 LSDB 中的 LSA 摘要信息（DD 数据包）。每台路由器都对自己的 LSDB 进行分析和比较，如果收到的信息有新的内容，则路由器将要求对方发送完整的 LSA 数据包，如图 14-20 所示。

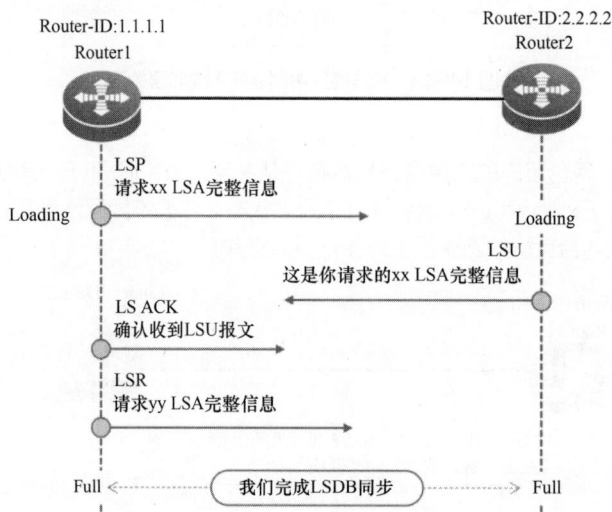

图 14-20　形成完全邻接关系

完成 LSDB 信息的交换和 LSDB 同步后，路由器之间将形成邻接（Full）关系，每台路由器都拥有独立的、完整的 LSDB。在 BMA 网络中，所有路由器与 DR 角色和 BDR 角色形成完全邻接关系，DR 和 BDR 角色负责与网络中的所有路由器交换链路状态信息。

3. SPF 算法

完成 LSDB 同步后，同一区域内的所有路由器拥有完全相同的 LSDB。通过如下步骤，使用 SPF 算法计算路由表。

（1）依据 LSDB 生成带权有向图

OSPF 协议使用 LSA 描述网络拓扑，LSA 描述了设备之间的连接和链路的属性。设备会将 LSDB 转换成一张带权有向图，该图便是对整个网络拓扑结构的真实反映。各设备得到的带权有向图是完全相同的，如图 14-21 所示。

（2）使用 SPF 算法计算最短通路树

每台设备根据带权有向图，使用 SPF 算法计算一棵以自己为根的最短通路树，这棵树给出了到达自治系统中各节点的路由，如图 14-22 所示。

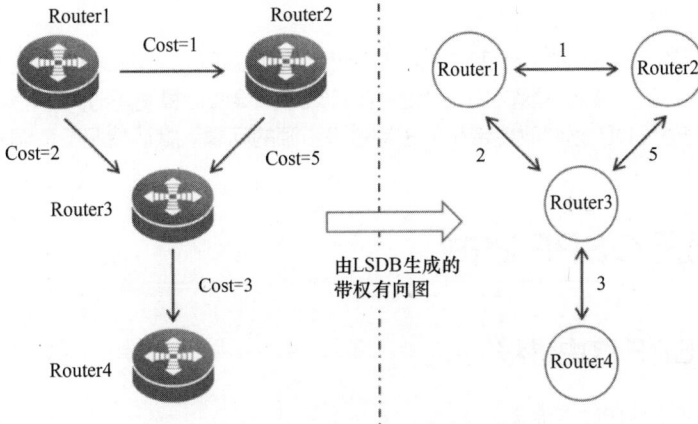

图 14-21　由 LSDB 生成的带权有向图

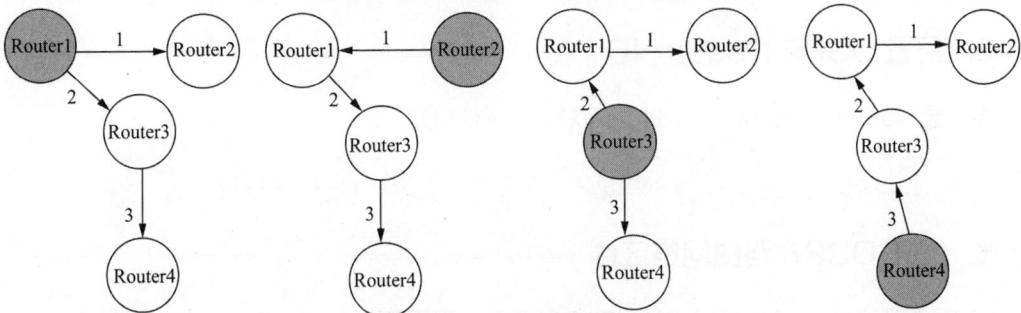

图 14-22　计算最短通路树

（3）计算最佳路由

每台路由器都采用 SPF 算法计算到达每一个目的地址的最佳路由，并将其存入路由表。OSPF 协议利用开销作为路由计算的度量值，开销最小的路由为最佳路由，如图 14-23 所示。

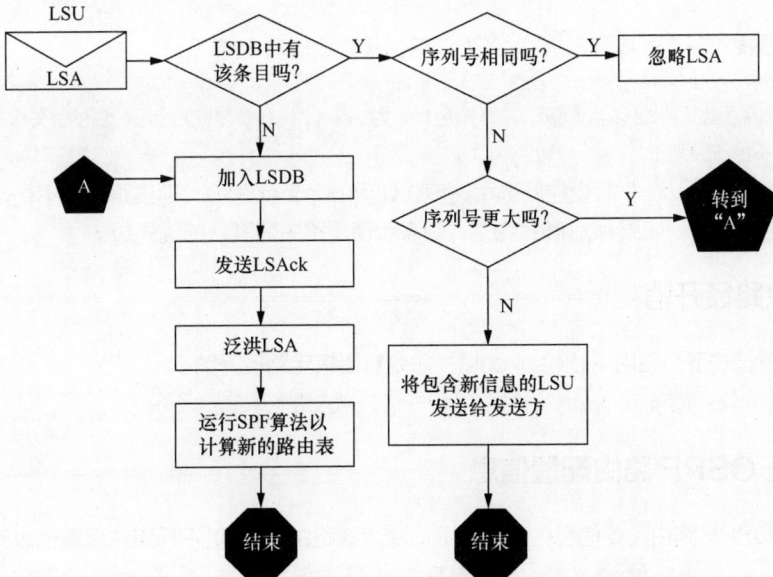

图 14-23　计算最佳路由

（4）维护路由信息

当 OSPF 协议的 LSDB 发生改变时，需要重新计算最短通路。但如果每次改变都立即计算最短通路，则将占用大量资源，影响设备效率，而通过调节 SPF 算法计算间隔时间，可以达到快速收敛路由的目的，抑制由于 LSDB 频繁改变带来的占用过多资源的问题。默认情况下，调节 SPF 算法计算的间隔时间为 5s。

14.4 配置 OSPF 路由

1. 启动 OSPF 路由进程

在全局配置模式下使用如下命令。

```
Router(config)#router ospf process-id      ! 启动 OSPF 路由进程
```

2. 配置 OSPF Router-ID

要配置 OSPF Router-ID，需在全局配置模式下使用如下命令。

```
Router(config)#router ospf process-id
Router(config-router)#router-id X.X.X.X      ! 配置 OSPF Router-ID
```

3. 发布 OSPF 路由网络区域

在全局配置模式下使用如下命令，发布 OSPF 路由网络区域。

```
Router(config)#router ospf process-id
Router(config-router)#network [network- address ] [Wildcard-mask ] area [ area-id ]
! 发布接口所在的 OSPF 路由网络区域
```

4. 配置路由器的 OSPF 路由优先级

在接口配置模式下，配置路由器的 OSPF 路由优先级的命令如下。

```
Router(config-if)#ip ospf priority [ number ]
! number 取值范围是 0～255，仅当现有 DR 角色状态为 Down 时，路由器接口上新配置的优先级才会生效，OSPF
! 协议执行不抢占原则
```

使用"ip ospf priority"命令控制选举速度，如果 number 为 0，则该路由器不具备成为 DR 角色或 BDR 角色的资格；如果 number 为 1，则表示使用路由器默认的优先级。

5. 修改路径开销

在接口配置模式下，使用"ip ospf cost"命令直接指定路径开销。

```
Router(config-if)#ip ospf cost 100          ! 指定路径开销为 100
```

6. 验证 OSPF 路由配置信息

为了验证 OSPF 路由配置信息，使用如下命令查看路由表和 OSPF 路由配置信息等。

```
Router#show ip ospf route        ! 查看 OSPF 路由表
Router#show ip route             ! 查看路由表
```

```
Router#show ip ospf neighbor detail      ! 查看详细邻居信息
Router#show ip ospf database             ! 查看拓扑数据库（链路状态表）
Router#show ip ospf neighbor             ! 查看邻居表
Router#show ip ospf interface            ! 查看接口上的 OSPF 信息
Router#show ip ospf                      ! 查看 OSPF 路由配置信息
```

14.5 了解多区域 OSPF 路由

在单区域 OSPF 路由规划中，每台路由器维护的路由表比较庞大，使得路由器工作效率大大降低。因此，需要使用区域技术对单区域 OSPF 路由规划进行优化。

1. 单区域 OSPF 路由存在的问题

在大型网络中，所有设备都运行 OSPF 路由。设备数量的增多将导致 LSDB 占用大量的存储空间，使得运行 SPF 算法的复杂度提高，设备负担很重。其中，单区域 OSPF 路由存在以下问题。

① 在单区域内，所有路由器上的 LSDB 完全相同。

② 在单区域内，所有路由器收到的 LSA 太多。

③ 在单区域内，OSPF 网络动荡会引起路由器 SPF 算法重新计算路由。

④ 在单区域内，路由无法汇总，路由表越来越大，资源消耗过多。

2. 多区域 OSPF 路由具有的优点

把大的 OSPF 路由域划分为小的区域（Area）后，区域内的 LSA 数量减少、LSDB 变小、SPF 算法的计算量减少、收敛时间变短，提升了 OSPF 路由的管理效率。通过区域控制 LSA 只在区域内泛洪，拓扑变化也只在区域内收敛，在区域边界进行路由汇总，可以大大减小路由表，提高网络的稳定性和可扩展性，有利于组建大规模网络。如图 14-24 所示，把一个 OSPF 网络划分为 3 个区域：区域 0、区域 1、区域 2。

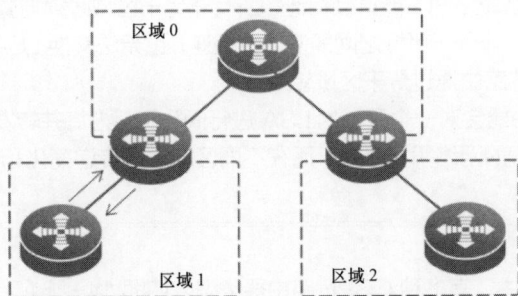

图 14-24　多区域 OSPF 路由场景

在 OSPF 路由中，多区域的设计减小了 LSA 泛洪的范围，把拓扑变化的影响控制在区域内，达到网络优化的目的。此外，OSPF 路由还在区域边界进行了路由汇总，减小了路由表的规模。规划多区域 OSPF 路由网络，可提高网络的可扩展性，有利于组建大规模的网络。

3. 区域 ID

OSPF 路由在指定的区域内传播，使用不同的区域 ID。其中，区域 ID 为十进制数字，也可以以点分十进制表示。OSPF 路由默认区域为骨干区域（区域 0），通过区域 ID（Area ID）标识不同区域。

例如，将骨干区域的区域 ID 设置为区域 0 或区域 0.0.0.0，这两种表示方法实现的效果相同。

4. 区域特征

多区域 OSPF 路由按照区域进行计算，每个区域负责区域中的 LSA 传递，各自计算路由，具有如下突出特征。

（1）层次化特征

默认情况下，OSPF 路由域被定义为普通区域。OSPF 网络默认都部署在骨干区域中。在实际网络规划中，OSPF 网络设计常常要求使用层次化结构，即将区域划分为骨干区域和非骨干区域（也称常规区域、中转区域）。

在进行 OSPF 路由域规划时，要求具有层次化特征：默认必须规划骨干区域，所有非骨干区域都与骨干区域相连，如图 14-25 所示。通过具有层次化特征的 OSPF 路由域规划，将区域内拓扑变化的影响限制在本区域中，大大提升了 OSPF 网络工作效率。

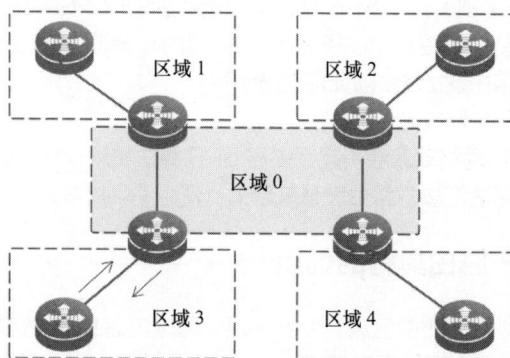

图 14-25　层次化特征

（2）区分骨干区域与非骨干区域

OSPF 区域分为骨干区域与非骨干区域，骨干区域以外的其他区域都称为非骨干区域。为了避免 OSPF 路由环路，非骨干区域之间不能直接相连，所有非骨干区域必须与骨干区域相连。非骨干区域只能和骨干区域交换 LSA，非骨干区域之间即使直接相连，也无法交换 LSA。骨干区域负责区域之间的路由，非骨干区域之间的路由通过骨干区域转发。

此外，区域的边界路由器会对一个区域的 LSA 进行简化和汇总，并转发到另外一个区域中，这样每个区域内部都保留了精确的网络拓扑信息，而在不同区域之间传递简化和汇总的 LSA。

5. 路由器类型

在多区域 OSPF 路由中，有多种 OSPF 路由器类型，如图 14-26 所示。

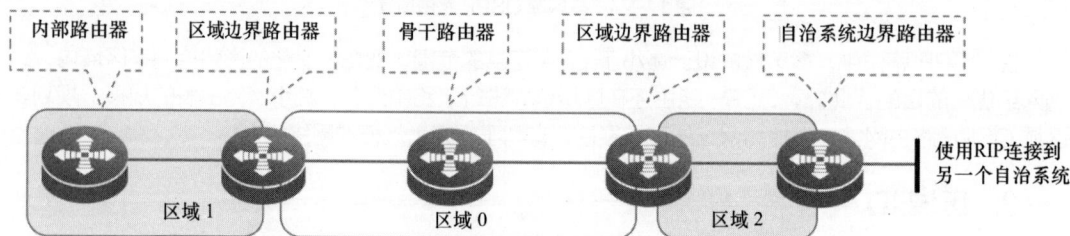

图 14-26　多区域 OSPF 路由中的多种 OSPF 路由器类型

① 内部路由器（Internal Router，IR）：所有接口都在同一个区域中的路由器。内部路由器用于维护本区域内部路由器之间的 LSDB。

② 骨干路由器（Backbone Router，BR）：位于区域 0 内的路由器。骨干路由器至少有一个接口属于骨干区域。所有区域边界路由器都是骨干路由器。

③ 区域边界路由器（Area Border Router，ABR）：处于两个区域边界，并且在两个及以上的区域内都有接口的路由器。区域边界路由器拥有所连区域的所有 LSDB，并负责在区域之间发送 LSA 更新消息。区域间路由信息必须通过区域边界路由器才能进出区域。

④ 自治系统边界路由器（AS Boundary Router，ASBR）：处于不同的自治系统边界，负责在不同的自治系统之间交换路由信息。

需要特别注意的是，区域是基于接口划分的，而不是基于路由器划分的。此外，这里的路由器泛指所有的三层路由设备，如三层交换机。

6. 多区域 OSPF 路由设计

OSPF 路由层次化的网络设计建议每个区域中路由器的数量为 50～100 台。构建在区域 0 中的路由器称为骨干路由器，这意味着所有的区域都要和区域 0 直接相连，区域边界路由器连接骨干区域和非骨干区域，如图 14-27 所示。

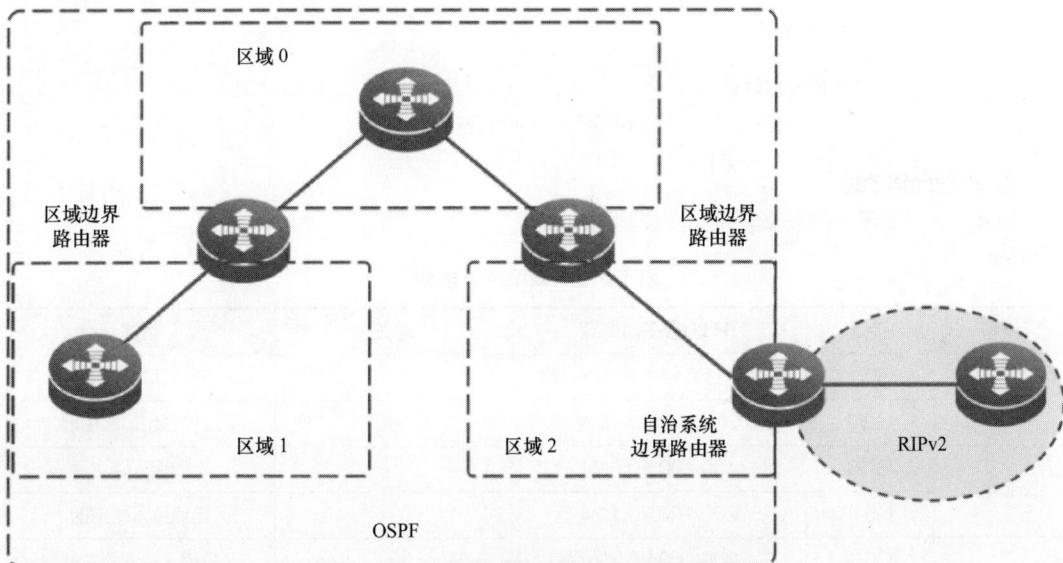

图 14-27 区域边界路由器连接的 OSPF 网络

每台路由器中运行 OSPF 协议的接口只能属于某一特定区域，不同区域之间依靠区域边界路由器传递路由信息。理想的设计是每台区域边界路由器只连接两个区域（骨干区域和其他区域），在规划多区域 OSPF 路由时，需要遵循如下规定。

① 每个区域都有自己独立的 LSDB，基于 SPF 算法的路由计算独立进行。

② LSA 泛洪和 LSDB 同步只在区域内进行。

③ OSPF 的区域 0 必须是连续的。

④ 其他区域必须和区域 0 直接连接，其他区域之间不能直接交换路由信息，必须通过区域 0。这意味着区域间的路由交换遵循距离矢量协议的行为模式，即通过汇总传递路由信息，而不是每个区域都知道整个网络的详细信息。

⑤ 形成邻居关系的接口必须在同一区域中，不同区域的接口不能形成邻居关系。

⑥ 区域边界路由器把区域内路由转换成区域间路由，传播到其他区域。

【项目实训】配置多区域 OSPF 路由

【项目规划】

某学院建设完成二期校园网后，使用 3 台路由器实现网络连接，并且针对合并的分校区使用多区域 OSPF 路由协议来配置网络，实现校区之间的互联互通。

【实训过程】

1. 组建网络场景

根据初期规划和实际施工需要组建二期校园网场景，如图 14-28 所示。推荐使用真机组网进行实训，本项目使用锐捷 EVE 模拟器进行实训。

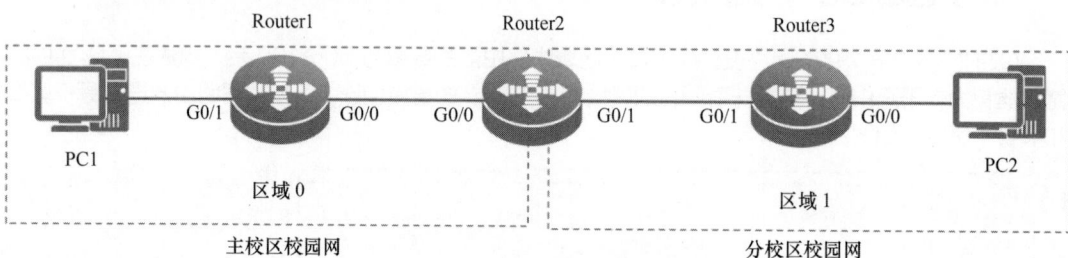

图 14-28　二期校园网场景

2. 规划网络地址

如表 14-2 所示，规划某学院二期校园网地址。

表 14-2　网络地址规划

设备	接口	IP 地址/子网掩码	网关	备注
Router1	G0/1	172.16.1.1/24	—	主校区内网网关
	G0/0	200.100.10.1/24	—	主校区出口路由器
Router2	G0/0	200.100.10.2/24	—	电信接入路由器
	G0/1	200.100.20.1/24	—	电信接入路由器
Router3	G0/1	200.100.20.2/24	—	分校区接入路由器
	G0/0	192.168.10.1/24	—	分校区内网网关
PC1	网卡	172.16.1.2/24	172.16.1.1/24	主校区内网计算机
PC2	网卡	192.168.10.2/24	192.168.10.1/24	分校区内网计算机

3. 配置设备基础信息

① 在主校区出口路由器 Router 1 上配置接口地址，生成直连路由。

```
Ruijie>enable
Ruijie#configure        ! 默认密码为 ruijie
Ruijie(config)#hostname Router1
Router1(config)#interface GigabitEthernet 0/0
Router1(config-if)#no switchport
```

```
Router1(config-if)#ip address 200.100.10.1 24
Router1(config-if)#exit
Router1(config)#interface GigabitEthernet 0/1
Router1(config-if)#no switchport
Router1(config-if)#ip address 172.16.1.1 24
Router1(config-if)#end
Router1#show ip route        ！查看路由表
```

② 在电信接入路由器 Router2 上配置接口地址，生成直连路由。

```
Ruijie>enable
Ruijie#configure              ！默认密码为 ruijie
Ruijie(config)#hostname Router2
Router2(config)#interface GigabitEthernet 0/0
Router2(config-if)#no switchport
Router2(config-if)#ip address 200.100.10.2 24
Router2(config-if)#exit
Router2(config)#interface GigabitEthernet 0/1
Router2(config-if)#no switchport
Router2(config-if)#ip address 200.100.20.1 24
Router2(config-if)#end
Router2#show ip route        ！查看路由表
```

③ 在分校区接入路由器 Router3 上配置接口地址，生成直连路由。

```
Ruijie>enable
Ruijie#configure              ！默认密码为 ruijie
Ruijie(config)#hostname Router3
Router3(config)#interface GigabitEthernet 0/0
Router3(config-if)#no switchport
Router3(config-if)#ip address 192.168.10.1 24
Router3(config-if)#exit
Router3(config)#interface GigabitEthernet 0/1
Router3(config-if)#no switchport
Router3(config-if)#ip address 200.100.20.2 24
Router3(config-if)#end
Router3#show ip route        ！查看路由表
```

4. 配置全网 OSPF 路由，实现全网连通

① 在主校区出口路由器 Router1 上配置 OSPF 路由。

```
Router1#configure
Router1(config)#router ospf 1     ！启用 OSPF 路由协议，进程为 1
Router1(config-router)#network 172.16.1.0 0.0.0.255 area 0
！在骨干区域（区域 0）中发布直连路由信息
Router1(config-router)#network 200.100.10.0 0.0.0.255 area 0
Router1(config-router)#end
```

② 在电信接入路由器 Router2 上配置 OSPF 路由。

```
Router2#configure
Router2(config)#router ospf 1     ！启用 OSPF 路由协议，进程为 1
Router2(config-router)#network 200.100.10.0 0.0.0.255 area 0
Router2(config-router)#network 200.100.20.0 0.0.0.255 area 1
```

! 在非骨干区域（区域 1）中发布直连路由信息

```
Router2(config-router)#end
```

③ 在分校区接入路由器 Router3 上配置 OSPF 路由。

```
Router3#configure
Router3(config)#router ospf 1      ! 启用 OSPF 路由协议，进程为 1
Router3(config-router)#network 200.100.20.0 0.0.0.255 area 1
Router3(config-router)#network 192.168.10.0 0.0.0.255 area 1
Router3(config-router)#end
```

5. 测试网络连通状况

① 查看主校区出口路由器 Router1 的 OSPF 路由信息。限于篇幅，此处省略查询信息。

```
Router1#show ip ospf neighbor            ! 查看邻居信息
......

Router1#show ip ospf neighbor detail     ! 查看邻居路由器的详细信息
......

Router1#show ip ospf database            ! 查看所有区域拓扑数据库
......

Router1#show ip ospf interface           ! 查看接口上的 OSPF 信息
......

Router1# show ip ospf route              ! 查看 OSPF 路由表信息
......

Router1#show ip route                    ! 查看全网主路由表信息
......

Router1(config)# show ip ospf            ! 查看 OSPF 路由配置信息
......

Router1#show running-configure           ! 查看全部的配置信息
......
```

② 查看电信接入路由器 Router2 的 OSPF 路由信息。限于篇幅，此处省略查询信息。

```
Router2#show ip ospf neighbor            ! 查看邻居信息
......

Router2#show ip ospf database            ! 查看所有区域拓扑数据库
......

Router2# show ip ospf route              ! 查看 OSPF 路由表信息
......
```

③ 配置主校区内网计算机 PC1 的 IP 地址。

```
VPCS> ip 172.16.1.2 24 172.16.1.1
```

按照与上面同样的方式，根据表 14-2 规划的地址，完成分校区内网计算机 PC2 的 IP 地址配置。

④ 测试网络连通状况。

```
VPCS> ping 192.168.10.2      ! 从主校区内网计算机 PC1 上测试与分校区内网计算机 PC2 的连通状况
......! 网络连通正常
```

测试结果表明，成功地通过多区域 OSPF 动态路由技术实现了主校区校园网和分校区校园网之间的互联互通。

【项目小结】

本项目结合网络工程师工作岗位要求，系统讲解了 OSPF 路由技术。首先，本项目介绍了 OSPF 路由基础知识，以及 OSPF 路由技术术语，包括自治系统、Router-ID、路由度量值、OSPF 报文类型、邻居关系和邻接关系、邻居表、拓扑表、OSPF 路由表、网络类型、DR 与 BDR 角色等；其次，本项目介绍了 OSPF 路由计算过程；再次，本项目介绍了多区域 OSPF 路由知识；最后，本项目介绍了如何配置多区域 OSPF 路由。

【素质提升】培养情商

情商（Emotional Quotient，EQ）又称情绪智商，是近年来由心理学家提出的与智商相对应的概念。情商主要是指人在情绪、情感、意志、耐受挫折等方面的品质。以往认为，一个人能否在一生中取得成就，智商是第一重要的，即智商越高，取得成就的可能性就越大。但是，现在心理学家普遍认为，情商对一个人能否取得成就也有着重大作用，有时其作用甚至超过智商。

心理学家还认为，情商高的人具有如下特点：社交能力强，外向而愉快，不易陷入恐惧或伤感，对事业较投入，为人正直，富有同情心，情感生活较丰富但不逾矩，无论是独处还是与许多人在一起时都能怡然自得。心理学家还认为，一个人是否具有较高的情商，和其在童年时期接受的教育有着密切的关系。因此，培养情商应从小开始。

【认证测试】

单选题：下列每道试题都有多个选项，请选择一个最优的选项。

1. 以下使用了 SPF 算法的是（   ）。
   A. OSPF   B. RIP   C. GMP   D. IPX
2. 下列属于链路状态路由协议的是（   ）。
   A. RIPv1   B. IS-IS   C. OSPF 协议   D. RIPv2
3. 以下 OSPF 协议的状态中，属于不稳定状态的是（   ）。
   A. Init   B. 2-way   C. Full   D. Down
4. 以下属于基于链路状态算法的动态路由协议的是（   ）。
   A. RIP   B. ICMP   C. IGRP   D. OSPF 协议
5. 在使用 RIP、OSPF 协议计算的路由中，优先级高的路由是由（   ）计算得到的。
   A. RIP   B. OSPF 协议   C. 无法比较   D. 由配置参数决定
6. OSPF 协议使用（   ）路由协议算法。
   A. 距离矢量   B. 链路状态   C. 混合型   D. 静态
7. 在 OSPF 协议中，（   ）用于表示路由的优先级。
   A. Cost   B. Metric
   C. Precedence   D. Administrative Distance
8. 在 OSPF 协议中，BMA 网络中选举 DR 和 BDR 角色的作用是（   ）。
   A. 避免路由环路   B. 加快网络收敛速度
   C. 实现负载均衡   D. 减少网络广播流量
9. 关于链路状态路由协议，以下说法正确的是（   ）。
   A. 链路状态路由协议依赖于网络工程师手动配置路由信息

    B. 链路状态路由协议中路由器之间交换的是路由信息，而不是链路状态信息

    C. 链路状态路由协议使用 SPF 算法计算最佳路径

    D. 链路状态路由协议不考虑路径开销

10. 在选择 OSPF 协议和 RIP 作为 IGP 时，以下说法正确的是（   ）。

    A. RIP 比 OSPF 协议更适用于大型网络，因为 RIP 有更快的收敛速度

    B. OSPF 协议比 RIP 更适用于大型网络，因为 OSPF 协议有更快的收敛速度

    C. RIP 和 OSPF 协议都使用相同的路由算法及度量标准计算最佳路径

    D. RIP 和 OSPF 协议都是基于链路状态的路由协议，在任何规模的网络中的性能都相似

项目15
网络安全技术

15

【项目情景】

为了保护校园网安全，网络工程师需要完成以下安全工作：考虑过滤部分通信，禁止部分部门之间进行数据交换；阻挡非法用户接入校园网；及时发现非法用户接入等。如图 15-1 所示，网络中心服务器通过配置端口安全，保证合法接入用户的安全性；部署 ACL 安全技术，限制校园网中的流量访问，保护服务器区的安全性。

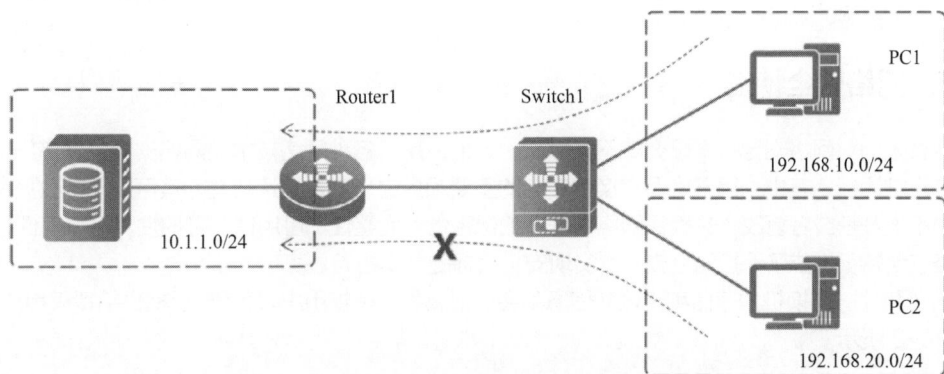

图 15-1 使用 ACL 限制校园网中的流量访问

【项目目标】

本项目针对网络工程师工作岗位的岗位要求介绍网络安全技术，实现以下项目目标。

1. 知识目标
（1）了解端口安全。
（2）了解 ACL 安全，区分多种 ACL 类型。
（3）了解标准 ACL。
（4）了解扩展 ACL。
（5）了解名称 ACL。

2. 技能目标
（1）能够配置端口安全。
（2）能够配置标准 ACL。
（3）能够配置扩展 ACL。

3. 素质目标

（1）培养学生的网络安全和信息安全意识，使学生树立总体国家安全观。

（2）教育学生建立正确的价值观，使学生能够在未来的工作中有良好的职业道德和法律意识，认识到守法和违法只在人的一念之间，对利用技术和管理漏洞获取非法利益的行为不抱有侥幸态度。

（3）培养学生保持工作环境干净的习惯，实现整洁的物料放置，遵守6S管理规范。

【知识准备】

网络安全威胁是指网络系统面临安全事件或潜在安全风险，并且该事件会对某一资源的保密性、完整性和合法性造成威胁。部署相关的安全措施可以在不同程度上解决或缓解网络安全威胁，提供网络安全防护服务。

15.1 网络安全概述

保护网络安全对企业的数据安全、业务连续性、业务合规性、企业声誉、企业经济效益、员工工作效率以及企业创新与发展等都具有重要意义。因此，企业应该高度重视局域网安全保护工作，采取有效的安全措施，确保网络的安全和稳定。

1. 网络安全特征

随着人们对网络安全技术研究的不断深入，人们采用了各种网络技术和网络安全管理措施，保障网络的正常运行。其中，用于确保交换机安全的重要项目之一就是高速转发，其可以保证数据在传输过程中不被截获或者篡改，并确保网络中信息的保密性、完整性、可用性、可控性、可审查性，这5种网络安全特征构成了保护网络安全、实现安全目标的基本要素。

① 保密性：交换机中存储和传输的信息不会被泄露给非授权用户，即信息只提供给授权用户使用，如图15-2所示。

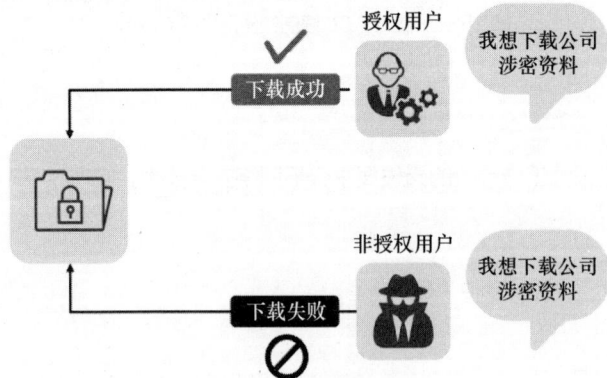

图 15-2 保密性

② 完整性：信息未经授权，不能进行改变，即信息在交换机传输过程中，禁止偶然或蓄意删除、修改、伪造、乱序、重放、插入等行为，如图15-3所示。

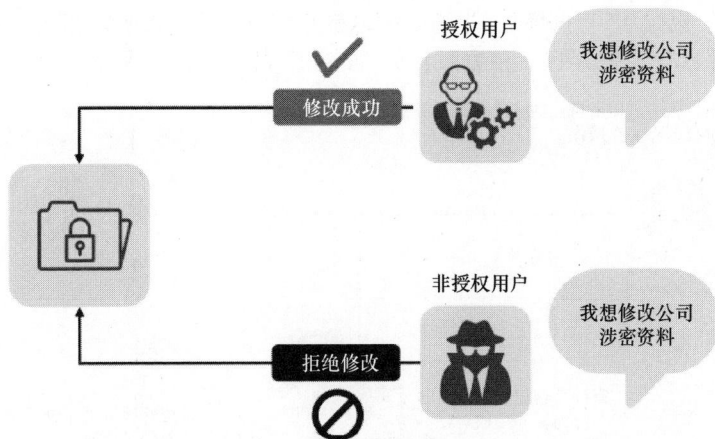

图 15-3　完整性

③ 可用性：在规定的条件和规定的时间内，交换机需要保障业务可用，满足通信服务质量（Quality of Service，QoS）要求，如图 15-4 所示。

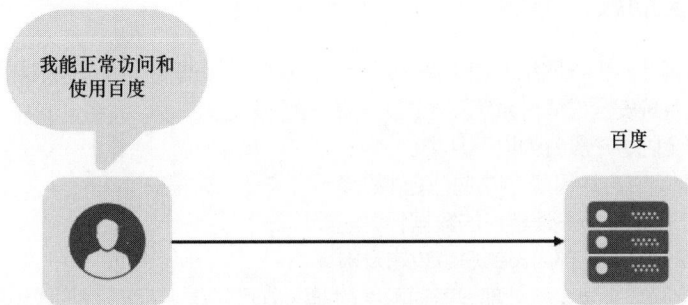

图 15-4　可用性

④ 可控性：对信息的传播及内容具有控制能力，能够对授权范围内的信息流向和行为方式进行控制，如图 15-5 所示。

图 15-5　可控性

⑤ 可审查性：也称为不可抵赖性，指防止网络信息系统相关用户否认其活动行为，当网络出现安全问题时，审查平台能够提供调查的依据和手段，如图 15-6 所示。

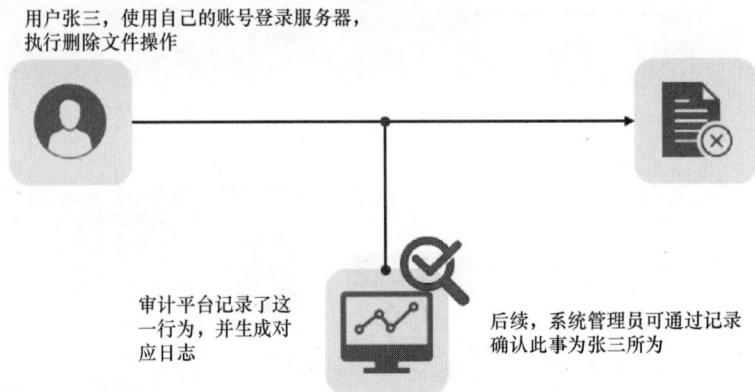

图 15-6 可审查性

2. 网络安全隐患

网络安全隐患指计算机或网络通信设备进行网络交互时，遭遇被窃听、被破坏和被攻击的网络安全事件，出现侵犯系统安全或危害系统资源能力的潜在环境或事件等。

常见的网络安全隐患一般分为以下几类。

① 非人为因素（或自然因素）造成的硬件故障、火灾、水灾等安全事故。

② 人为但属于操作人员失误造成的数据丢失或损坏。

③ 来自企业网外部和内部人员的恶意攻击及破坏。

其中，外网安全隐患主要来自外部设备对网络的非法访问，可能会造成有形或无形的网络损失，"黑客"是制造这种隐患的典型代表；内部网络安全隐患来自企业网内部，部分企业员工可能熟悉内网的结构和系统的操作步骤，并拥有合法的操作权限，会造成很大的危害，即最大的网络安全隐患来自企业网内部。

15.2 端口安全技术

由于网络通信协议存在缺陷，以及网络部署等方面存在安全漏洞，因此针对接入网的攻击日益增多，造成的影响越来越大，甚至可能导致网络瘫痪。

1. 网络攻击方法

攻击防范是保护交换网络安全的一种重要的网络安全特性。其中，攻击防范针对攻击 CPU 的不同类型报文，采用丢弃或者限速手段，保障设备不受攻击影响，使业务正常运行。交换机通过分析上传到 CPU 中进行处理的报文的特征，判断报文是否具有攻击特性。攻击防范主要分为畸形报文攻击防范、分片报文攻击防范和泛洪攻击防范。在交换机上，通过对具有攻击特性的报文采取一定的防范措施，保护交换网络安全。

2. 端口安全功能

默认情况下，交换机的所有端口都不提供任何安全检查措施，允许所有的数据流通过。为保护网络内的用户安全，需要对交换机的端口增加安全访问功能，有效保护网络安全。其中，交换机的端口安全是二层端口安全的特性，主要实现以下功能。

① 只允许具有特定 MAC 地址的设备接入网络，防止非法或未授权设备接入网络。

② 限制端口接入的设备数量，防止用户将过多的设备接入网络。

注意：关于端口（Port）和接口（Interface）的使用范围，端口的使用范围更广泛，不仅包括物理接口，还包括虚拟接口（如 SVI）。但是，本项目中的端口含义和传输层描述的端口含义不同。

3. 端口安全防范

大部分网络攻击行为采用了欺骗源 IP 地址或源 MAC 地址的方法，如 ARP 攻击、MAC 攻击、DHCP 攻击等。对于这些针对交换机端口进行的攻击行为，需要进行交换机的端口安全防范。

（1）配置安全地址

通过在交换机端口上限制访问的 IP 地址及 MAC 地址（可选），将 IP 地址和 MAC 地址绑定在端口上，作为安全接入的地址，实现端口的安全接入。当启用交换机的端口安全功能后，除了源地址为安全地址的数据包外，该端口将不转发其他信息，如图 15-7 所示。

（2）限制最大连接数

一个端口启用安全端口后，默认允许最大 128 个安全地址连接。可以配置允许的最大安全地址连接数，即最大连接数，当连接数达到最大连接数时，交换机将产生安全事件，发送一个安全违例通知。针对不同的网络安全需求，安全端口会采用不同的安全违例处理方式。

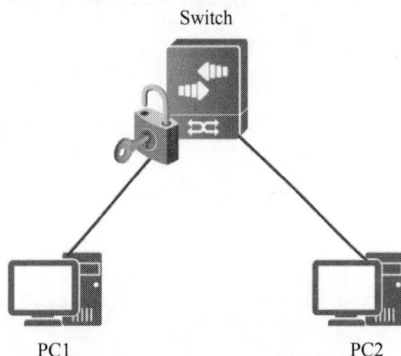

图 15-7 非授权用户无法接入访问

① Protect：丢弃具有未知地址的数据包。

② Restrict Trap：丢弃 MAC 地址不在安全地址表中的帧，发送安全违例通知。

③ Shutdown：丢弃 MAC 地址不在安全地址表中的帧，发送安全违例通知，并且关闭端口。

4. 配置端口安全

在交换机的接口配置模式下，通过如下命令启用交换机端口安全功能。

```
Switch(config-if)#switchport port-security    ! 启用交换机端口安全功能
```
启用交换机端口安全功能后，交换机端口安全参数的默认设置如表 15-1 所示。

表 15-1 交换机端口安全参数的默认设置

交换机端口安全参数	默认设置
端口安全功能开关	所有端口均关闭端口安全功能
最大连接数	128
安全地址	无
安全违例处理方式	Protect 方式

在交换机的接口配置模式下使用如下命令，配置端口上的最大连接数。

```
Switch(config-if)#switchport port-security maximum value
! 设置端口上的最大连接数，取值范围是 1～128，默认设置为 128
Switch(config-if)#switchport port-security violation {protect | restrict | shutdown }
```

！设置端口的安全违例处理方式

当端口上出现违例，实施"shutdow"操作时，交换机将该端口置于"err-disabled"状态，此时在全局配置模式下使用如下命令将状态恢复为"Up"。

```
Switch(config)#errdisable recovery
```

通过如下命令查看端口上配置的安全内容。

```
Switch#show port-security        ！查看安全端口的状态信息
Switch#show port-security interface GigabitEthernet 0/1  ！查看端口
Switch#show port-security address   ！查看安全地址
```

【配置案例】配置交换机端口安全。

如图 15-8 所示，在校园网中为某楼层的接入交换机配置端口安全功能。其具体设置如下：将交换机 Switch 的端口 G0/3 配置为安全端口，最多允许 4 个安全地址连接，并将安全违例处理方式设置为 Protect。

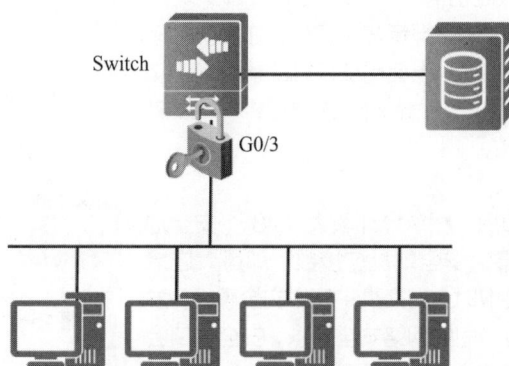

图 15-8   配置交换机端口安全

相关配置命令如下。

```
Switch(config)#interface GigabitEthernet 0/3
Switch(config-if)#switchport  port-security
Switch(config-if)#switchport  port-security  maximum 4
Switch(config-if)#switchport  port-security  violation  protect
Switch(config-if)#end
```

5. 配置安全地址

在交换机的接口配置模式下，使用以下命令配置静态安全地址的安全绑定。

```
Switch(config-if)#switchport port-security   ！启用端口安全功能
Switch(config-if)#switchport port-security mac-address mac-address
！手动配置端口上的安全地址
```

默认情况下，通过安全端口学习到的安全地址都不会老化，会永久存在。使用以下命令可以配置安全地址的老化时间。

```
Switch(config-if)#switchport port-security aging { time time | static }
```

在交换机的接口配置模式下，使用以下命令恢复交换机端口安全地址的绑定操作。

```
Switch(config-if)#no switchport port-security mac-address mac-address
！删除该端口的安全地址
```

【配置案例】配置安全端口。

在交换机端口 G0/3 上配置安全端口，绑定安全 MAC 地址 00d0.f800.073c。

```
Switch(config)#interface GigabitEthernet0/3
Switch(config-if)#switchport port-security
Switch(config-if)#switchport port-security maximum 1
Switch(config-if)#switchport port-security mac-address 00d0.f800.073c
Switch(config-if)#switchport port-security violation shutdown
Switch(config-if)#end
```

注意：不同版本的交换机端口安全配置命令稍有不同。

6. 配置全局安全地址绑定

（1）什么是全局安全地址绑定

通过手动配置全局 IP 地址和 MAC 地址绑定功能，可以对输入的报文进行 IP 地址和 MAC 地址绑定关系的验证，设备只接收源 IP 地址和源 MAC 地址均匹配安全绑定条目的 IP 报文，否则该 IP 报文将被丢弃。如图 15-9 所示，通过全局安全地址绑定列表实现安全防范。

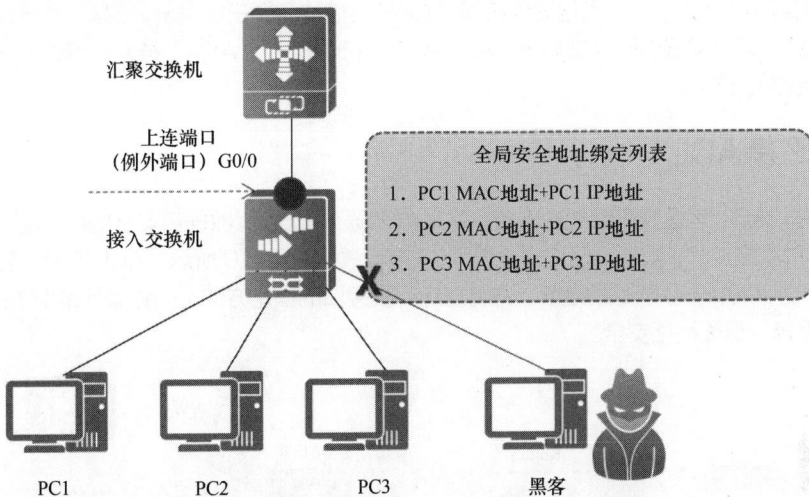

图 15-9　通过全局安全地址绑定列表实现安全防范

（2）端口安全和全局安全地址绑定的区别

端口安全用于控制从各个端口进入交换机的 IP 报文，其更偏重对端口的控制，而无法实现基于设备整体的对报文的控制。相对于端口安全，全局安全地址绑定更偏重对报文的控制，能控制哪些报文被允许进入交换机（不限制接口），哪些报文被丢弃。

（3）配置全局安全地址绑定

在全局配置模式下，使用如下配置命令实现 IP 地址与 MAC 地址的绑定关系。

```
Switch(config)#address-bind 192.168.1.1 0001.0001.0001
！全局配置模式下绑定 IP 地址和 MAC 地址。其中，IP 地址为规划的地址，MAC 地址为在设备上查询的 MAC 地
！址，以下相同
Switch(config)#address-bind 192.168.1.2 0002.0002.0002
！全局配置模式下绑定 IP 地址和 MAC 地址
……
```

（4）启用全局安全地址绑定日志功能

默认情况下，当在全局配置模式下配置了 IP 地址和 MAC 地址的绑定关系后，该全局安全地址将不会生效，需要使用"address-bind install"命令使其生效。

```
Switch(config)#address-bind install   ！使全局安全地址生效
Switch(config)#address-bind binding-filter logging
！全局配置模式下，启用全局安全地址绑定日志功能，如果有报文被该功能丢弃，则输出日志
Switch(config)#show address-bind
！查看当前生效的全局安全地址
```

（5）配置例外端口

在全局配置模式下，使用如下命令把上联端口配置为例外端口。需要注意的是，配置为例外端口的上联端口只能是二层交换端口。

```
Switch(config)#address-bind uplink GigabitEthernet 0/0
！将上联端口配置为例外端口，该端口通过的报文不受限制
```

15.3 ACL 安全

随着网络应用的飞速发展，网络安全和网络 QoS 方面的问题日益突出，保障网络安全、提升网络 QoS 迫在眉睫。通过部署访问控制列表（Access Control List，ACL）技术，可以实现网络的安全访问，提升网络 QoS。

1. 什么是 ACL

简单地说，ACL 就是数据包过滤技术。ACL 技术通过配置 IP 数据包安全检查技术，对网络中通过的 IP 数据包实施过滤，实现对网络安全访问的控制，如图 15-10 所示。ACL 安全内容如下：通过配置 ACL 规则，编制一张规则检查表，并将其应用在接口的指定方向上，过滤网络中未授权的访问，限制非法数据流，保障网络安全。

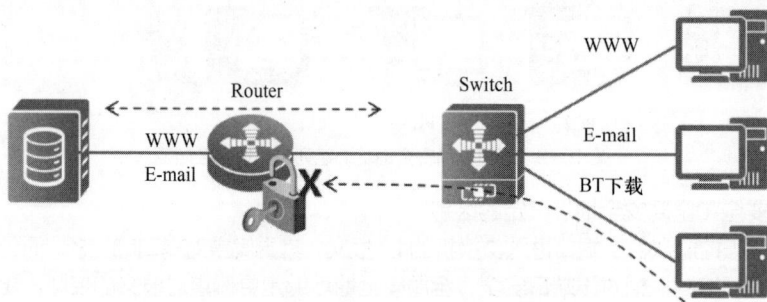

图 15-10 ACL 控制不同的 IP 数据包通过网络

网络中的三层设备按照编制完成的命令顺序依次检查、匹配规则检查表，执行安全规则检查，过滤流入和流出网络的 IP 数据包，实现对网络中通过的 IP 数据包的过滤。通过在网络设备上配置 ACL 规则，可以有效地管理和控制网络流量，确保内网的访问安全。

2. ACL 匹配方向

ACL 技术使用 IP 数据包过滤技术，根据定义的 ACL 规则对 IP 数据包进行过滤，实现网络安全访问控制的目的。实施 ACL 时，需要把其部署到网络设备的某个接口（或 VLAN）上，并指定匹配数据出入的方向，如图 15-11 所示。

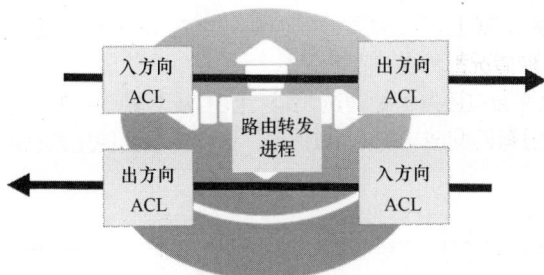

图 15-11 实施 ACL

如图 15-12 所示，网络设备对接口上收到的 IP 数据包或发出的 IP 数据包按顺序进行匹配，如果匹配成功，则立刻启动"允许"（permit）或"拒绝"（deny）动作。其中，入站（In）和出站（Out）的含义如下。

① 入站：已到达路由器接口的 IP 数据包，将被路由器的 CPU 处理。

② 出站：已经过路由器的 CPU 处理的 IP 数据包，将离开路由器。

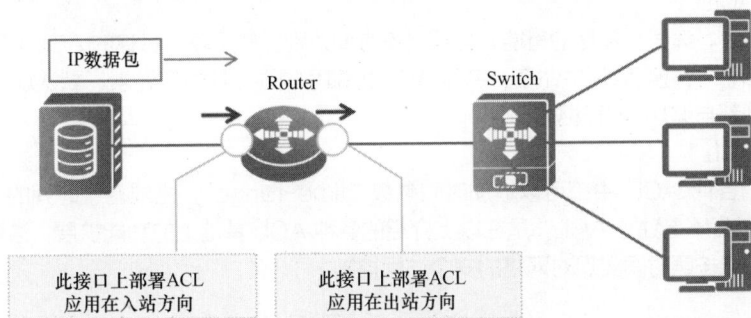

图 15-12 部署 ACL 应用在接口指定方向

3. ACL 匹配规则

ACL 中定义的列表内容由一系列安全匹配规则组成，通过对收到的 IP 数据包中的五元组（源 IP 地址、目的 IP 地址、协议、源端口、目的端口）信息（见图 15-13）进行特征匹配，区分特定的 IP 数据流。ACL 对匹配成功的 IP 数据包采取相应的措施，如启动"允许"或"拒绝"动作，以实现对网络访问的安全控制。

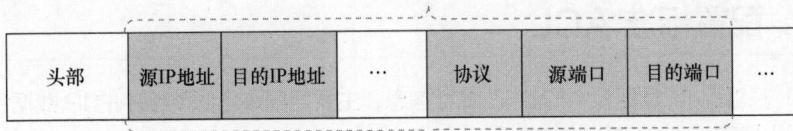

图 15-13 IP 数据包中的五元组信息

4. ACL 匹配动作

当 IP 数据包入站或出站时，ACL 规则会逐条对其进行匹配，遵循"一旦命中，即停止匹配"机制。其中，ACL 规则匹配后，会产生两种结果："命中规则"（匹配）和"未命中规则"（不匹配）。

① 命中规则：在 ACL 中查找到了符合匹配条件的规则。不论匹配动作是"允许"还是"拒绝"，都称为"匹配"，而不是只有匹配动作是"允许"的情况才会被称为"匹配"。

② 未命中规则：不存在 ACL，或 ACL 中无规则，或在 ACL 中遍历了所有规则都没有找到符合匹配条件的规则。以上 3 种情况都称为"不匹配"。

IP 数据包最终是被允许通过还是拒绝通过，实际上由 ACL 规则中的指定动作和应用 ACL 的各个业务模块共同决定。即使没有匹配成功的 IP 数据包，该网络也会使用默认的"deny any"规则，过滤该 IP 数据包。

5. ACL 类型

根据访问控制标准的不同，ACL 分为多种类型，用于实现不同的安全访问和控制效果。

（1）编号 ACL

早期的 ACL 使用编号进行区分，分为标准 ACL 和扩展 ACL。其中，标准 ACL 编号取值范围为 1～99，扩展 ACL 编号取值范围为 100～199。

这两种编号 ACL 的区别如下：标准 ACL 只检查 IP 数据包中的源 IP 地址；扩展 ACL 不仅检查 IP 数据包中的源 IP 地址，还检查目的 IP 地址，以及特定协议、端口号等。

（2）名称 ACL

在大型设备上，编号有耗尽的可能，且编号不方便识别。使用基于名称的 ACL（即名称 ACL），不仅能"见名知意"，还可以任意命名。名称 ACL 除编写规则（如检查元素、默认规则等）的语法稍有不同外，其他都与编号 ACL 相同。

（3）时间 ACL

以上介绍的各种 ACL 中都可以增加时间参数"time-range"，生成基于时间的 ACL（即时间 ACL）。时间 ACL 不是独立 ACL，是在以上介绍的各种 ACL 基础上的功能扩展。通过在 ACL 中增加时间参数，可以按照时间实现对网络的安全访问控制。

6. ACL 通配符

在配置 ACL 规则的过程中，可以使用通配符和 IP 地址计算允许的网络范围。通配符也称为"反掩码"（Wildcard-mask），和 IP 地址结合使用，用于描述一个网络范围。

反掩码和子网掩码相似，但含义不同。在子网掩码中，使用"1"标识网络地址，使用"0"标识主机地址，因此可以使用子网掩码和 IP 地址计算该 IP 地址的网络地址；在 ACL 的通配符中，使用"1"表示对应位不需要比较，使用"0"表示对应位需要比较，因此可以使用通配符和 IP 地址计算允许的网络范围。

15.4 配置标准 ACL

标准 ACL 只匹配 IP 数据包中的源 IP 地址信息，主要匹配来自源网络中的 IP 数据包。通过配置标准 ACL，可以有效保护目的网络的安全。

1. 什么是标准 ACL

标准 ACL 包括基于编号的标准 ACL 和基于名称的标准 ACL。其中，基于编号的标准 ACL 具有以下特征：通过编号 1～99 和 1300～1999 区分不同 ACL 规则；只匹配 IP 数据包中的源地址信息，对匹配成功的数据包启动"拒绝"或"允许"动作。

由于基于编号的标准 ACL 只检查 IP 数据包中的源 IP 地址信息，以"允许"或"拒绝"收到的 IP 数据包，因此当要阻止或者允许来自某一特定网络的数据流通过时，可以使用基于编号的标准 ACL 来实现。

2. 标准 ACL 配置过程

（1）分析需求

图 15-14 所示为某公司网络安全场景：只允许 172.16.1.0/24 网段访问服务器（172.17.1.1/32），其他网段禁止访问服务器。需要使用基于编号的标准 ACL 规则来限制"来自指定网络"的 IP 数据包。

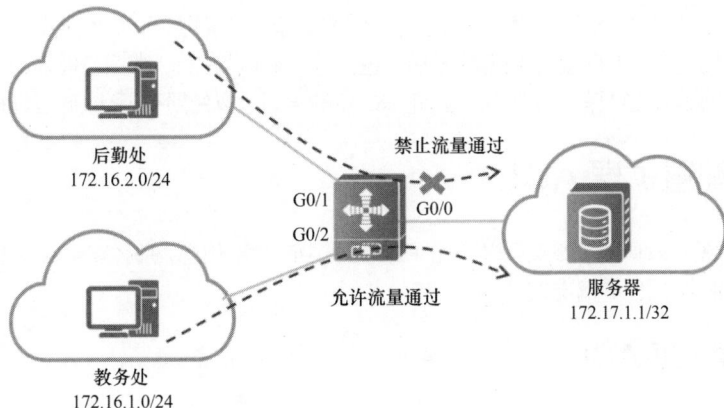

图 15-14　某公司网络安全场景

（2）配置网络基础信息

在交换机的接口上完成地址信息配置以及网络中的路由配置，保证全网互联互通。首先，用户需要按照网络拓扑自行搭建网络环境；其次，用户需要登录交换机，配置接口的 IP 地址信息。

（3）编制标准 ACL 的安全规则

在全局配置模式下，使用以下命令配置标准 ACL 的安全规则。

```
Switch(config)#access-list 1 permit 172.16.1.0 0.0.0.255
! 允许来自网段 172.16.1.0/24 中的流量通过并访问服务器
Switch(config)#access-list 1 deny  0.0.0.0  255.255.255.255
! 标准 ACL 默认包含一条隐含的"deny any"规则，禁止所有未被明确允许的流量通过
```

其中，IP 地址后的地址为反掩码，是用于匹配源 IP 地址的通配符屏蔽码，可以实现限定网络地址范围的效果。

（4）应用标准 ACL

编制完成基于编号的标准 ACL 规则后，需要将其应用在指定的接口上，并选择保护目的网络的方向。如果不选择方向，则默认为出站。

```
Switch(config)#interface GigabitEthernet 0/0
Switch(config-if)#ip access-group list-number 1 out
! 编制完 ACL 规则后，将其应用在靠近受保护的连接服务器的接口上
Switch(config-if)end
Switch#show access-lists          ! 查看配置信息。限于篇幅，此处省略显示内容
……
Switch#show ip access-group       ! 查看接口上的 ACL。限于篇幅，此处省略显示内容
……
```

3. 配置标准 ACL 的注意事项

所有的 IP 数据包在通过启用了 ACL 的接口时都需要匹配指令语句，否则将被拒绝通过。配置标

准 ACL 的注意事项如下。

① 利用 ACL 规则处理和匹配行为只有两种结果，要么拒绝，要么允许。

② 利用 ACL 规则处理和匹配行为时，按照由上而下的顺序进行。

③ 利用 ACL 规则对 IP 数据包进行匹配时，如果匹配不成功，则一直向下匹配直到最后，一旦找到匹配成功的指令，则立刻执行相应动作，不再继续向下匹配。

④ ACL 指令最后默认拒绝所有 IP 数据包通过。

⑤ 编制 ACL 规则时，需要把精确的安全规则放在前面，而把模糊的安全规则放在后面，否则会因为模糊的安全规则提前让 IP 数据包匹配成功，进而导致有危险的 IP 数据包提前通过。

⑥ 所配置的列表中必须有一条隐含"允许"命令的语句，以免所有 IP 数据包都被拒绝通过。

15.5 配置扩展 ACL

在编制扩展 ACL 规则时，如果可以匹配 IP 数据包中的全部信息，那么安全检查的范围会更精细，进而可以实现对 IP 数据包的精准控制。

1. 什么是扩展 ACL

扩展 ACL 包括基于编号的扩展 ACL 和基于名称的扩展 ACL。其中，基于编号的扩展 ACL 具有以下特征：通过编号 100~199 和 2000~2699 区分不同 ACL 规则；不仅匹配 IP 数据包中的源地址，还匹配目的地址、源端口、目的端口等特征信息。

IP 数据包在通过网络设备时，设备匹配 IP 数据包中的多种类型的特征信息，对匹配成功的 IP 数据包启动"允许"或者"拒绝"动作，如图 15-15 所示。

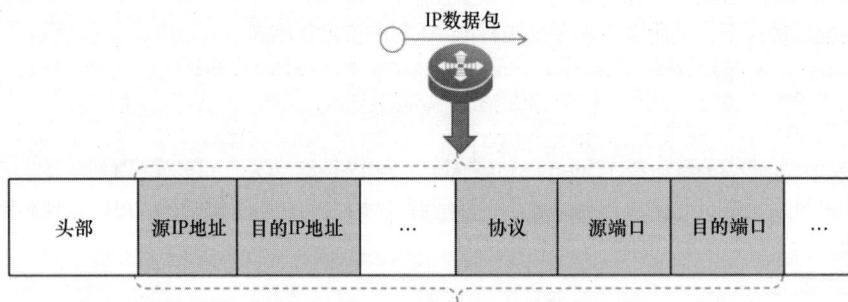

头部	源IP地址	目的IP地址	…	协议	源端口	目的端口	…

图 15-15 扩展 ACL 的安全规则

2. 配置扩展 ACL

由于扩展 ACL 可以实现对 IP 数据包的精准控制，因此其可以被使用在 IP 数据包通过的任意接口上。但是，和标准 ACL 相比，扩展 ACL 也存在如下缺点：配置难度大，配置代码复杂；消耗的 CPU 资源更多。

基于编号的扩展 ACL 的配置命令如下。

```
Switch(config)#access-list listnumber {permit|deny}protocol source
source-wildcard-mask destination destination-wildcard-mask [operator operand ]
```

命令中的相关参数的含义如下。

① listnumber：扩展 ACL 的编号范围，取值范围为 100~199。

② protocol：指定需要过滤的协议，如 IP、TCP、UDP、ICMP 等。

③ source：源地址。

④ destination：目的地址。

⑤ wildcard-mask：反掩码，用于匹配检查的网络范围。

⑥ operator：端口控制操作符，包括"<"">""="等。

⑦ operand：源端口和目的端口号。若省略该参数，则默认使用全部端口号（取值范围为 0~65535）。

【配置案例】配置扩展 ACL。

图 15-16 所示为某企业网保护服务器安全场景，服务器 1（172.16.1.1/24）提供销售数据服务，服务器 2（172.16.1.2/24）提供资源下载服务。为了保证服务器安全，该企业要求销售部网络的计算机（172.16.3.0/24）只能访问服务器 1，行政中心网络的计算机（172.16.2.0/24）能访问所有服务器，其他网络的计算机禁止访问服务器。

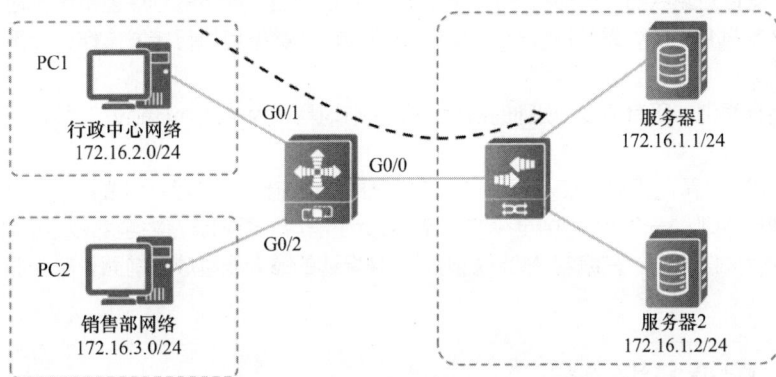

图 15-16　某企业网保护服务器安全场景

（1）分析需求

由于允许计算机访问服务器，因此除需要对 IP 数据包中的源地址进行匹配外，还需要匹配目的地址，即需要使用扩展 ACL 检查 IP 数据包中的所有信息。

（2）配置网络基础信息

在交换机的接口上完成地址信息配置以及网络中的路由配置，保证全网互联互通。首先，用户需要按照网络拓扑自行搭建网络环境；其次，用户需要登录交换机，配置接口的 IP 地址信息。

（3）编制扩展 ACL 规则

在全局配置模式下，使用如下命令编制基于编号的扩展 ACL 规则。

```
Switch(config)#access-list 101 permit ip 172.16.3.0 0.0.0.255 host 172.16.1.1
! 允许销售部网络的计算机（172.16.3.0/24）访问服务器 1（172.16.1.1/24）
Switch(config)#access-list 101 deny ip 172.16.3.0 0.0.0.255 host 172.16.1.2
! 拒绝销售部网络的计算机（172.16.3.0/24）访问服务器 2（172.16.1.2/24）
Switch(config)#access-list 101 permit ip 172.16.2.0 0.0.0.255 host 172.16.1.1
! 允许行政中心网络的计算机（172.16.2.0/24）访问服务器 1（172.16.1.1/24）
Switch(config)#access-list 101 permit ip 172.16.2.0 0.0.0.255 host 172.16.1.2
! 允许行政中心网络的计算机（172.16.2.0/24）访问服务器 2（172.16.1.2/24）
Switch(config)# access-list 101 deny ip any any
! 拒绝其他网络的计算机访问服务器（默认，可省略）
```

（4）应用扩展 ACL

由于扩展 ACL 检查精细，因此其可以被应用在 IP 数据包传输时沿途的任意接口上，建议将其应用在靠近源端的位置。但是，本案例的最佳选择是将其应用在距离保护目标最近的接口上。

```
Switch(config)#interface GigabitEthernet 0/0
Switch(config-if)#ip access-group 101 out
Switch(config-if)#end
Switch#show access-lists       ! 显示全部的 ACL 信息。限于篇幅，此处省略显示内容
......
```

3. 扩展 ACL 规则的使用原则

在使用扩展 ACL 规则的过程中，应注意以下原则。

① 最小特权原则：只给受控对象完成项目所必需的最小权限，即被控制的总规则是各个规则的交集，只满足部分条件的 IP 数据包不允许通过。

② 最靠近受控对象原则：在检查 ACL 规则时，会按照自上而下的顺序逐条进行检查。一旦某条规则与当前 IP 数据包匹配，系统就立刻应用该规则对该 IP 数据包执行转发操作，而不会继续转发后续的 ACL 规则。

③ 默认丢弃原则：所有 ACL 规则的最后一条规则均默认为"deny any"，即丢弃所有不符合条件的 IP 数据包。

④ 自身流量无法限制原则：ACL 只能过滤流经路由器的流量，对自身发出的 IP 数据包不发挥作用。

⑤ 允许通过原则：一个 ACL 中至少有一条 permit 语句，否则流量将全部被拒绝通行。

⑥ 命令的优先级原则：在编制 ACL 规则时，越具体的命令要越放在前面，越一般的命令要越放在后面。

15.6 配置名称 ACL

早期的网络设备都使用基于编号的 ACL，但编号不容易区分，修改也不方便，随着设备的性能改善，现在的网络设备广泛使用基于名称的 ACL。

1. 什么是名称 ACL

基于名称的 ACL 使用字符串标识编制完成的安全规则，具有"见名知意"的效果。使用名称 ACL 可以减轻后期维护工作，方便随时调整 ACL 规则。名称 ACL 分为标准名称 ACL 和扩展名称 ACL，这二者除了命名规则稍有不同外，其他内容（如检查元素、默认规则等）都相同。

2. 配置标准名称 ACL

标准名称 ACL 的配置代码和编号 ACL 的配置代码基本相同，区别仅在于前者使用字符串名称代替编号，方便进行 ACL 的区分。此外，标准名称 ACL 使用"ip access-list standard acl-name"命令启用 ACL 规则配置。下面通过一个安全实例说明标准名称 ACL 的配置过程。

如图 15-17 所示，某公司网络（172.16.0.0/16）只允许办公网（172.16.1.0/24）的计算机访问服务器（172.17.1.1/32），其他网络的计算机禁止访问服务器。

（1）分析需求

由于禁止指定网络访问权限，因此需要使用标准 ACL。

（2）配置网络基础信息

在交换机的接口上完成地址信息配置以及网络中的路由配置，保证全网互联互通。首先，用户需要按照网络拓扑自行搭建网络环境；其次，用户需要登录交换机，配置接口的 IP 地址信息。

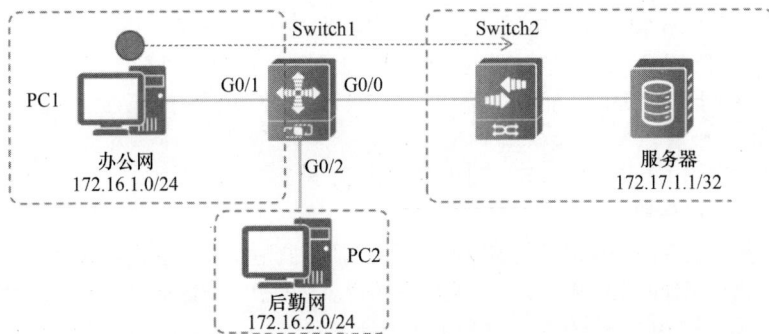

图 15-17 某公司网络实施的标准名称 ACL 安全访问

（3）创建标准名称 ACL

在全局配置模式下，使用如下命令创建标准名称 ACL。

```
Switch(config)#ip access-list standard test  ！定义规则名称为test
Switch(config-std-nacl)#permit 172.16.1.0 0.0.0.255
! 配置允许访问的网络范围
Switch(config-std-nacl)#deny any     ！拒绝其他网络（默认，可省略）
Switch(config-std-nacl)#exit
```

（4）应用标准名称 ACL

与应用编号 ACL 的方法一样，尽量将标准名称 ACL 应用在距离保护目的网络最近的接口上。

```
Switch(config)#interface GigabitEthernet 0/0
Switch(config-if)#ip access-group test out
Switch(config-if)#end
Switch#show access-lists      ！显示全部的 ACL 内容。限于篇幅，此处省略显示内容
……
```

3. 配置扩展名称 ACL

扩展名称 ACL 的配置代码和编号 ACL 的配置代码基本相同，扩展名称 ACL 使用 "ip access-list extended acl-name" 命令启用 ACL 规则配置。下面通过一个安全实例说明扩展名称 ACL 配置过程。

如图 15-18 所示，在某企业网中，服务器 1（172.17.1.1/32）提供 Web 服务和 FTP 服务，服务器 2（172.17.1.2/32）提供数据库服务。为了优化服务器的安全访问，公司规定如下。

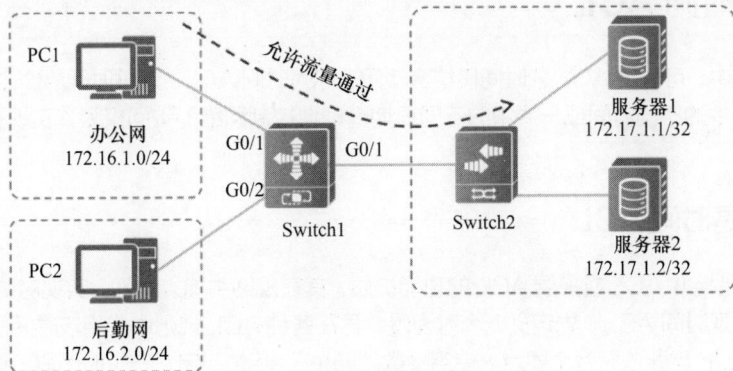

图 15-18 扩展名称 ACL 应用场景

① 办公网（172.16.1.0/24）的计算机可以访问全部的服务器资源。

② 后勤网（172.16.2.0/24）的计算机只允许访问服务器1（172.17.1.1/32）提供的全部服务。

③ 其他网络的计算机只允许访问服务器1（172.17.1.1/32）提供的 Web 服务。

（1）分析需求

由于禁止指定网络访问指定的服务，因此需要使用扩展 ACL。

（2）配置网络基础信息

在交换机的接口上完成地址信息配置以及网络中的路由配置，保证全网互联互通。首先，用户需要按照网络拓扑自行搭建网络环境；其次，用户需要登录交换机，配置接口的 IP 地址信息。

（3）创建扩展名称 ACL

在全局配置模式下，使用如下命令创建扩展名称 ACL。

```
Switch(config)#ip access-list extended allow-server
! 定义一个名称 ACL，名称为 allow-server
Switch(config-std-nacl)#permit ip 172.16.1.0 0.0.0.255 host 172.17.1.1
! 允许办公网（172.16.1.0/24）的计算机访问服务器 1 的全部资源
Switch(config-std-nacl)#permit ip 172.16.1.0 0.0.0.255 host 172.17.1.2
! 允许办公网（172.16.1.0/24）的计算机访问服务器 2 的全部资源
Switch(config-std-nacl)#permit ip 172.16.2.0 0.0.0.255 host 172.17.1.1
! 允许后勤网（172.16.2.0/24）的计算机访问服务器 1 提供的全部服务
Switch(config-std-nacl)#permit tcp any host 172.17.1.1 eq www
! 允许其他网络的计算机只访问服务器 1 提供的 Web 服务
Switch(config-std-nacl)#deny ip  any any    ! 默认拒绝全部 IP 数据包通过
Switch(config-std-nacl)#exit
```

（4）应用扩展名称 ACL

尽量将扩展名称 ACL 应用在数据发源地，但本例只能将其应用在距离要保护的目标服务器最近的接口上。

```
Switch(config)#interface GigabitEthernet 0/0
Switch(config-if)#ip access-group allow-server out
Switch(config-if)#end
Switch#show access-lists           ! 显示全部的 ACL 内容。限于篇幅，此处省略显示内容
……
```

15.7 时间 ACL

在实际应用中，可以将 ACL 分时间段结合使用，称为时间 ACL。通过时间 ACL 技术，系统管理员可以根据一天中的不同时间或一周中的不同日期精确地控制网络的访问权限，实现更灵活和动态的安全策略。

1. 什么是时间 ACL

时间 ACL 是标准 ACL 或扩展 ACL 的功能扩展，其在规则中加入时间，实现对访问时间的控制。通过如下方法实现时间 ACL：先定义一个时间段，再在各种 ACL 规则中应用该时间段。

创建时间 ACL 需要依据两个要点：使用参数"time-range"定义一个时间段；编制 ACL 规则，并将 ACL 规则和时间段结合。只有在此时间段内，此规则才会生效。各类 ACL 规则均可以使用时间

段。其中，时间段分为 3 种类型：绝对（Absolute）时间段、周期（Periodic）时间段和混合时间段。

① 绝对时间段：一个时间段，即从某时刻开始到某时刻结束的时间段。

② 周期时间段：一个时间周期，如每天的时间或者每周的时间。

③ 混合时间段：将绝对时间段与周期时间段结合的时间段。

2. 配置时间 ACL

在指定的时间段内，若禁止指定网络访问目的网络上指定的网络服务，则可使用扩展 ACL 规则实现，同时需要加载时间控制周期。因此，需要配置时间段。

进入时间段配置模式，使用"absolute"命令配置绝对时间段。

```
Router(config)#time-range time-range-name        ！定义时间段名称
Router(config)#absolute { start time date [ end time date ] }
！在时间段配置模式下配置绝对时间段
```

在时间段配置模式下，使用"periodic"命令配置周期时间段。

```
Router(config)#periodic { weekdays | weekend | daily } hh:mm to hh:mm
！在时间段配置模式下配置周期时间段
```

【配置案例】配置时间 ACL。

如图 15-19 所示，某公司规定上班时间（9:00～18:00）不允许员工通过网络（172.16.1.0/24）访问互联网上的 Web 服务。

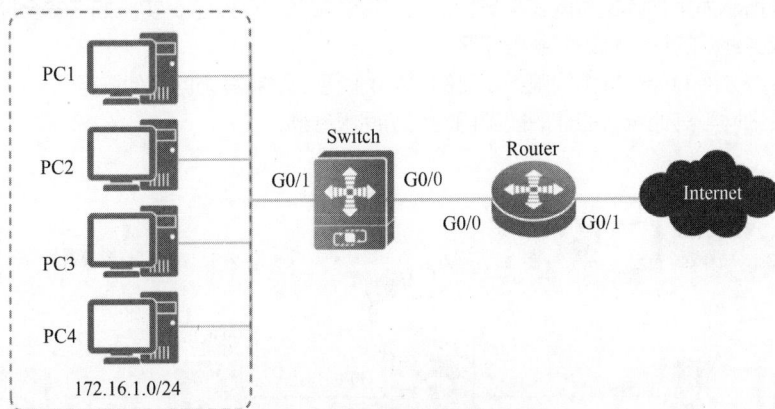

图 15-19　时间 ACL 应用场景

（1）分析需求

由于公司禁止员工在上班时间通过网络访问互联网上的 Web 服务，因此需要在公司的出口路由器上配置扩展 ACL。

（2）配置网络基础信息

在交换机的接口上完成地址信息配置以及网络中的路由配置，保证全网互联互通。首先，用户需要按照网络拓扑自行搭建网络环境；其次，用户需要登录交换机，配置接口的 IP 地址信息。

（3）创建时间范围

首先，定义时间周期；其次，创建基于编号的扩展 ACL，并在编制完 ACL 规则后，使用"time-range"参数引用时间段名称。

```
Router(config)#time-range off-work          ！定义时间段名称为 off-work
Router(config-time-range)#periodic weekdays 09:00 to 18:00
```

```
! 定义时间周期
Router(config-time-range)#exit
```

（4）配置基于编号的扩展 ACL

```
Router(config)#access-list 101 deny ip 172.16.1.0 0.0.0.255 any time-range
off-work     ! 在编制完成的 ACL 规则后面引用时间段名称
Router(config)#access-list 101 permit tcp 172.16.1.0 0.0.0.255 any eq www
```

（5）应用时间 ACL

在接口上应用时间 ACL 的方法与应用其他 ACL 的方法一样。由于编制的是扩展 ACL 规则，因此需要尽量将时间 ACL 应用在离数据发源地最近的接口上。

```
Switch(config)#interface GigabitEthernet 0/0
Switch(config-if)#ip access-group 101 out
Switch(config-if)#end
Switch#show access-lists
......
```

注意：在使用时间 ACL 时，需要保证三层设备（路由器或交换机）的系统时间的准确性，三层设备会根据系统时间判断当前时间是否在时间段内。

【项目实训】配置扩展 ACL

【项目规划】

图 15-20 所示为某学院校园网安全场景。为了保证服务器区安全，实施如下安全控制。

① 允许教务处网的计算机访问服务器区。

② 仅允许办公网的计算机访问服务器区的 Web 服务，限制其访问其他服务。

③ 限制后勤网等其他所有的非职能部门网络访问服务器。

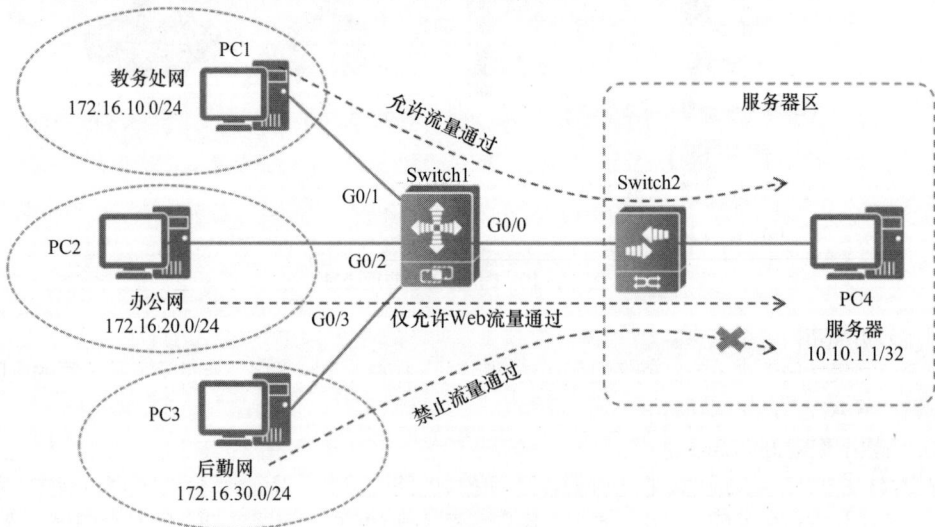

图 15-20　某学院校园网安全场景

【实训过程】

1. 组建网络场景

如图 15-20 所示，组建网络场景。推荐使用锐捷 EVE 模拟器完成实训。

2. 规划网络地址

如表 15-2 所示，规划某学院校园网和服务器区地址。

表 15-2　网络地址规划

设备	接口	IP 地址/子网掩码	网关	备注
Switch1	G0/0	10.10.1.254/24	—	网络中心网关
	G0/1	172.16.10.1/24	—	教务处网
	G0/2	172.16.20.1/24	—	办公网
	G0/3	172.16.30.1/24	—	后勤网
Switch2	—	—	—	连接网络中心
PC1	网卡	172.16.10.2/24	172.16.10.1/24	教务处网计算机
PC2	网卡	172.16.20.2/24	172.16.20.1/24	办公网计算机
PC3	网卡	172.16.30.2/24	172.16.30.1/24	后勤网计算机
PC4	网卡	10.10.1.1/32	10.10.1.254/32	网络中心服务器

3. 配置设备基础路由信息

在校园网核心交换机 Switch1 上配置接口地址，生成直连路由。

```
Ruijie#configure
Ruijie(config)#hostname Switch1
Switch1(config)#interface GigabitEthernet 0/0
Switch1(config-if)#no switchport
Switch1(config-if)#ip address 10.10.1.254 24
Switch1(config-if)#exit
Switch1(config)#interface GigabitEthernet 0/1
Switch1(config-if)#no switchport
Switch1(config-if)#ip address 172.16.10.1 24
Switch1(config-if)#exit
Switch1(config)#interface GigabitEthernet 0/2
Switch1(config-if)#no switchport
Switch1(config-if)#ip address 172.16.20.1 24
Switch1(config-if)#exit
Switch1(config)#interface GigabitEthernet 0/3
Switch1(config-if)#no switchport
Switch1(config-if)#ip address 172.16.30.1 24
Switch1(config-if)#end
Switch1#show ip route    ！查看直连路由表。限于篇幅，此处省略显示内容
……！仅显示直连路由信息
```

4. 配置 IP 地址并测试网络连通状况

① 配置教务处网中计算机 PC1 的 IP 地址。

```
VPCS> ip 172.16.10.2 24 172.16.10.1
```

按照与上面同样的方式，根据表 15-2 规划的地址信息，完成计算机 PC2、计算机 PC3、服务器 PC4 上的 IP 地址配置。

② 测试网络连通状况。

```
VPCS> ping 10.10.1.1      ！从教务处网计算机 PC1 上测试与网络中心服务器 PC4 的连通状况
……！网络连通正常
```

```
VPCS> ping 10.10.1.1        ！从后勤网计算机 PC3 上测试与网络中心服务器 PC4 的连通状况
……！网络连通正常
```

测试结果表明，通过 Switch1 的直连路由技术实现了校园网之间的互联互通。

5. 实施安全访问控制

① 在全局配置模式下，使用如下命令创建扩展名称 ACL。

```
Switch1(config)#
Switch1(config)#ip access-list extended test
！定义一个名称 ACL，名称为 test
Switch1(config-std-nacl)#permit ip 172.16.10.0 0.0.0.255 host 10.10.1.1
！允许教务处网（172.16.10.0/24）的计算机访问全部服务器
Switch1(config-std-nacl)#permit tcp 172.16.20.0 0.0.0.255 host 10.10.1.1 eq 80
！允许办公网（172.16.20.0/24）的计算机访问服务器区的 Web 服务
Switch(config-std-nacl)#deny ip any any     ！默认拒绝其他所有 IP 数据包通过
Switch(config-std-nacl)#end
```

② 应用扩展名称 ACL。尽量将扩展名称 ACL 规则应用在数据发源地，但这里只能将其应用在距离要保护的目标服务器最近的接口上。

```
Switch1(config)#interface GigabitEthernet 0/0
Switch1(config-if)#ip access-group test out
Switch1(config-if)#end
Switch1#show access-lists               ！显示全部的 ACL 内容
……
```

6. 测试网络连通状况，实现安全访问服务器

```
VPCS> ping 10.10.1.1        ！从教务处网的计算机 PC1 上测试与网络中心服务器 PC4 的连通状况
……！网络连通正常
VPCS> ping 10.10.1.1        ！从后勤网的计算机 PC3 上测试与网络中心服务器 PC4 的连通状况
192.168.10.2 icmp_seq=1 timeout
……
```

测试结果表明网络不连通，即通过 ACL 拒绝后勤网的计算机访问服务器。

【项目小结】

本项目结合网络工程师工作岗位要求，系统讲解了网络安全技术。首先，本项目介绍了网络安全特征和网络安全隐患；其次，本项目介绍了端口安全技术；再次，本项目介绍了 ACL 安全知识，以及如何区分多种 ACL 类型，重点介绍了标准 ACL、扩展 ACL、名称 ACL 和时间 ACL；最后，本项目介绍了如何配置扩展 ACL。

【素质提升】设置强健密码

当用户注册某平台账户时，平台对密码设置都会有所要求，如"密码长度需大于 8 个字符，且要包含数字和英文字母"等。为了保障账户安全，许多平台鼓励用户设置长且复杂的密码，并定期更新。实际上，用户经常使用数字和特殊字符替换字母，如把"password"变成"P4￥@WØrd"，这样既不方便在手机上输入，又不方便记忆。

易记忆的强健密码来源于熟悉的事物，除了自己的姓名和生日之外，还推荐设置如下强健密码。

XiangJi@1q2w3e"（"相机"汉语拼音和键盘上首排字母的组合）。

zfzf@yslfhs（取自古诗词"知否，知否？应是绿肥红瘦"的汉语拼音首字母的组合）。

【认证测试】

单选题：下列每道试题都有多个选项，请选择一个最优的选项。

1. 配置端口安全存在（　　）的限制。

　　A. 一个安全端口必须是一个 Access 端口，即连接终端的端口，而非 Trunk 端口

　　B. 一个安全端口不能是一个聚合端口

　　C. 一个安全端口不能是一个 SPAN（Switched Port Analyzer，一种监控机制）的目的端口

　　D. 只能在部分端口上配置端口安全

2. 在交换机上，端口安全的默认配置是（　　）。

　　A. 默认关闭端口安全　　　　　　　　　B. 最大连接数是 128

　　C. 没有安全地址　　　　　　　　　　　D. 安全违例处理方式为保护

3. 当端口由于违规进入"err-disabled"状态时，使用（　　）命令手动将其恢复为"Up"状态。

　　A. "errdisable recovery"　　　　　　　B. "no shutdown"

　　C. "recovery errdisable"　　　　　　　D. "recovery"

4. ACL 的作用是实现（　　）。

　　A. 安全控制　　　　B. 流量过滤　　　　C. 数据流量标识　　　D. 流量控制

5. 若某台交换机上配置了 ACL，则如下命令的含义是（　　）。

```
access-list 4 deny 202.38.0.0 0.0.255.255
access-list 4 permit 202.38.160.1 0.0.0.255
```

　　A. 禁止源地址为 202.38.0.0 网段的计算机的所有访问

　　B. 允许目的地址为 202.38.0.0 网段的计算机的所有访问

　　C. 检查源 IP 地址，禁止 202.38.0.0 网段的计算机访问，允许 202.38.160.0 网段的计算机访问

　　D. 检查目的 IP 地址，禁止 202.38.0.0 网段的计算机访问，允许 202.38.160.0 网段的计算机访问

6. 有如下两条 ACL（分别记为 ACL1 和 ACL2），它们控制地址的范围关系是（　　）。

```
access-list 1 permit 10.110.10.1 0.0.255.255
access-list 2 permit 10.110.100.100 0.0.255.255
```

　　A. ACL1 和 ACL2 的范围相同　　　　　B. ACL1 的范围在 ACL2 的范围内

　　C. ACL2 的范围在 ACL1 的范围内　　　D. ACL1 和 ACL2 的范围没有包含关系

7. 在网络安全中，ACL 的主要目的是（　　）。

　　A. 提高网络性能　　　　　　　　　　　B. 防止数据丢失

　　C. 控制网络流量　　　　　　　　　　　D. 限制对网络资源的访问

8. 标准 ACL 以（　　）作为 IP 数据包操作的判断条件。

　　A. 数据包的大小　　　　　　　　　　　B. 数据包中的源地址

　　C. 数据包中的端口号　　　　　　　　　D. 数据包中的目的地址

9. 扩展 ACL 与标准 ACL 的区别是（　　）。

　　A. 扩展 ACL 只能用于过滤出站流量，而标准 ACL 只能用于过滤入站流量

　　B. 扩展 ACL 基于源地址和目的地址过滤流量，而标准 ACL 仅基于源地址过滤流量

C. 扩展 ACL 可以过滤基于应用的流量，而标准 ACL 不能过滤基于应用的流量

D. 扩展 ACL 使用更复杂的匹配条件，但性能较低

10. 以下 ACL 的含义是（　　　）。

```
access-list 102 deny udp 129.9.8.10 0.0.0.255 202.38.160.10 0.0.0.255 gt 128
```

A. 禁止网段 202.38.160.0/24 的计算机与网段 129.9.8.0/24 的计算机使用端口号大于 128 的 UDP 进行连接

B. 禁止网段 202.38.160.0/24 的计算机与网段 129.9.8.0/24 的计算机使用端口号小于 128 的 UDP 进行连接

C. 禁止网段 129.9.8.0/24 的计算机与网段 202.38.160.0/24 的计算机使用端口号小于 128 的 UDP 进行连接

D. 禁止网段 129.9.8.0/24 的计算机与网段 202.38.160.0/24 的计算机使用端口号大于 128 的 UDP 进行连接

项目16
NAT技术

16

【项目情景】

为了提升教育信息化带宽，某学校专门申请了中国电信的光纤专线接入，并向中国电信申请为该专线分配接入互联网的公有地址。该学校的网络工程师通过配置 NAPT 技术，实现了校园网使用公有地址访问互联网。该学校的校园网出口的初期规划如图 16-1 所示。

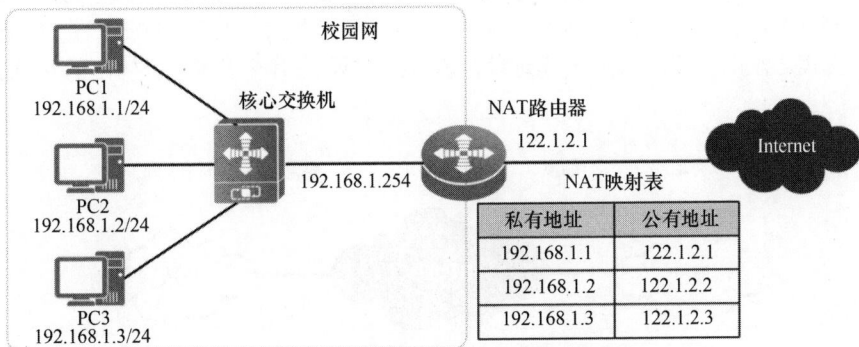

图 16-1 该学校的校园网出口的初期规划

【项目目标】

本项目针对网络工程师工作岗位的岗位要求介绍 NAT 技术，实现以下项目目标。

1. 知识目标

（1）了解私有地址。

（2）了解 NAT 技术，会区分 NAT 技术的类型。

（3）了解 NAPT 技术。

2. 技能目标

能够配置 NAT，实现校园网接入互联网。

3. 素质目标

（1）培养学生掌握互联网和 ISP 的生态系统演进过程的能力，帮助学生了解网络世情、国情，透视历史、现实和未来，懂得科技发展的前瞻性的重要性。

（2）培养学生遵守教学秩序的意识，帮助学生养成按规范要求使用工具及仪器设备，遵守 6S 管理规范的习惯。

（3）引导学生学会和同学友好沟通，建立团队协作关系；在小组实训中，做到项目明确、分工合理、落实到位、工作有序。

（4）培养学生的安全意识，严格按照安全标准流程进行操作。

【知识准备】

随着互联网技术的发展，互联网内连接的计算机数量以指数级增长，导致接入互联网中的 IPv4 地址出现数量不足的危机。

16.1　私有地址

IPv4 提供长度为 32 位的地址，理论上 IPv4 最多能够提供约 43 亿个唯一地址，但实际可用的地址数量少于理论数量，这一危机的存在对互联网的持续发展和扩展造成了挑战。近年来，多个地区性互联网注册管理机构（Regional Internet Registries，RIRs）宣布它们的 IPv4 地址池已经枯竭。

1. IPv4 地址危机

随着互联网技术的发展，各种网络设备接入互联网，导致 IPv4 地址数量严重不足。对此，业内提出了几种解决方案，包括 VLSM 技术、CIDR 技术、IPv6 地址以及 NAT 技术等。如图 16-2 所示，NAT 技术实现了在内网中使用私有地址，访问互联网时使用公有地址，简化了 IP 地址的寻址管理。

图 16-2　NAT 技术

2. 什么是私有地址

互联网组织委员会从公有地址中专门规划出了 3 段私有地址空间，作为局域网内部使用的私有地址，该地址是为了解决 IPv4 地址危机而提出的临时解决方案。

① A 类私有地址：10.0.0.0～10.255.255.255，即 10.0.0.0/8 网络地址段。
② B 类私有地址：172.16.0.0～172.31.255.255，即 172.16.0.0/12 网络地址段。
③ C 类私有地址：192.168.0.0～192.168.255.255，即 192.168.0.0/16 网络地址段。

私有地址属于非注册地址，只能在一个组织机构内部使用。访问互联网时，需要通过 NAT 技术将私有地址转换为公有地址，如图 16-3 所示。

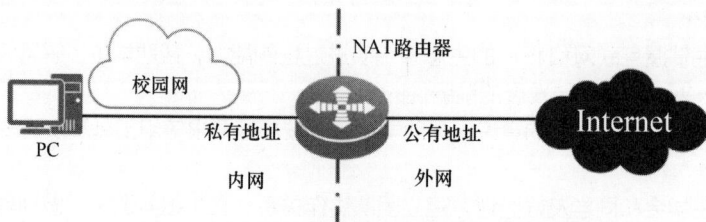

图 16-3　通过 NAT 技术将私有地址转换为公有地址

16.2 NAT 技术概述

NAT 技术是一种在 IP 网络中被广泛使用的网络地址转换技术，其允许一整个网络在互联网上以单一 IP 地址的形式出现。NAT 技术的主要目的是解决 IPv4 地址数量不足危机，并提供一定程度的安全保障。

1. 什么是 NAT 技术

NAT 技术就是一种把私有地址（网络地址）转换为合法公有地址的技术。NAT 通过将 IP 数据包头部的私有地址转换为公有地址，允许一个组织内部使用私有地址。如图 16-4 所示，某企业网使用私有地址，在网络的出口处通过出口路由器将私有地址转换为公有地址，满足企业网中内部设备访问互联网的需求。

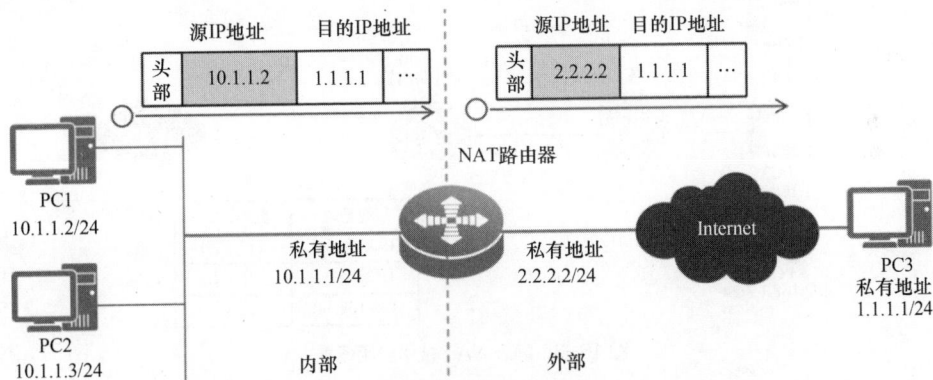

图 16-4　企业内网通过 NAT 技术接入外网

NAT 技术的典型应用是将使用私有地址的局域网连接到互联网上，实现了内网访问外网功能。这样就无须给内网中的每台设备都申请公有地址，既避免了公有地址的浪费，又节省了申请公有地址的费用。图 16-5 所示为使用 NAT 技术转换私有地址和公有地址。

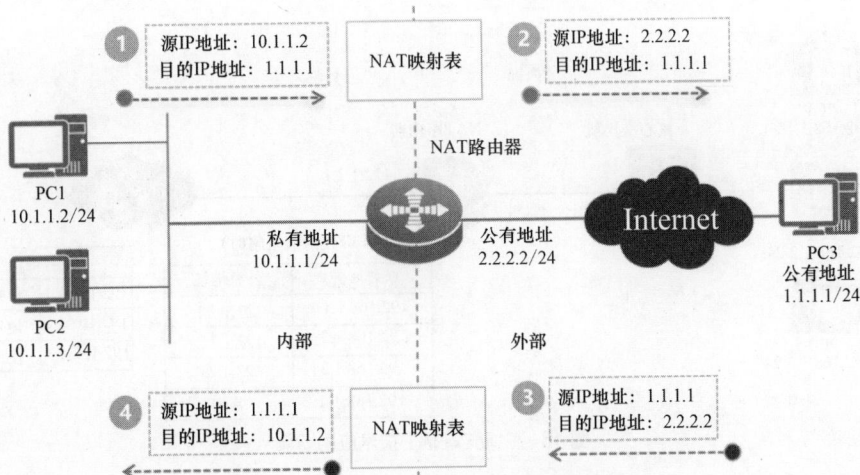

图 16-5　使用 NAT 技术转换私有地址和公有地址

在企业网中使用 NAT 技术具有以下技术优势。

① 将大量私有地址转换为在互联网上使用的公有地址，不仅解决了内网中的用户访问互联网时的公有地址困境，还节省了大量公有地址。

② 隐藏内网中的私有地址，避免内网受到互联网威胁，保障内网安全。

③ 更换网络服务提供商时，内网中的私有地址不用更改，这样可以增强接入互联网的灵活性。

2. NAT 技术类型

NAT 技术有多种类型，分别应用于不同的场景。

（1）静态 NAT 技术

静态 NAT（Static NAT）技术按照一一对应的方式，将一个内部 IP 地址（私有地址）转换为一个外部 IP 地址（公有地址）。静态 NAT 技术应用场景如图 16-6 所示。静态 NAT 技术可将内网中的一台计算机的私有地址永久映射成合法的公有地址，常用于企业网安装的服务器中。

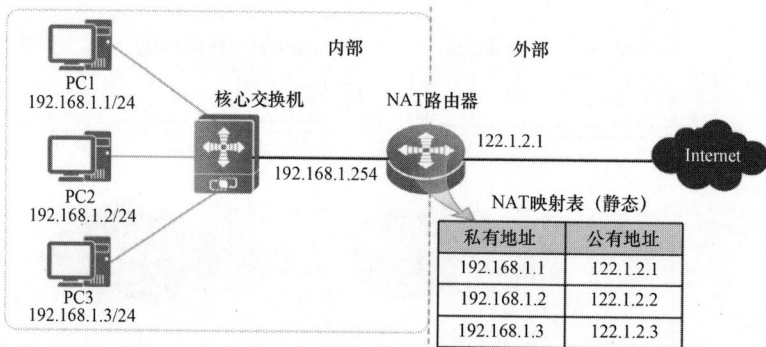

图 16-6　静态 NAT 技术应用场景

（2）动态 NAT 技术

动态 NAT（Dynamic NAT）技术一般是指 Pooled NAT 技术，其将一组内部计算机的 IP 地址随机转换为一个从公有地址池中临时选择的公有地址；用户断开网络连接时，该公有地址就被释放到公有地址池中。动态 NAT 技术应用场景如图 16-7 所示，这也是 NAT 技术在日常生活中经常应用的场景之一。

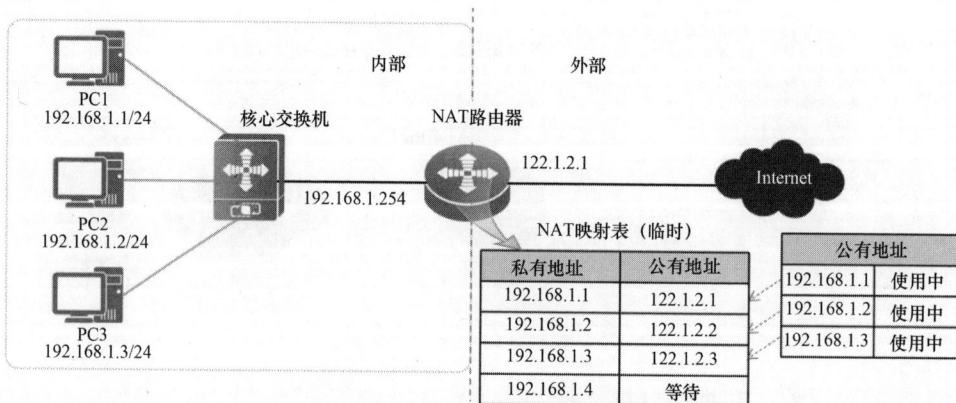

图 16-7　动态 NAT 技术应用场景

（3）NAPT 技术

网络地址端口转换（Network Address Port Translation，NAPT）也称端口多路复用或公有 IP 地址复用（超载）技术。该技术通过把内网计算机的 IP 地址（私有地址）映射到一个公有 IP 地址和不同端口上，同时进行地址和端口的转换，实现公有地址与私有地址之间的 1：*n* 映射。NAPT 技术应用场景如图 16-8 所示。

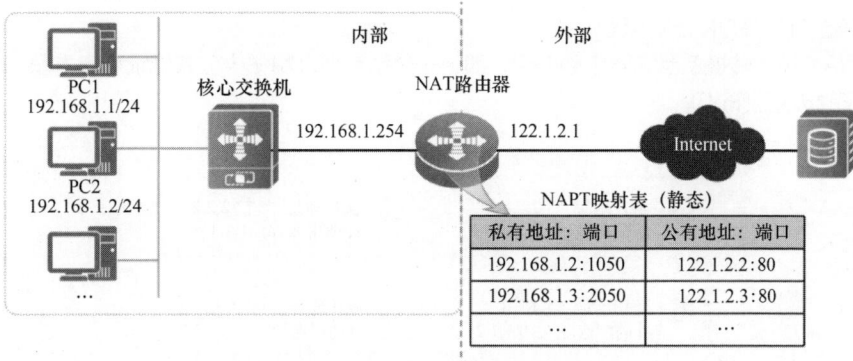

图 16-8　NAPT 技术应用场景

16.3　NAT 技术原理

NAT 技术的核心功能是将内网中使用的私有地址转换为可在互联网上路由的公有地址。这样，多台设备可以共享一个公有地址，进行互联网访问，而无须为每台设备都分配一个独立的公有地址。

1. NAT 技术术语

常见的 NAT 硬件包括路由器、防火墙、Windows 服务器等。NAT 硬件通常被安装在末节网络的边界，其在实现路由的同时，还承担着私有地址和公有地址的转换工作。

下面是一些 NAT 技术术语。

① 内部/外部：计算机相对于 NAT 硬件的物理位置，内部对应内网，外部对应外网。

② 本地/全局：用户相对于 NAT 硬件的物理位置，本地对应私有地址，全局对应公有地址。

例如，内部全局地址是内网中的用户使用的公有地址，内网中的用户使用该地址与互联网上的计算机进行通信，如图 16-9 所示。

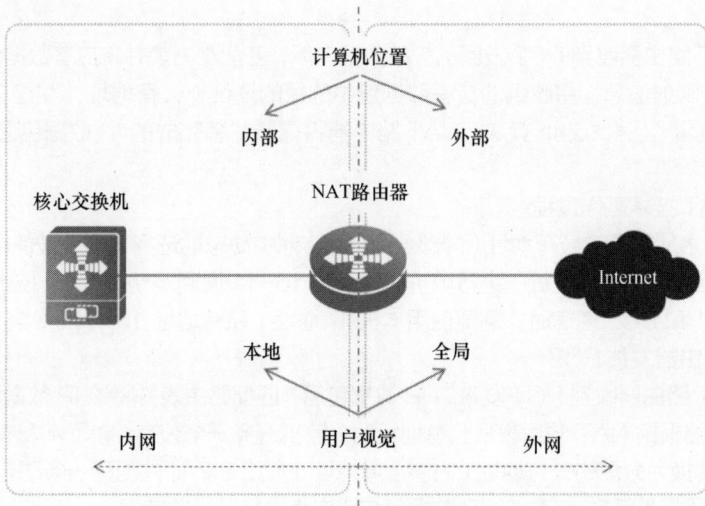

图 16-9　NAT 技术术语

2. NAT 技术工作过程

（1）静态 NAT 技术工作过程

静态 NAT 技术转换条目需要手动创建，即将一个私有地址和一个公有地址绑定。图 16-10 说明了静态 NAT 技术工作过程。

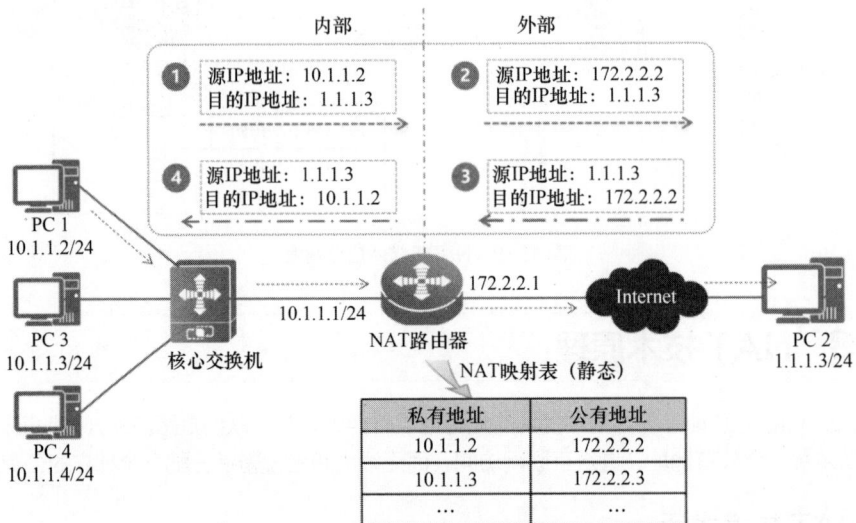

图 16-10　静态 NAT 技术工作过程

步骤 1：PC1 和 PC2 通信时，需要使用本机 IP 地址（私有地址 10.1.1.2）封装 IP 数据包，并通过 NAT 路由器将 IP 数据包发往 PC2。

步骤 2：NAT 路由器收到 PC1 发来的 IP 数据包后，首先，匹配路由表并将 IP 数据包转发到互联网；其次，NAT 路由器根据 NAT 映射表，将私有地址（内部本地地址 10.1.1.2）转换为公有地址（内部全局地址 172.2.2.2），同时将一一对应的 NAT 映射信息记录在 NAT 映射表中；最后，NAT 路由器将重新封装完成的 IP 数据包与路由表进行匹配并转发。

步骤 3：PC2 收到 IP 数据包后，使用本机 IP 地址（公有地址 172.2.2.2）封装应答数据包，以应答 PC1。

步骤 4：NAT 路由器收到 PC2 发回的应答数据包后，匹配路由表并将应答数据包转发到企业网。首先，根据 NAT 映射信息，将收到的应答数据包中的目的地址（公有地址 172.2.2.2）转换为内部本地地址（私有地址 10.1.1.2）；其次，NAT 路由器将重新封装完成的 IP 数据包通过匹配路由表转发给 PC1。

（2）动态 NAT 技术工作过程

动态 NAT 技术从配置的公有地址（内部全局地址）池中动态地选择一个未被使用的地址，并使用该地址对私有地址（内部本地地址）进行随机转换。图 16-11 说明了动态 NAT 技术工作过程。

步骤 1：PC1 和 PC2 通信时，需要使用本机 IP 地址（私有地址 10.1.1.2）封装 IP 数据包，并将其通过 NAT 路由器发往 PC2。

步骤 2：NAT 路由器收到 PC1 发来的 IP 数据包后，匹配路由表并将该 IP 数据包转发到互联网。首先，NAT 路由器根据 NAT 映射表从公有地址池中随机选择一个公有地址，将私有地址（内部本地地址 10.1.1.2）转换为分配的公有地址（内部全局地址 172.2.2.2），并创建一条动态 NAT 映射表项；其次，NAT 路由器将重新封装完成的 IP 数据包与路由表进行匹配并转发。

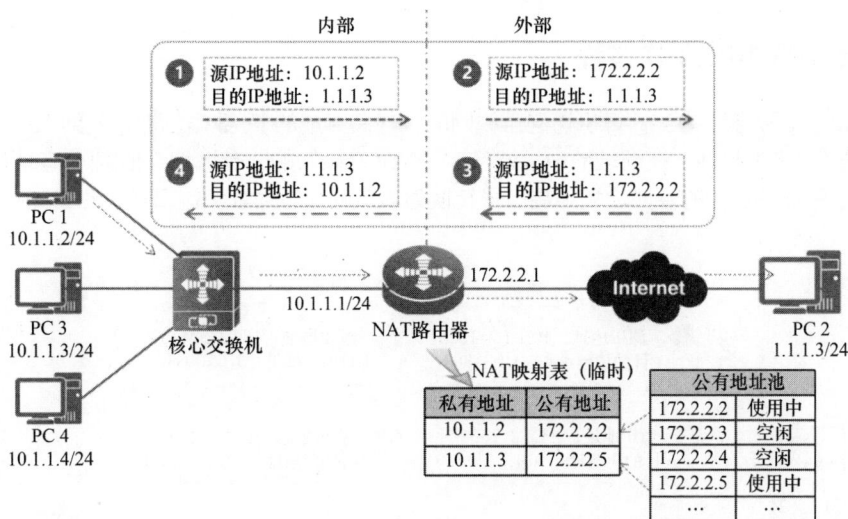

图 16-11　动态 NAT 技术工作过程

步骤 3：PC2 收到 IP 数据包后，使用本机 IP 地址（公有地址 172.2.2.2）封装应答数据包，以应答 PC1。

步骤 4：NAT 路由器收到 PC2 发回的应答数据包后，匹配路由表时发现需要将应答数据包转发到企业网中。首先，NAT 路由器根据 NAT 映射信息，将收到的数据包中的目的地址（公有地址 172.2.2.2）转换为内部本地地址（私有地址 10.1.1.2）；其次，NAT 路由器将重新封装完成的 IP 数据包通过匹配路由表转发给 PC1。

16.4　NAPT 技术原理

在配置动态 NAT 过程中，在进行地址转换的同时附加端口地址，可实现公有地址与私有地址之间的多对多临时映射关系，提高公有地址利用率。

1. 什么是 NAPT

NAPT 技术允许企业网中多台设备使用不同私有地址，通过转换源端口号来区分各自的网络连接。NAPT 技术支持多个私有地址共享一个或多个公有地址，实现多重映射，从而提高公有地址利用率，最大限度地节约公有地址资源。如图 16-12 所示，小型企业网通过 NAPT 技术接入外网。

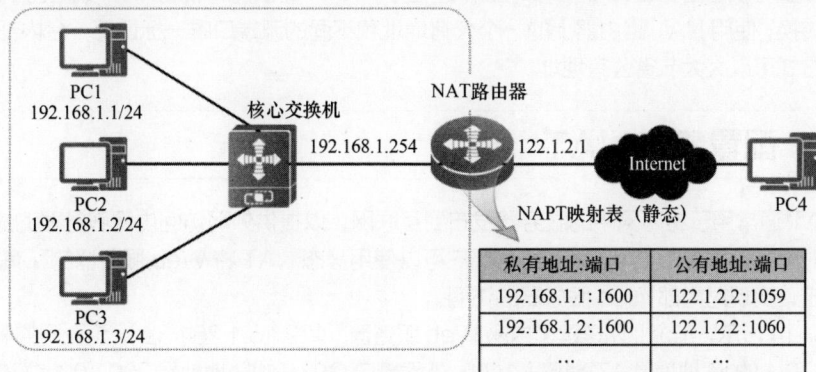

图 16-12　小型企业网通过 NAPT 技术接入外网

2. NAPT 技术工作过程

如图 16-13 所示，内部计算机访问互联网时，封装完成的 IP 数据包被转发到 NAT 路由器，并匹配动态 NAT 地址池。在地址池中挑选带有 "Not Use" 的公有地址，根据[公有地址:端口]转换机制，把 IP 数据包中的源地址和源端口号转换为对应的公有地址和端口号，建立临时 NAPT 映射信息。

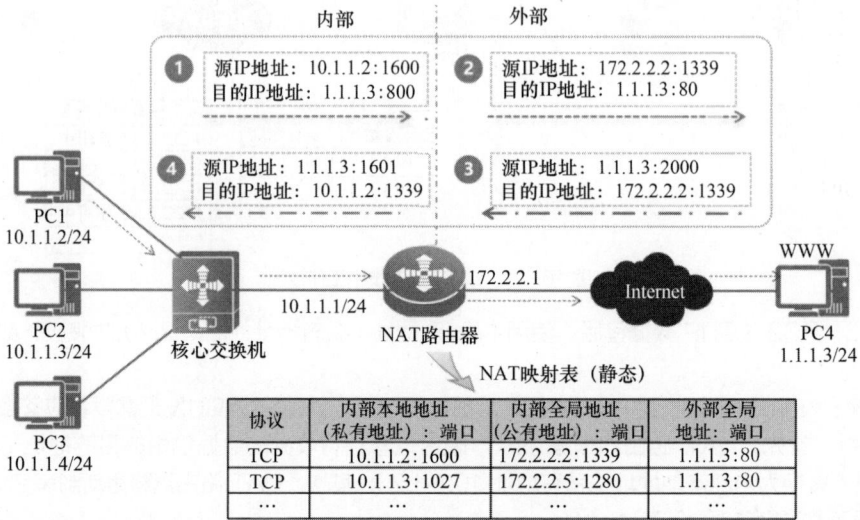

图 16-13　NAPT 技术工作过程

步骤 1：PC1 和 PC4 通信时，需要使用本机 IP 地址（私有地址 10.1.1.2）封装 IP 数据包。该 IP 数据包的源端口为 1600，目的端口为 800，通过 NAT 路由器发往 PC4。

步骤 2：NAT 路由器收到 PC1 发送的 IP 数据包后，匹配路由表并将该 IP 数据包转发到互联网，在此之前需要将该数据包中的私有地址（源地址）转换为公有地址。

由于 NAT 路由器的广域网口仅有一个公有地址，因此使用广域网口上的公有地址，将收到的 IP 数据包中的源 IP 地址转换为公有地址（172.2.2.2），计算机的源端口 1600 转换为 NAT 路由器的端口 1339，创建动态转换表项。最后，NAT 路由器将重新封装完成的 IP 数据包通过匹配路由表进行转发。

PC4 应答 PC1 的数据包的步骤同上。

从以上步骤可以看出，在 NAPT 技术工作过程中，NAT 路由器将收到的 IP 数据包中的源地址和源端口进行转换，使用 NAT 路由器上的一个公有地址和不同的源端口唯一标识每一台内部计算机，这种地址转换方式可以大大节省公有地址。

16.5 配置静态 NAT

静态 NAT 通常用于将内网中的服务器发布到互联网，以提供外网访问内网服务器的途径。例如，内网有一台对外提供服务的 Web 服务器，用户可以使用静态 NAT 将 Web 服务器的私有地址与一个公有地址绑定，实现对内部 Web 服务器的访问。

如图 16-14 所示，某企业网搭建了内网 Web 服务器（172.16.1.254/32），企业网的 NAT 路由器的内网接口 G0/1 的 IP 地址是 172.16.1.1/24，外网接口 G0/0 的 IP 地址是 200.10.1.1/24。现需要在

NAT 路由器上配置静态 NAT 技术，使内网 Web 服务器（172.16.1.254/32）使用 200.10.1.8/24 对外发布。

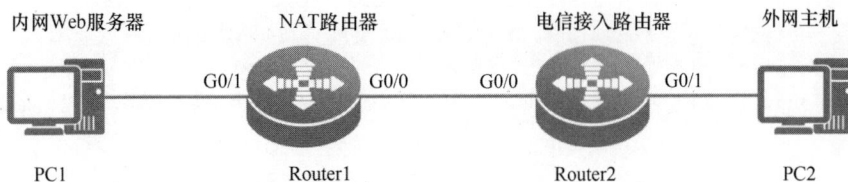

图 16-14　静态 NAT 应用场景

（1）配置 NAT 路由器 Router1 基础信息

在 NAT 路由器上配置基础网络连接信息。

```
Router#config
Router(config)#hostname Router1
Router1(config)#interface GigabitEthernet 0/1
Router1(config-if)#no switchport
Router1(config-if)#ip address 172.16.1.1 24
Router1(config-if)#exit
Router1(config)#interface GigabitEthernet 0/0
Router1(config-if)#no switchport
Router1(config-if)#ip address 200.10.1.1 24
Router1(config-if)#exit
```

（2）配置电信接入路由器 Router2 基础信息

在电信接入路由器上配置基础网络连接信息。

```
Router#config
Router(config)#hostname Router2
Router2(config)#interface GigabitEthernet 0/1
Router2(config-if)#no switchport
Router2(config-if)#ip address 192.168.1.1 24
Router2(config-if)#no shutdown
Router2(config-if)#exit
Router2(config)#interface GigabitEthernet 0/0
Router2(config-if)#no switchport
Router2(config-if)#ip address 200.10.1.2 24
Router2(config-if)#exit
```

（3）指定内网接口和外网接口

在 NAT 路由器上，使用"ip nat"命令指定内网接口和外网接口。

```
Router1(config)#interface GigabitEthernet 0/1
Router1(config-if)#ip nat inside
！指定该接口为内网接口，即私有地址接口，该接口是连接内网的接口
Router1(config-if)#exit
Router1(config)#interface GigabitEthernet 0/0
Router1(config-if)#ip nat outside
！指定该接口为外网接口，即公有地址接口，该接口是连接外网的接口
Router1(config-if)#exit
```

（4）配置静态 NAT 转换条目，把内网 Web 服务器映射到外网

使用"ip nat inside source static"命令配置静态 NAT 转换条目。

```
Router1(config)# ip nat inside source static tcp 172.16.1.254 80 200.10.1.8 80
！使内网 Web 服务器（172.16.1.254/32）使用 200.10.1.8/24 对外发布
Router1(config)#end
Router1#show ip nat translations    ！查看 IP 地址转换信息。限于篇幅，此处省略显示内容
......
```

16.6 配置动态 NAT

动态 NAT 用于实现内网私有地址和外网公有地址之间的转换，使用一个公有地址池实现地址映射。如图 16-15 所示，某企业网申请"202.102.192.2～202.102.192.8"累计 7 个公有地址，并通过动态 NAT 技术接入互联网。

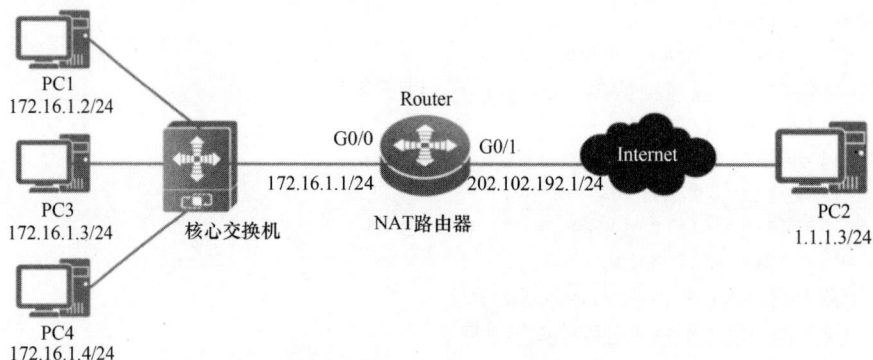

图 16-15 动态 NAT 应用场景

（1）配置 NAT 路由器 Router 基础信息

配置安装在网络中的 NAT 路由器 Router 的基础信息。

```
Router(config)#
Router(config)#interface GigabitEthernet 0/1
Router(config-if)#no switchport
Router(config-if)#ip address 202.102.192.1 24
Router(config-if)#exit
Router(config)#interface GigabitEthernet 0/0
Router(config-if)#no switchport
Router(config-if)#ip address 172.16.1.1 24
Router(config-if)#exit
```

（2）指定 NAT 路由器 Router 的内网接口和外网接口

在 NAT 路由器 Router 上，使用"ip nat"命令指定内网接口和外网接口。

```
Router(config)#interface GigabitEthernet 0/0
Router(config-if)#ip nat inside
！指定该接口为内网接口，即私有地址接口，该接口是连接内网的接口
Router(config-if)#exit
Router(config)#interface GigabitEthernet 0/1
Router(config-if)#ip nat outside
！指定该接口为外网接口，即公有地址接口，该接口是连接外网的接口
Router(config-if)#exit
```

（3）配置动态 NAT 转换条目，把内网 Web 服务器映射到外网

首先，定义 IP ACL，明确内网中哪些计算机需要使用动态 NAT 技术进行地址转换。

```
Router(config)#access-list 10 permit any
```

其次，使用"ip nat pool"命令定义内网使用公有地址池。

```
Router(config)#ip nat pool abc 202.102.192.2 202.102.192.8 netmask
255.255.255.0          !地址池名称可以任意设定
```

最后，使用"ip nat inside source"命令，将符合 ACL 条件的私有地址转换为公有地址池中的公有地址。

```
Router(config)#ip nat inside source list 10 pool abc
Router(config)#end
```

【项目实训】配置 NAPT 超载映射

【项目规划】

某学校的校园网申请了中国电信的光纤专线接入，中国电信为该条专线分配的公有地址为 202.10.10.1/24~202.10.10.5/24。现需要配置 NAPT 技术，实现校园网中所有计算机通过多端口映射方式访问互联网。

【实训过程】

1. 组建网络场景

根据初期规划和实际施工需要，连接设备组网，其场景如图 16-16 所示。推荐使用真机进行实训，本项目使用锐捷 EVE 模拟器进行实训。

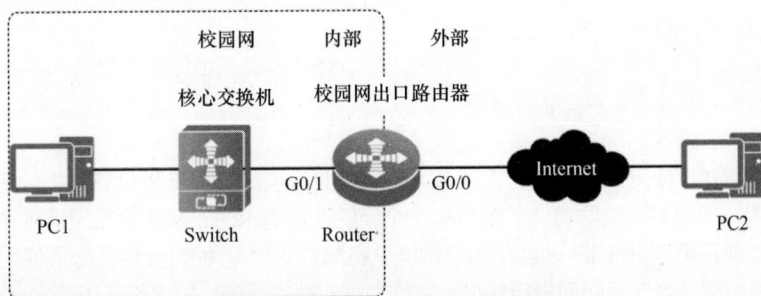

图 16-16　某学校的校园网出口场景

2. 规划网络地址

如表 16-1 所示，规划某学校的校园网地址。

表 16-1　网络地址规划

设备	接口	IP 地址/子网掩码	网关	备注
Router	G0/0	202.10.10.1/24	—	连接互联网外网接口
	202.10.10.1/24~202.10.10.5/24			申请的公有地址
	G0/1	172.16.10.1/24	—	连接校园网内网接口
Switch	—	—	—	校园网核心交换机
PC1	网卡	172.16.10.2/24	172.16.10.1/24	校园网计算机
PC2	网卡	202.10.10.10/24	202.10.10.1/24	互联网计算机

3. 配置设备基础路由信息

在校园网出口路由器 Router 上配置接口地址，生成直连路由。

```
Ruijie#configure       ! 默认密码为 ruijie
Ruijie(config)#hostname Router
Router(config)#interface GigabitEthernet 0/0
Router(config-if)#no switchport
Router(config-if)#ip address 202.10.10.1 24
Router(config-if)#exit
Router(config)#interface GigabitEthernet 0/1
Router(config-if)#no switchport
Router(config-if)#ip address 172.16.10.1 24
Router(config-if)#exit
```

4. 配置路由器 NAPT 实现多对多映射

① 在校园网出口路由器 Router 上，使用"ip nat"命令指定内网接口和外网接口。

```
Router(config)#interface GigabitEthernet 0/0
Router(config-if)#ip nat outside
! 指定该接口为内网接口，即私有地址接口，该接口是连接内网的接口
Router(config-if)#exit
Router(config)#interface GigabitEthernet 0/1
Router(config-if)#ip nat inside
! 指定该接口为外网接口，即公有地址接口，该接口是连接外网的接口
Router(config-if)#exit
```

② 定义 ACL，明确内网中哪些计算机需要使用 NAPT 技术。

```
Router(config)#access-list 10 permit any   ! 定义内网中的所有计算机
```

③ 定义内网可以使用的公有地址范围。

```
Router(config)#ip nat pool test 202.10.10.2 202.10.10.5 prefix-length 24
! 设定地址池公有地址范围，定义任意名称
```

④ 配置 NAPT 技术。

在全局配置模式下使用如下命令，将符合 ACL 条件的内部本地 IP 地址转换为公有地址池中的公有地址，并启用端口的多重映射功能。每当有一个新的连接请求时，系统会重复这种地址转换过程，确保每次连接都能正确地进行 IP 地址和端口转换。在配置 NAPT 的过程中，必须使用"overload"关键字，这样路由器才会对源端口进行转换，达到地址超载的目的；如果不使用"overload"关键字，则路由器将仅仅执行动态 NAT。

```
Router(config)#ip nat inside source list 10 pool abc overload
Router(config)#end
Router#show ip nat translations   ! 查看 NAPT 映射信息
```

因为在校园网出口路由器 Router 上没有 IP 数据包通过，所以此时没有任何 NAT 映射信息。

5. 测试网络连通状况，查看 NAPT 地址转换过程

① 配置校园网中计算机 PC1 的 IP 地址。

```
VPCS> ip 172.16.10.2 24 172.16.10.1
```

按照与上面同样的方式，根据表 16-1 规划的地址信息，完成计算机 PC2 的 IP 地址配置。

② 测试网络连通状况。

```
VPCS> ping 202.10.10.10  -t    ! 从校园网计算机 PC1 上测试与互联网计算机 PC2 的连通状况
```

③ 在校园网出口路由器 Router 上查看 NAPT 映射信息。

```
Router#show ip nat translations   ! 查看 NAPT 映射信息
```

```
Pro  Inside global      Inside local      Outside local  Outside global
icmp 202.10.10.2:42360  172.16.10.2:42360  202.10.10.10   202.10.10.10
icmp 202.10.10.2:42872  172.16.10.2:42872  202.10.10.10   202.10.10.10
......
```

【项目小结】

本项目结合网络工程师工作岗位要求，系统讲解了 NAT 技术。首先，本项目介绍了私有地址和 NAT 技术；其次，本项目介绍了 NAT 技术原理和 NAPT 技术原理；最后，本项目介绍了如何配置静态 NAT、动态 NAT、NAPT，以实现校园网接入互联网。

【素质提升】诚信是职业道德的基石

遵守承诺、诚实守信、尊重他人、公平竞争等是职业道德的基本要求。维护良好的职业道德有助于建立个人信誉和品牌形象，赢得同事和客户的信任及尊重。诚信是职场人士的立身之本，也是企业文化和组织价值观的重要组成部分，有助于营造积极向上的工作氛围和企业文化。

【认证测试】

单选题：下列每道试题都有多个选项，请选择一个最优的选项。

1. NAT 的主要作用是（　　）。
   A. 提高网络性能　　　　　　　　　B. 增强 IP 地址的可用性
   C. 防止网络攻击　　　　　　　　　D. 加密网络通信

2. 企业网在以下（　　）情况下需要 NAPT。
   A. 缺乏全局 IP 地址
   B. 没有专门申请全局 IP 地址，只有一个连接 ISP 的全局 IP 地址
   C. 内网要求联网的计算机很多
   D. 提高内网的安全性

3. 对 NAT 技术的产生目的的描述准确的是（　　）。
   A. 隐藏局域网内部服务器的真实 IP 地址
   B. 减缓 IP 地址空间枯竭的速度
   C. 实现 IPv4 向 IPv6 过渡
   D. 一项专有技术，是为了提高网络的可利用率而开发的

4. （　　）允许内网计算机使用公有地址与外网通信。
   A. 静态 NAT　　　　B. 动态 NAT　　　　C. 端口地址转换　　　D. 透明 NAT

5. 将内部地址映射到外网的一个 IP 地址的不同接口上的技术是（　　）。
   A. 静态 NAT　　　　B. 动态 NAT　　　　C. NAPT　　　　　　D. 一对一映射

6. 动态 NAT 与静态 NAT 的主要区别是（　　）。
   A. 动态 NAT 不需要配置公有地址池，而静态 NAT 需要
   B. 动态 NAT 允许内网计算机使用公有地址，而静态 NAT 不允许
   C. 动态 NAT 自动分配 IP 地址，而静态 NAT 需要手动配置 IP 地址
   D. 动态 NAT 提供更好的安全性，而静态 NAT 不提供

7. 当使用 NAT 时，（　　　），需要配置公有地址池。

    A. 为了实现端口转发   B. 为了增强 IP 地址的可用性

    C. 为了防止 IP 地址冲突   D. 为了提高网络性能

8. NAPT 与 NAT 的主要区别是（　　　）。

    A. NAPT 用于 IPv6 网络，而 NAT 用于 IPv4 网络

    B. NAPT 允许多个内部计算机共享同一个公有地址和端口，而 NAT 不允许

    C. NAPT 仅转换 IP 地址，而 NAT 转换 IP 地址和端口

    D. NAPT 提供更好的安全性，而 NAT 不提供安全性

9. 下列配置命令中，属于配置 NAPT 的命令是（　　　）。

    A. "Router(config)#ip nat inside source list 10 pool abc"

    B. "Router(config)#ip nat inside source 1.1.1.1 2.2.2.2"

    C. "Router(config)#ip nat inside source list 10 pool abc overload"

    D. "Router(config)#ip nat inside source tcp 1.1.1.1 1024 2.2.2.2 1024"

10. 在使用 NAPT 时，（　　　），需要配置端口映射。

    A. 为了实现不同协议之间的转换

    B. 为了防止内网被攻击

    C. 为了允许多台内部计算机共享同一个公有地址和端口

    D. 为了提高网络性能

项目17
广域网接入技术

17

【项目情景】

某中学二期校园网建设的初期规划如图 17-1 所示，一条光纤专线接入该市的普教网，另一条光纤专线接入互联网。随着教育信息化建设项目的开展，二期建设完成的校园网中安装的服务器逐渐增多，接入普教网的光纤专线需要保障通信安全。因此，需要配置广域网接入链路安全，启用身份认证服务。

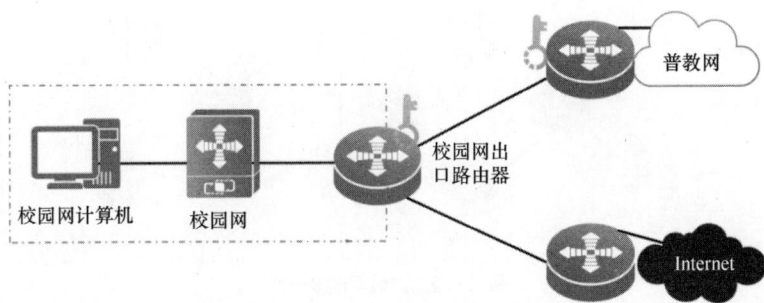

图 17-1 某中学二期校园网建设的初期规划

【项目目标】

本项目针对网络工程师工作岗位的岗位要求介绍广域网接入技术，实现以下项目目标。

1. 知识目标

（1）了解广域网接入技术。

（2）掌握 PPP，以及 PAP 和 CHAP 安全认证技术。

2. 技能目标

能够配置 PPP 接入，实施 PAP 或 CHAP 安全认证。

3. 素质目标

（1）引导学生了解我国广域网接入技术的发展历程，树立科技强国信念，具有维护国家网络主权和保障国家安全的责任感。

（2）培养学生养成保持工作环境干净的习惯，实现整洁的物料放置，遵守 6S 管理规范。

【知识准备】

17.1 了解广域网

广域网是一种跨地区的数据通信网络，通常覆盖一个国家或地区。广域网连接不同的小型网络，包括局域网和城域网，以确保某个位置的计算机和用户可以与其他位置的计算机和用户进行通信。

1. 广域网概述

（1）什么是广域网

广域网通常覆盖很大的物理范围，从几十千米到几千千米，其能连接多个城市或国家，或横跨几个大洲并能提供远距离通信，形成国际性的远程网络。广域网连接场景如图 17-2 所示。

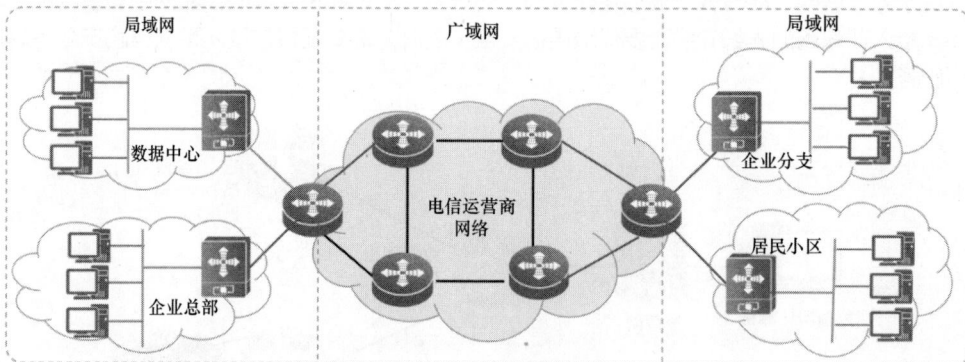

图 17-2　广域网连接场景

（2）广域网传输

广域网的传输技术主要体现在 OSI-RM 通信标准的物理层及数据链路层，有时也会体现在网络层。因为建立一个可连接远程位置的网络开销可能是一个天文数字，所以一般来说，广域网服务通常通过向互联网服务提供商（Internet Service Provider，ISP）租用宽带网络来实现，用户利用 ISP 资源传递信息，连接需求随用户需求和费用的不同而不同，如图 17-3 所示。

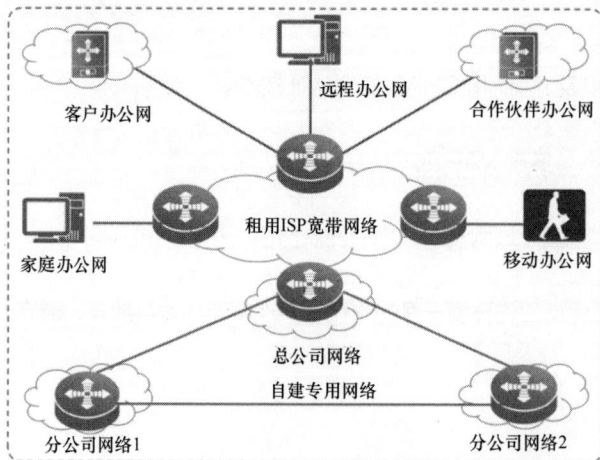

图 17-3　广域网通过向 ISP 租用服务传输信息

2. 广域网组成

按照承担功能的不同，广域网分为通信子网（运营商网络）和资源子网（企业网），如图 17-4 所示。资源子网是网络中涉及数据处理的部分，主要由网络服务器、工作站、共享打印机和其他设备以及相关软件组成。

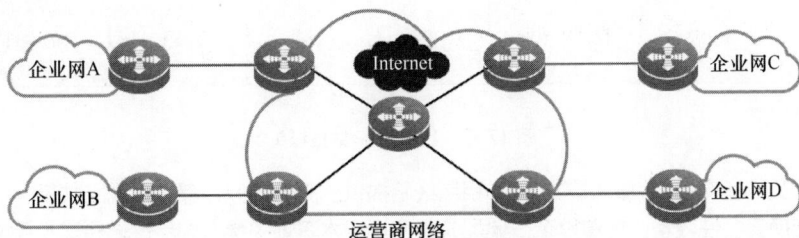

图 17-4　广域网组成

通信子网指网络中实现网络通信功能的设备及软件集合。在通信子网的连接上，广域网由于连接的网络距离遥远，通常利用公共数据交换网络（如中国电信网络）进行远距离传输，提供远程计算机之间的数据传输服务。由于广域网远程传输的成本较高，因此广域网一般由国家或大型电信公司出资建造。

3. 广域网连接类型

广域网连接类型可分为租用线路、电路交换、分组交换、虚拟专用网络（Virtual Private Network，VPN）等多种类型。

（1）租用线路

租用线路也称为点对点或专线，其为用户提供一条预先建好的连接路径，通过所属 ISP 网络与远端网络的广域网进行通信，如图 17-5 所示。典型的租用线路的专线技术有数字数据网（Digital Data Network，DDN）、E1、MSTP 等。

图 17-5　租用线路

（2）电路交换

电路交换要求在呼叫期间发送方与接收方之间必须存在一条专用的电路路径，如图 17-6 所示。典型的电路交换技术有公用电话交换网（Public Switched Telephone Network，PSTN）模拟拨号和 ISDN 数字拨号等。

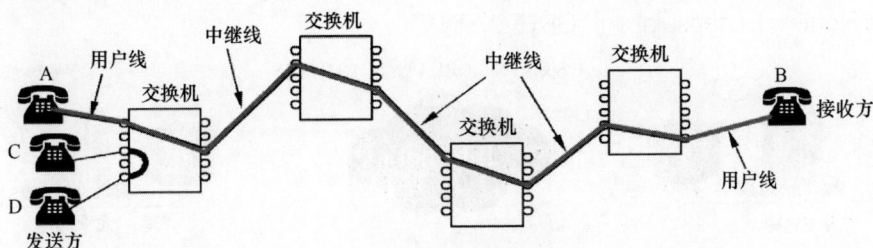

图 17-6　电路交换

249

（3）分组交换

在分组交换的情况下，互联设备之间共享一条点对点连接线路，并使用能提供端到端连通的虚电路（Virtual Circuit，VC）建立逻辑连接。一条物理链路上可以包含多条虚电路。物理连接由可编程的交换设备提供，IP 数据包在封装时通常在其头部标识了目的地址信息，封装的 IP 数据包头如图 17-7 所示。

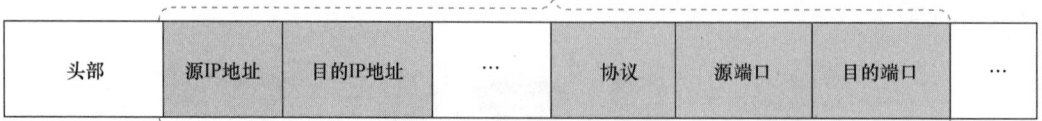

头部	源IP地址	目的IP地址	…	协议	源端口	目的端口	…

图 17-7　封装的 IP 数据包头

分组交换又称包交换，其提供的服务与租用线路提供的服务类似，都具有线路共享、价格低廉的特点；但分组交换安全性较差，配置复杂。典型分组交换技术有帧中继、异步传输模式（Asynchronous Transfer Mode，ATM）、X.25 等。分组交换网络场景如图 17-8 所示。

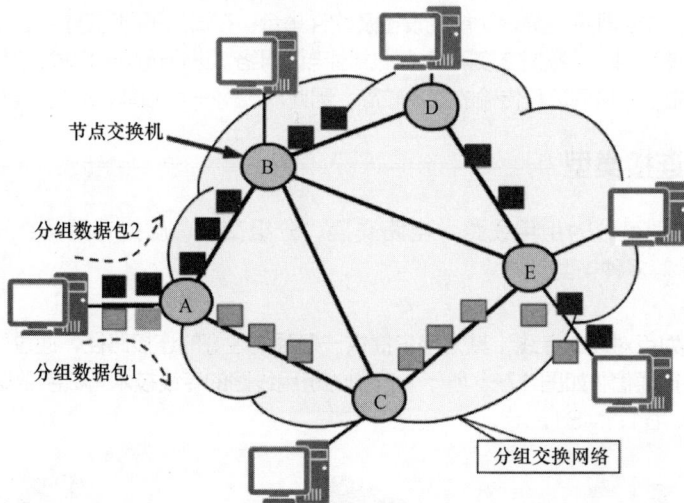

浅色方块代表分组数据包1，深色方块代表分组数据包2
图 17-8　分组交换网络场景

（4）VPN

VPN 通过宽带拨号或固定 IP 地址方式，在本地局域网和远程局域网间建立二层或三层隧道穿越互联网络，如图 17-9 所示，保障数据在网络之间的安全传输，实现数据加密、数据包完整性检验、身份认证等功能。典型 VPN 有第二层隧道协议（Layer 2 Tunneling Protocol，L2TP）VPN、互联网安全协议（Internet Protocol Security，IPSec）VPN、安全套接字层（Secure Socket Layer，SSL）VPN、多协议标记交换（Multi-Protocol Label Switching，MPLS）VPN、通用路由封装（Generic Routing Encapsulation，GRE）VPN 等。

图 17-9　VPN 场景

17.2 广域网通信模型

OSI-RM 通信标准规定的 7 层通信同样适用于广域网通信，但广域网主要承担远程网络之间的传输工作，只涉及 OSI-RM 通信标准的低 2 层，即物理层和数据链路层。广域网分层体系结构如图 17-10 所示。

网络层		IP	ICMP	ARP	
数据链路层	IEEE 802.3/4/5/11	PPP	HDLC	FR	ATM
物理层		RS232	V.24	V.35	G.703

OSI-RM通信标准　　　　　　局域网技术　　　　　　广域网技术

图 17-10　广域网分层体系结构

1. 物理层

广域网的物理层协议不仅描述了如何为广域网通信提供电气、机械、操作和功能的连接，还描述了数据终端设备（Data Terminal Equipment，DTE）和数据控制设备（Data Control Equipment，DCE）之间的接口标准。

2. 数据链路层

广域网的数据链路层定义了传输到远程站点的数据的封装形式，以及如何将数据封装到帧中进行传输。17.3 节介绍了较常用的两种广域网协议：HDLC 协议和 PPP。

3. 广域网设备分类

部署在广域网中的主要设备是路由器，按照承担功能的不同，广域网设备分为 3 种类型：用户边缘（Customer Edge，CE）设备、服务提供商边缘（Provider Edge，PE）设备和服务提供商（Provider，P）设备，如图 17-11 所示。这些设备在广域网中实现的主要功能如下。

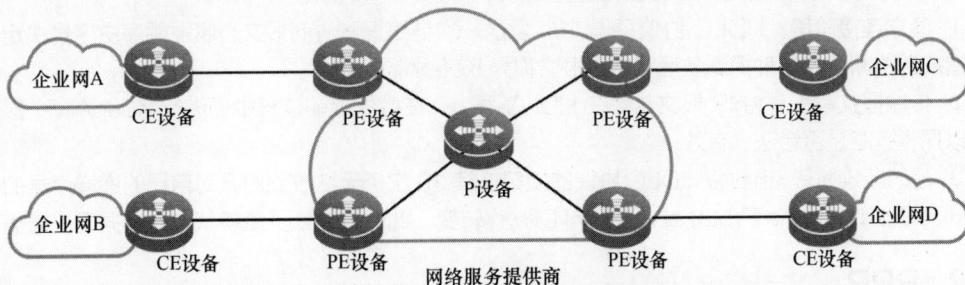

图 17-11　广域网设备分类

① CE 设备：用户端连接 PE 设备，CE 设备实现用户接入。

② PE 设备：服务提供商连接 PE 设备，PE 设备同时连接 CE 设备和 P 设备，是重要的网络节点。

③ P 设备：服务提供商不连接任何 CE 设备。

广域网接入技术针对不同物理链路类型在数据链路层进行二层封装，如图 17-12 所示。在 CE 设备与 PE 设备之间，常用的广域网封装协议有 PPP、HDLC 协议、FR 协议等，用于解决用户接入广域网长距离传输问题。在 ISP 内部常用的广域网协议是 ATM 协议，用于解决骨干网络高速转发的问题。

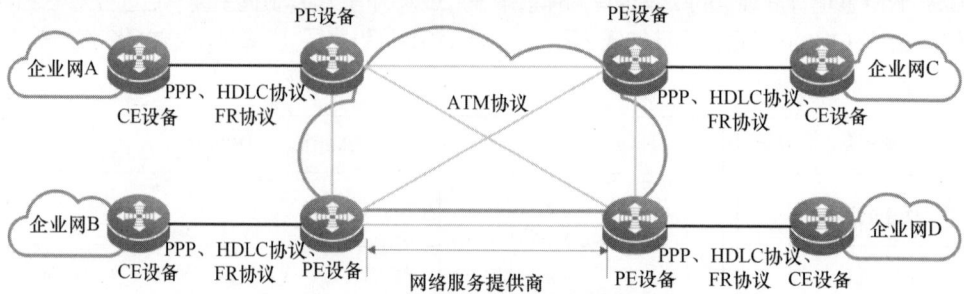

图 17-12　广域网接入技术在数据链路层进行二层封装

17.3　广域网二层封装协议

串行设备必须用数据链路层帧格式封装数据，下面对典型的广域网二层封装协议进行介绍。

1. HDLC 协议

HDLC 协议具有封装简单、传输速度快的特征，因此是串口上的默认封装协议，如图 17-13 所示。其中，HDLC 协议采用同步数据链路控制（Synchronous Data Link Control，SDLC）的帧格式，支持同步、全双工操作，由 HDLC 协议建立的连接是不可靠的连接。HDLC 协议具有效率高、实现简单的特点，是点对点链路协议。

图 17-13　默认 HDLC 协议封装

HDLC 协议在工作过程中要经历建立连接、传输报文、超时断连 3 个阶段。

① 建立连接阶段：HDLC 协议每隔 10s 发送一次链路探测协商报文，收发顺序由序号决定，失序会造成链路断连。这种探测激活状态的报文称为 KeepAlive 报文。

② 传输报文阶段：将 IP 报文封装在 HDLC 层上，在数据传输过程中仍进行 KeepAlive 报文协商，以探测链路是否合法、有效。

③ 超时断连阶段：当封装 HDLC 协议的接口连续 10 次仍无法收到对方对自己的递增序号的确认时，HDLC 协议的 Line Protocol 由 Up 向 Down 转变。此时链路处于瘫痪状态，数据无法通信。

2. PPP

在一些对安全接入要求严格的广域网环境中需要使用 PPP，以提升连接安全性。

（1）什么是 PPP

PPP 是一种常见的广域网数据链路层协议，主要用于在全双工链路上进行点对点的数据传输封装，能够控制数据链路的建立并对 IP 地址进行分配等，特别是在安全要求高的场合，PPP 可以得到更好的应用，如图 17-14 所示。

图 17-14　PPP 封装

需要注意的是，PPP 允许在一条链路上采用多种网络层协议的 IP 数据包，而 HDLC 协议仅仅支持 IP 数据包。目前，家庭拨号用户主要采用 PPP；同时，租用路由器线路也可以采用 PPP。

（2）PPP 特点

PPP 由网络控制协议（Network Control Protocol，NCP）和链路控制协议（Link Control Protocol，LCP）组成。其中，NCP 用于建立和配置不同网络层协议；LCP 用于启动线路、测试、任选功能的协商，以及关闭连接。此外，PPP 提供安全认证功能，该功能通过密码认证协议（Password Authentication Protocol，PAP）和挑战握手身份认证协议（Challenge Handshake Authentication Protocol，CHAP）实现。

（3）配置 PPP

广域网接口默认使用 HDLC 协议，如果想要使用 PPP，则需要手动指定接口类型。在接口配置模式下，可以使用如下命令封装 PPP。

```
Router(config)#interface Serial 0/1      ! 打开广域网接口
Router1(config-if)#encapsolution PPP     ! 配置接口协议为 PPP
Router1(config-if)#no shutdown
```

17.4　广域网接入安全

广域网是一种跨越较大地理区域，连接不同地点的计算机和网络设备的网络。由于其覆盖范围广、传输延迟高、传输质量不稳定以及安全性问题突出，因此保障广域网接入安全显得尤为重要。

1. PPP 协商过程

PPP 通过拨号或专线方式建立点对点连接，并发送数据。该特点使广域网成为各种计算机、交换机和路由器之间进行连接的一种共通的解决方案。其中，PPP 协商过程由互联链路两端的接口完成，接口的状态表示 PPP 协商过程的阶段。默认情况下，PPP 协商过程有 3 个阶段：数据链路层协商、认证协商（可选）和网络层协商，如图 17-15 所示。

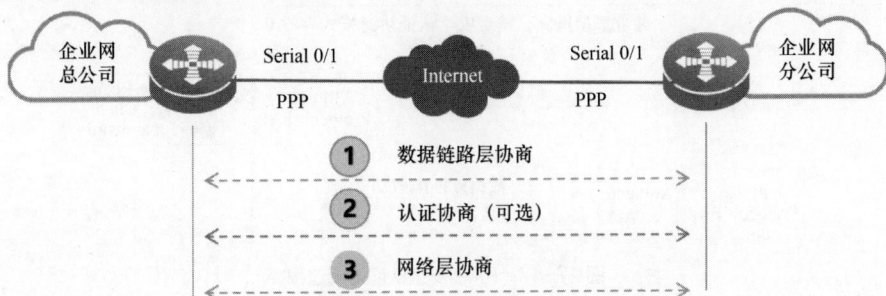

图 17-15　PPP 协商过程

① 数据链路层协商：通过 LCP 报文进行链路参数协商，建立数据链路层连接。

② 认证协商（可选）：通过数据链路层协商阶段的认证方式进行链路认证。

③ 网络层协商：通过 NCP 协商选择和配置一种网络层协议并进行网络层参数协商。

2. PPP 安全认证方式

数据链路层协商成功后，需要进行认证协商。客户机将自己的身份信息发送给远端的服务器。在 PPP 链路上通常采用两种安全认证方式：PAP 安全认证和 CHAP 安全认证。

（1）PAP 安全认证

PAP 安全认证只在链路建立初期进行，在认证方和被认证方同时配置相同的用户名和密码。PAP 安全认证只进行两次信息交换，这两次信息交换也称两次握手，如图 17-16 所示。PAP 安全认证的缺点是认证的用户名和密码通过明文方式发送，安全性不高；PAP 安全认证的优点是认证只在链路建立初期进行，一旦链路建立成功，将不再进行认证，可以节省带宽。

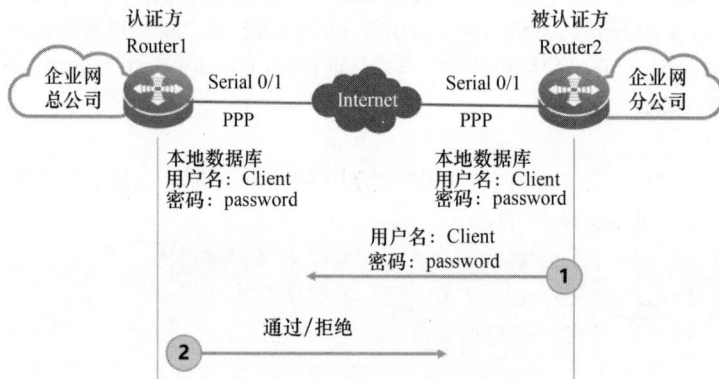

图 17-16　PAP 实施两次握手

图 17-17 所示为 PAP 安全认证详细过程。很明显，这种认证方式的安全性不高，第三方很容易获取用户名和密码，容易受到攻击。

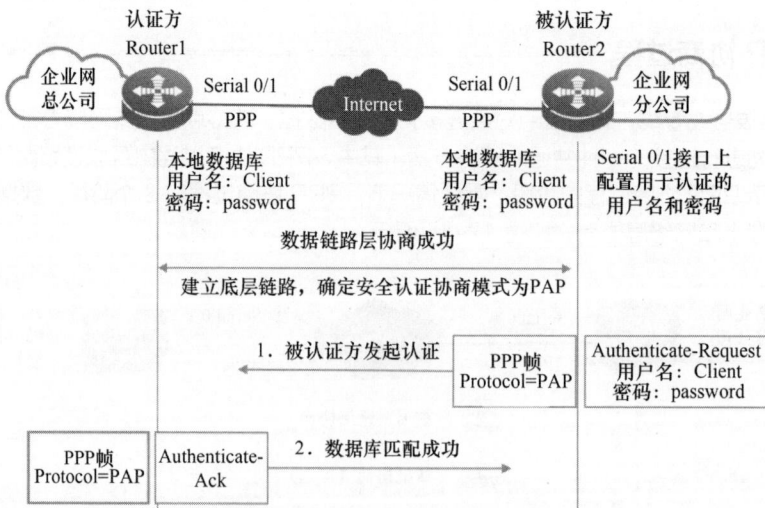

图 17-17　PAP 安全认证详细过程

（2）CHAP 安全认证

CHAP 安全认证比 PAP 安全认证更安全，其需要认证方和被认证方同时配置用户名和密码，用户名必须为对方的路由器名称。此外，CHAP 安全认证不仅在链路建立初期时进行，在链路建立后也会多次进行，且其密码以密文方式发送。CHAP 安全认证过程需要经过 3 次报文交互，以提高安全性。图 17-18 所示为 CHAP 安全认证详细过程。

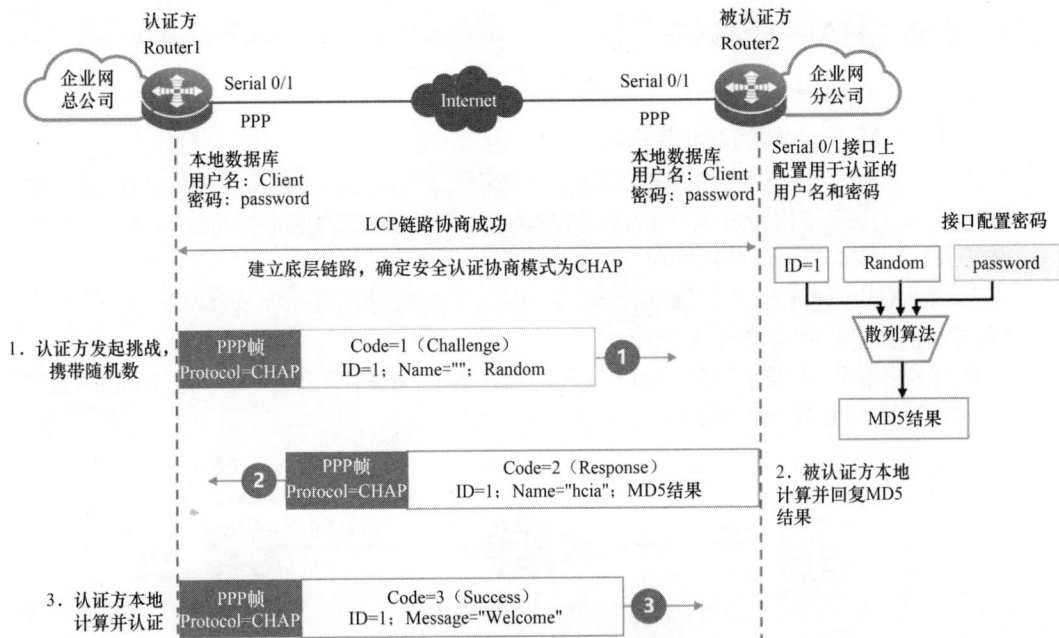

图 17-18　CHAP 安全认证详细过程

17.5　配置 PPP

1. 配置 Serial 接口时钟频率

两台路由器之间使用串行链路时，需要在控制端的 DCE 路由器的接口配置模式下设置 Serial 接口时钟频率。

```
Router(config-if-Serial 1/0)#clock rate bps
```

2. 配置 PPP 封装

如果要配置 PPP 封装，则需要在接口配置模式下使用如下命令。

```
Router(config-if)#encapsulation encapsulation-type
```

通信双方必须使用相同的封装协议，否则通信无法进行。

3. 配置 PAP 安全认证

PAP 安全认证配置步骤如下。

① 建立本地密码数据库验证，检查远程设备是否有资格建立连接。

```
Router(config)#username 用户名 password 密码文本
```

② 在接口配置模式下，使用如下命令完成 PAP 或者 CHAP 安全认证。

```
Router(config-if)#ppp authentication { chap|pap }
```

③ 配置 PAP 安全认证客户机，将用户名和口令发送到对端。

```
Router(config-if)#ppp pap sent-username username password
```

4. 配置 CHAP 安全认证

CHAP 安全认证配置步骤如下。

① 配置 CHAP 安全认证所需的用户名和密码。

```
Router(config)#username 用户名 password 密码
```

用户名为对方设备使用 hostname 设置的设备名，两端设备配置的密码相同。

② 在接口配置模式下，启用 CHAP 安全认证。

```
Router(config-if)#ppp authentication chap   ！在接口上启用 CHAP 安全认证
```

【配置案例】配置 PAP 安全认证。

如图 17-19 所示，在路由器 Router1 与 Router2 之间启用 PAP 安全认证，将 Router1 配置为认证方，将 Router2 配置为被认证方。

图 17-19　PAP 安全认证

由于锐捷 EVE 模拟器中没有配置广域网口，因此推荐在真机上或者 Packet Tracer（PT）模拟器上完成以下实训过程。

① 路由器 Router1 上的 PAP 安全认证配置过程如下。

```
Router#config
Router(config)#hostname Router1
Router1(config)#interface Serial 0/0
Router1(config-if)#ip address 10.1.1.1 255.255.255.252
Router1(config-if)#encapsulation PPP             ！封装 PPP
Router1(config-if)# ppp authentication pap       ！启用 PAP 安全认证
Router1(config-if)#clock rate 64000              ！配置时钟频率
Router1(config-if)#exit
Router1(config)#username user1 password 0 password
！将路由器 Router1 作为认证方，为被认证方建立数据库，提供用户名和密码
Router1(config)#show interface Serial 0/0        ！查看接口工作状态
......
```

② 路由器 Router2 上的 PAP 安全认证配置过程如下。

```
Router#config
Router(config)#hostname Router2
Router2(config)#interface Serial 0/0
Router2(config-if)#ip address 10.1.1.2 255.255.255.252
Router2(config-if)#encapsulation PPP             ！封装 PPP
Router2(config-if)#ppp authentication pap        ！启用 PAP 安全认证
Router2(config-if)#exit
Router2(config)#ppp pap sent-username user1 password 0 password
！路由器 Router2 作为被认证方，使用用户名 user1、口令 password 进行认证。被认证方发送用
！户名和密码，接受认证
```

```
Router2(config)# show interface serial 0/0     ! 查看接口工作状态
...
```

【项目实训】配置 CHAP 安全认证

【项目规划】

某中学进行二期校园网建设，按要求将校园网通过光纤专线接入该市的普教网。为了保障接入普教网的光纤专线的通信安全，通过配置 CHAP 安全认证，在通信链路协商时启用身份认证服务，实现校园网安全通信。

【实训过程】

1. 组建网络场景

根据初期规划和实际施工需要，连接设备组网，为广域网接入 CHAP 安全认证，如图 17-20 所示。以下实训在 PT 模拟器中完成，推荐使用真机开展实训。

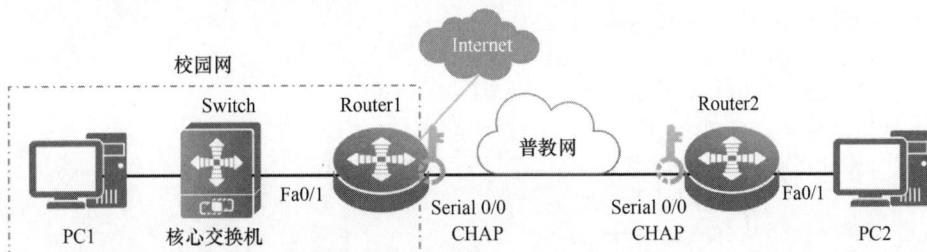

图 17-20　为广域网接入 CHAP 安全认证

2. 规划网络地址

如表 17-1 所示，规划某中学二期校园网出口网络中的地址。

表 17-1　网络地址规划

设备	接口	IP 地址/子网掩码	网关	备注
Router1	Serial 0/0	200.100.10.1/30	—	连接普教网外网接口
	Fa0/1	192.168.10.1/24	—	连接校园网内网接口
Router2	Serial 0/0	200.100.10.2/30	—	连接普教网外网接口
	Fa0/1	172.16.10.1/24	—	连接普教网内网接口
Switch	—	—	—	校园网核心交换机
PC1	网卡	192.168.10.2/24	192.168.10.1/24	校园网计算机
PC2	网卡	172.16.10.2/24	172.16.10.1/24	普教网计算机

3. 配置设备基础路由信息

① 在校园网出口路由器 Router1 上配置接口地址，生成直连路由。

```
Router#configure
Router(config)#hostname Router1
Router1(config)#interface Serial 0/0
Router1(config-if)#ip address 200.100.10.1 255.255.255.252
Router1(config-if)#exit
Router1(config)#interface FastEthernet 0/1
```

```
Router1(config-i)#ip address 192.168.10.1 255.255.255.0
```
！在 PT 模拟器上，三层接口可以直接配置地址（默认）
```
Router1(config-if)#exit
```
② 在城域网接入路由器 Router2 上配置接口地址，生成直连路由。
```
Router#configure
Router(config)#hostname Router2
Router2(config)#interface Serial 0/0
Router2(config-if)#ip address 200.100.10.2 255.255.255.252
Router2(config-if)#exit
Router2(config)#interface FastEthernet 0/1
Router2(config-if)#ip address 172.16.10.1 255.255.255.0
Router2(config-if)#exit
```

4. 配置城域网专线链路接入安全认证

① 将校园网出口路由器 Router1 作为被认证方，启用专线链路接入安全认证。
```
Router1(config)#username Router2 password 0 123456
```
！为对方建立用户名 Router2，密码 123456
```
Router1(config)#interface Serial 0/0
Router1(config-if)#encapsulation PPP     ！封装 PPP
Router1(config-if)#ppp authentication chap
```
！将校园网出口路由器 Router1 作为被认证方，启用 PPP 的 CHAP 安全认证
```
Router1(config-if)#exit
Router1(config)#show interface Serial 0/0     ！查看接口工作状态
......
```

② 将城域网接入路由器 Router2 作为认证方，启用专线链路接入安全认证。
```
Router2(config)#username Router1 password 0 123456
```
！将城域网接入路由器 Router2 作为认证方，为对方建立用户名 Router1，密码 123456
```
Router2(config)#interface Serial 0/0
Router1(config-if)#clock rate 64000
```
！将城域网接入路由器 Router2 作为 DCE，配置时钟频率
```
Router2(config-if)#encapsulation PPP     ！封装 PPP
Router2(config-if)#ppp authentication chap
```
！将城域网接入路由器 Router2 作为认证方，启用 PPP 的 CHAP 安全认证
```
Router2(config-if)#exit
Router2(config)#show interface Serial 0/0  ！查看接口工作状态
......
```

5. 配置路由，实现网络互联互通

在路由器 Router1 和 Router2 上配置默认路由，实现网络互联互通。
```
Router1(config)#ip route 0.0.0.0 0.0.0.0 Serial 0/0
```
！在校园网出口路由器 Router1 上配置默认路由
```
Router2(config)#ip route 0.0.0.0 0.0.0.0 Serial 0/0
```
！在城域网接入路由器 Router2 上配置默认路由

6. 配置 IP 地址并测试网络连通状况

配置校园网中计算机 PC1 的 IP 地址，如图 17-21 所示。按照相同的方法配置城域网中计算机 PC2 的 IP 地址。

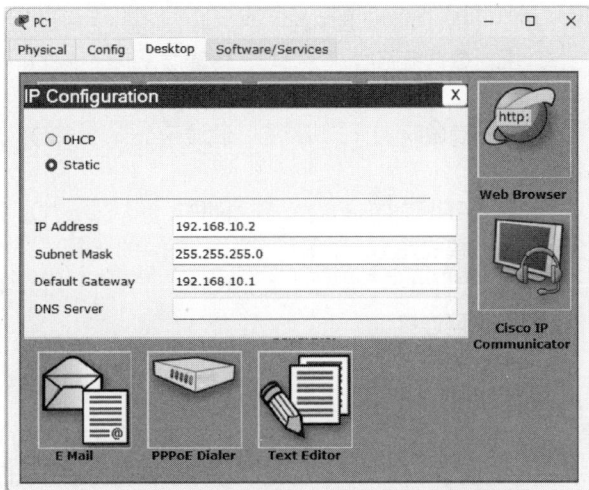

图 17-21　配置校园网中计算机 PC1 的 IP 地址

在校园网计算机 PC1 上使用 "ping 172.16.10.2" 命令，测试与城域网计算机 PC2 的连通状况，测试结果为网络正常连通。

【项目小结】

本项目结合网络工程师工作岗位要求，系统讲解了广域网接入技术。首先，本项目介绍了广域网知识；其次，本项目介绍了广域网通信模型和广域网二层封装协议；最后，本项目介绍了广域网接入安全技术，包括 PPP 协商过程和 PPP 安全认证方式，以及如何配置 PPP 和实施 CHAP 安全认证。

【素质提升】演讲与表达能力

演讲与表达能力对于提升个人影响力和说服力至关重要。职场人士需要学会自信地表达观点，清晰地阐述思路，并善于运用肢体语言等非语言元素增强表达效果。良好的演讲与表达能力有助于赢得他人的信任和支持，推动工作顺利进行。同时，演讲与表达能力是个人职业素养和沟通能力的体现，有助于提升个人在职场中的竞争力。

【认证测试】

单选题：下列每道试题都有多个选项，请选择一个最优的选项。

1. 下列关于 PPP 的特点说法正确的是（　　）。

    A. PPP 只支持同步链路协商

    B. PPP 支持安全认证，包括 PAP 安全认证和 CHAP 安全认证

    C. PPP 可以对物理地址进行协商

    D. PPP 是 IP 地址动态分配协议

2. 路由器默认的同步接口的封装使用（　　）。

    A. PPP   B. HDLC 协议   C. FR   D. X.25

3. HDLC 协议工作在 OSI-RM 通信标准中的（　　）。

    A. 物理层　　　　　　B. 数据链路层　　　　C. 传输层　　　　　　D. 会话层

4. WAN 代表（　　）。

    A. 无线网　　　　　　B. 局域网　　　　　　C. 城域网　　　　　　D. 广域网

5. PPP 支持网络层的（　　）。

    A. IP　　　　　　　　B. ARP　　　　　　　C. RIP　　　　　　　D. FTP

6. PPP 支持的安全认证协商模式是（　　）。

    A. PPP　　　　　　　B. CHAP　　　　　　C. RIP　　　　　　　D. OSPF

7. （　　）协议通常用于广域网连接。

    A. Ethernet　　　　　B. PPP　　　　　　　C. Token Ring　　　　D. FDDI

8. 下列对于 PAP 的描述正确的是（　　）。

    A. 使用两次握手方式完成认证　　　　　B. 使用三次握手方式完成认证

    C. 使用明文密码进行认证　　　　　　　D. 使用加密密码进行认证

9. 在广域网中，（　　）用于连接不同地理位置的网络。

    A. 路由器　　　　　　B. 交换机　　　　　　C. 中继器　　　　　　D. 集线器

10. 两台路由器通过 Serial1/0 接口互联，在广域网接口封装 PPP，以下关于 PPP 链路的说法正确的是（　　）。

    A. PPP 链路承载的网络层协议需要在 NCP 协商中确定

    B. PPP 链路建立时，LCP 和 NCP 协商同时开始

    C. 此 PPP 链路承载 IP

    D. 如果两端都不配置 PPP 安全认证，则该 PPP 链路不能建立